高等学校教材·计算机教学丛书

软件工程

宋广军　黎　明
杜　鹃　王　崇　编著

北京航空航天大学出版社
BEIHANG UNIVERSITY PRESS

内容简介

面对无穷无尽的计算机应用需求，软件开发已成为软件开发人员面临的主要任务。“软件工程”已成为计算机教学一门重要的专业课。本书以软件的生命周期为主线，重点讨论结构化的软件开发方法，包括结构化分析、结构化设计、编码、测试。通过对基本概念、基本原理、基本技术、基本方法的学习，使读者能很快运用工程的方法与技术开发软件。近些年来面向对象软件开发方法和技术不断普及，用最后两章的篇幅介绍面向对象的基本概念，面向对象的分析和设计方法。书中内容尽量做到通俗易懂，图文并茂，原理、方法与实例相结合。可作为高等学校计算机专业教材，也可供计算机软件人员和计算机用户参考。

图书在版编目(CIP)数据

软件工程 / 宋广军，黎明，杜鹃，王崇编著. --北京 ：北京航空航天大学出版社，2011.6

ISBN 978-7-5124-0448-9

Ⅰ. ①软… Ⅱ. ①宋… ②黎… ③杜…④王… Ⅲ. ①软件工程 Ⅳ. ①TP311.5

中国版本图书馆 CIP 数据核字(2011)第 091380 号

软件工程

宋广军　黎　明　杜　鹃　王　崇　编著

责任编辑　许传安

*

北京航空航天大学出版社出版发行

北京市海淀区学院路 37 号(邮编 100191)　http://www.buaapress.com.cn

发行部电话：(010)82317024　传真：(010)82328026

读者信箱：bhpress@263.net　邮购电话：(010)82316936

北京市松源印刷有限公司印装　各地书店经销

*

开本：787×1092　1/16　印张：13.5　字数：346 千字

2011 年 6 月第 1 版　2011 年 6 月第 1 次印刷　印数：3 000 册

ISBN 978-7-5124-0448-9　定价：25.00 元

总 前 言

随着科学技术、文化、教育、经济和社会的发展，计算机教学进入了我国历史上最火热的年代，欣欣向荣。就计算机专业而言，全国开办计算机本科专业的院校在2004年之初有505所，到2006年已经发展到771所。另外，在全国高校中的非计算机专业，包括理工农医以及文科(文史哲法教、经管、文艺)等专业，按各自专业的培养目标都融入了计算机课程的教学。过去出版界出版了一大批计算机教学方面的各类教材，满足了一定时期的需求，但是还不能完全适应计算机教学深化改革的要求。

面对《国家科学技术中长期发展纲要(2006年—2020年)》制订的信息技术发展目标，计算机教学也要随之进行改革，以便提高培养质量。教学要改革，教材建设必须跟上。面对各层次、各类型的学校和各类型的专业都要开设计算机课程，就应有多样化的教材，以适应各专业教学的需要。北京航空航天大学出版社是以出版高等教育教材为主的，愿对计算机教学的教材建设做出贡献。

为计算机类教材的出版，北京航空航天大学出版社成立了"高等学校教材·计算机教学丛书"编审委员会。出版计算机教材，得到了北京航空航天大学计算机学院的大力支持。该院有三位教育部高等学校计算机科学与技术教学指导委员会(下称教指委)的成员参加编审委员会的工作。其他成员是北京航空航天大学、北京交通大学等6所院校和中科院计算技术研究所对计算机教育有研究的教指委成员、专家、学者和出版社的领导。

我们组织编写、出版计算机课程教材，以大多数高校实际状况为基点，使其在现有基础上能提高一步，追求符合大多数高校本科教学适用为目标。按照教指委制订的计算机科学与技术本科专业规范和计算机基础课教学基本要求的精神，我们组织身居教学第一线，具有教学实践经验的教师进行编写。在出书品种和内容上，面对两个方面的教学。一是计算机专业本科教学，包括计算机导论、计算机专业技术基础课、计算机专业课等；二是非计算机专业的计算机基础课程的本科教学，包括理工农医类、文史哲法教类、经管类、艺术类等的计算机课程。

教材的编写注重以下几点。

1. 基础性。具有基础知识和基本理论，以使学生在专业发展上具有潜力，便于适应社会的需求。

2. 先进性。融入计算机科学与技术发展的新成果；瞄准计算机科学与技术发展的新方向，内容应具有前瞻性。这样，以使学生扩展视野，以便与科技、社会发展的脉络同步。

3. 实用性。一是适应教学的需求；二是理论与实践相结合，以使学生掌握实用技术。

编写、出版的教材能否适应教学改革的需求，只有师生在教与学的实践中做出评价，我们期望得到师生的批评和指正。

"高等学校教材·计算机教学丛书"编审委员会

“高等学校教材·计算机教学丛书”编审委员会成员

前　言

软件工程是计算机学科中指导计算机软件开发的工程科学，然而长期以来，随着微电子技术的发展，计算机硬件性能不断提高，人们开发优质软件的能力远远落后于硬件技术的发展和应用计算机软件的需求。从20世纪60年代末期开始，为了克服“软件危机”，人们在软件开发领域做了大量的工作，积累了一定的经验，逐渐形成系统的软件开发理论、方法和技术，即软件工程学。采用软件工程的方法、技术开发软件，可以提高软件的质量和数量。软件运行期间的维护工作量大大减少了。

进入21世纪信息社会，面对无穷无尽的计算机应用需求，如何更好、更快、更多、更方便地开发软件，已成为软件开发人员面临的主要任务。软件工程的方法和技术越来越受到人们的关注。它已经成为计算机学科中一个非常有价值，并具有广阔发展空间的研究领域，有良好的发展前景。

软件工程是计算机科学的一个重要分支，所涉及的范围非常广泛，包括软件开发技术、软件工程环境、软件经济学、软件心理学和软件工程管理等诸多方面的知识。本书以软件的生命周期作为主线，重点讨论结构化的软件开发方法和技术，包括结构化分析、结构化设计、编码、测试。在软件工程的入门阶段，结构化软件开发方法是最基本、实用的技术。通过对基本概念、基本原理、基本技术、基本方法的学习，使读者能很快运用工程的方法和技术开发软件。近年来，由于面向对象软件开发方法和技术的研究及应用不断普及，本书利用一定篇幅介绍了面向对象的基本概念、面向对象的分析和设计方法。面向对象方法与人类习惯的思维方式一致，符合人们认识客观世界、解决复杂问题的渐进过程；用面向对象方法设计的软件，其稳定性和可重用性好，并且易于维护，是当今比较流行的软件开发方法之一。由于软件工程是一门实践性很强的学科，书中提供了大量的范例供读者参考。书中内容尽量做到通俗易懂，图文并茂，原理、方法与实例相结合。

本书共分11章：第1章软件工程概述；第2章软件计划；第3章软件需求分析；第4章总体设计；第5章详细设计；第6章程序编码；第7章软件测试；第8章软件实施与维护；第9章软件项目管理；第10章面向对象方法学与建模；第11章面向对象设计与实现。其中，第3，9章由宋广军编写；第4，10，11章由黎明编写；第1，2，7章由杜鹃编写；第5，6，8章由王崇编写，全书由宋广军修改定稿。使用本教材的参考讲授学时为36学时，另外可安排10～20学时组织学生针对具体课题进行设计实训，以便加深对软件工程课程内容的理解和掌握。

本书可作为高等院校计算机专业教材，也可供计算机软件人员和计算机用户参考。

由于软件工程所涉及的知识面广泛，内容复杂，加上时间仓促，作者水平有限，书中不足之处恳请广大读者和专家批评指正。

编　者
2011年3月16日

目 录

第1章 软件工程概述

1.1　软件工程与软件危机

1.1.1　软件的发展阶段

任何一种计算机系统都包括硬件和软件两大部分。硬件只是提供了计算机的可能性，还必须有支持和管理计算机的软件，系统才能实现计算。因此，软件的发展是与硬件的发展相联系的。

自1946年世界上第一台计算机问世以来，计算机软件大致经历了三个发展阶段。它们是：程序设计阶段、软件系统阶段、软件工程阶段。

程序设计阶段：在20世纪50～60年代，出现了百万次每秒的大型计算机，主要用于科学研究机构。这期间各大公司主要致力于硬件的设计和生产，而软件是为某一专门的应用领域设计的。人们认为软件就是程序，主要由设计者本人利用机器语言或汇编语言，运用子程序、过程、函数等技术手段，开发的小型源程序。这类程序大多结构简单，功能单一，工作可靠性差，由设计者自行维护。此阶段的程序设计活动完全是个人程序设计技术的体现。

软件系统阶段：从20世纪60年代至70年代，随着硬件技术的发展，有了微机，人们可以在PC机上进行各种信息的处理。为了信息共享和互通信息，还发展了局域网和广域网，计算机的应用面拓宽，用户增加。在这期间，有了专门的软件公司，软件成为产品。软件的功能、规模日益增大，出现了大量的高级语言，软件的开发工作由开发小组所承担，不再是个人的艺术，满足少数用户的需求，采用的技术手段主要是结构化程序设计。在这一阶段，软件规模的增长，带来了它的复杂度的增加。软件可靠性往往随规模的增长而下降，质量保证也越来越困难。软件的发展速度远不能满足用户的需求，出现了软件危机；而硬件的迅速发展，又要求以“大程序系统”为特征的软件支持。随着计算机应用的增加，尽管提出了软件工程的方法来解决软件的开发和维护问题，但这一问题至今仍然严重地影响着软件的发展。

软件工程阶段：大约在20世纪70年代以后，以PC机为主的计算机已渗透到人类活动的各个领域。这期间出现了大量的兼容机和软件生产企业，除系统软件外，工具软件和应用软件门类繁多，无所不有。许多软件厂商为了使自己的软件能够适应不同的应用，就不断地增加功能，从而使软件规模越来越大，结构越来越复杂。随着软件需求的规模、数量剧增和交付要求迫切，大型程序的设计已成为工程项目。其开发工作一般由开发小组及大中型软件开发机构来完成；开发手段也日益丰富，主要包括数据库、开发工具、开发环境、工程化开发方法、标准和规范、网络和分布式开发、对象技术等，并具备了专业维护人员，面向广大市场用户的需求。虽然开发技术有了很大的进步，但始终未有突破性进展，价格昂贵，并未完全摆脱软件危机。

1.1.2 软件危机

从软件发展的第二个阶段开始，就出现了软件危机。软件的生产不能满足日益增长的软件需求。随着计算机应用的增长，硬件技术迅速发展，出现软件供不应求的局面。更严重的是，软件的生产率随软件规模的增加和复杂性的提高而下降，导致软件的成本在计算机系统成本构成中所占比例急剧上升。庞大的软件费用，加上软件质量的下降，对计算机应用的继续扩大构成巨大的威胁。面对这种严峻的形势，有识之士发出了软件危机的警告。软件危机主要有下述一些表现。

1）系统实际功能与实际需求不符。软件开发人员缺乏对用户需求的深入了解。具体实现的功能与用户需求相差太远，导致程序上机运行时出现错误。由于软件人员和用户未能及时交换意见，使得一些问题不能及时解决，而隐蔽下来，造成开发后期矛盾的集中暴露，给将来的调试和维护工作带来更大的困难。

2）软件的维护费用急剧上升。软件的费用不仅花费在开发上，尤其要花费在维护上。由于开发阶段存在一定的隐患，因而不能保证软件运行中不再发现错误。维护最重要的事就是纠正软件中遗留的错误，此外，还要进行完善性维护和适应性维护。不言而喻，软件的规模愈大，维护的成本就愈高。

3）对软件文档配置没有足够的重视。由于开发过程没有统一的、公认的方法和规范作指导，软件文档不规范、不健全，参加的人员各行其是，忽视人与人的接口部分。发现了问题修修补补，这样的软件很难维护。提交给用户的软件质量较差，软件文档主要是开发过程各个阶段的说明书、数据字典、程序清单、软件使用、维护手册、软件测试报告及测试用例。这些文档的不完整，是造成软件开发进程，成本不可控、软件维护、管理困难的重要因素。

1.1.3 软件工程

软件工程学作为指导软件开发与维护实践的理论，是在人们为解决 20 世纪 60 年代开始出现的软件危机中逐步形成和发展起来的。“软件工程”一词，是 1968 年北大西洋公约组织(NATO)在联邦德国召开的一次会议上首次提出的。软件工程是大型软件开发所必须采用的一种重要手段。它采用工程的概念、原理、技术和方法来开发和维护软件，把经过时间考验而证明是正确的管理技术和当前能够得到的最好技术方法结合起来，称之为软件工程。

软件工程是指导计算机软件开发与维护的工程学科。其目标是追求软件产品的正确性、可用性和软件生产的效率。一般情况下，采用生命期方法和结构系统分析、结构系统设计技术来研究软件工程。

利用生命期方法学，从时间角度把软件开发和维护的复杂问题，划分成若干个阶段，每个阶段均有相对独立的任务，然后再逐步完成每个任务，并且每个阶段都要有技术和管理审查，避免反复返工。每个阶段还应有高质量的文档资料，保证软件工程结束后，交付给用户一个完整准确的软件。每一个设计任务还要严格依照结构分析设计技术来完成，以保证软件的质量，提高软件的可维护性和可靠性。

1.2　软件开发模型

1.2.1　软件生命周期

软件生命周期是一个软件系统从目标提出到最后丢弃的整个过程。生命周期是软件工程的一个重要概念。把整个生存期划分为较小的阶段,是实现软件生产工程化的重要步骤。阶段的划分使得人员分工职责清楚,项目进度控制和软件质量得到确认。原则上,前一阶段任务的完成是后一阶段工作的前提和基础;而后一阶段的任务是对于前一阶段问题求解方法的具体化。给每个阶段赋予确定而有限的任务,就能够简化每一步的工作内容,使软件复杂性变得较易控制和管理。

一般来说,软件生命周期包括计划、开发和运行三个阶段。各阶段的划分如图1.1所示。

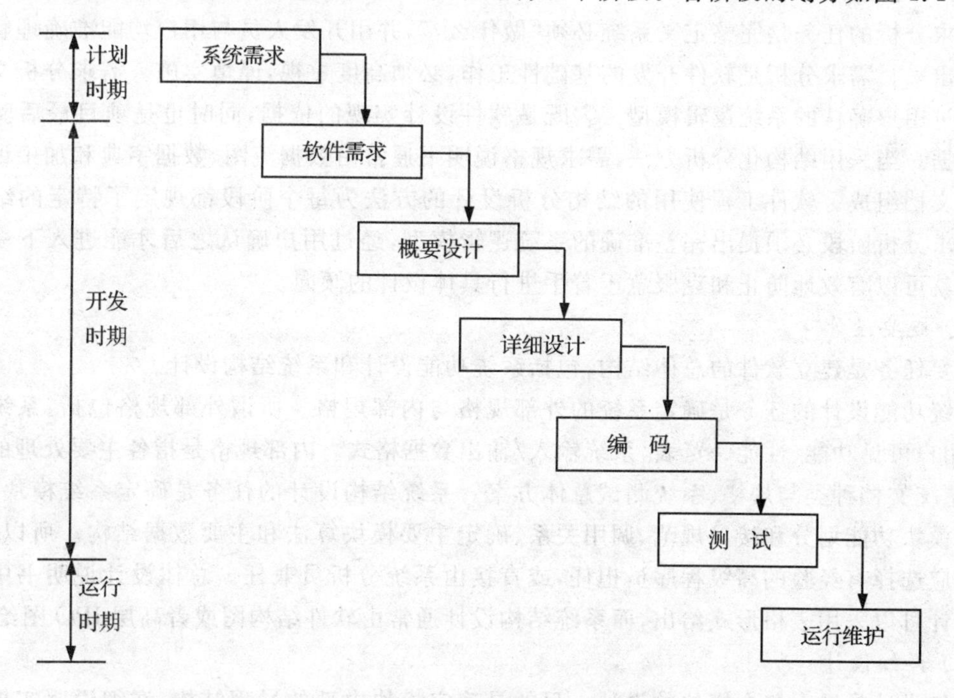

图1.1　软件生命周期的阶段划分

1. 计划时期

计划时期的主要任务是分析用户的要求,确定软件开发的总目标,给出系统功能、性能结构、可靠性以及接口等方面的要求,由分析员和用户合作,研究完成该项软件任务的可行性,制定软件开发计划,并对可利用的资源、成本、效益、开发的进度作出估计,制定出完成开发任务的实施计划,连同可行性研究报告,提交管理部门审查,为软件设计提供依据。因此,软件定义进一步分为问题定义和可行性研究。

(1) 问题定义

问题定义阶段是计划时期的第一步。根据用户或者市场需求,提出软件项目目标和规模,即确定"用户要计算机解决什么问题"。由系统分析员根据对问题的理解,提交关于系统目标与范围的说明。

(2) 可行性研究

可行性研究是问题求解目标一经提出，分析员必须对它进行可行性研究。目的是为前一步提出的问题寻求一种或数种在技术上可行，且在经济上有较高效益的解决方法。为此，系统分析员应在高层次上简化需求分析和概要设计，并写出可行性论证报告。对建议实施的软件项目进行成本效益分析是可行性研究的主要任务之一。

同时，在计划时间还应制订出人力、资源及进度计划。

2. 开发时期

开发时期要完成设计和实现两大任务。其中设计任务用需求分析、概要设计和详细设计三个阶段完成。实现任务用编码和测试两个阶段完成。把设计和实现分两步，目的是在开发初期让程序人员集中全力搞好软件的逻辑结构，避免过早地为实现的细节分散精力。

(1) 需求分析

需求分析的任务是完整定义系统必须“做什么?”，并用开发人员与用户均能准确理解的语言表达出来。需求分析是软件开发的基础性工作，必须高度重视，谨慎实施。需求分析文档描述了经过用户确认的系统逻辑模型。它既是软件设计实现的依据，同时也是项目最后验收交付的依据。当采用结构化分析方法，需求规格说明书通常由数据流图、数据字典和加工说明等一整套文档组成。软件工程使用的结构分析设计的方法为每个阶段都规定了特定的结束标准。需求分析阶段必须提出完整准确的系统逻辑模型，经过用户确认之后才能进入下一个阶段。这就可以有效地防止和克服急于着手进行具体设计的倾向。

(2) 概要设计

主要任务是建立软件的总体结构，包括系统功能设计和系统结构设计。

系统功能设计的任务是确定系统的外部规格与内部规格。所谓外部规格包括：系统运行环境，用户可见功能、性能一览表，系统输入/输出数据格式。内部规格是指各主要处理的基本策略、系统文档种类与规格、系统测试总体方案。系统结构设计的任务是确定系统模块结构、确立各模块功能划分和接口规范、调用关系、确定主要模块算法和主要数据结构。所以，系统设计员应选择有经验的高级程序员担任，或直接由系统分析员兼任。总体设计说明书中系统功能设计可以采用表格形式给出，而系统结构设计通常由软件结构图或者高层IPO图给出。

(3) 详细设计

详细设计是针对单个模块的设计。目的是确定模块内部的过程结构，详细说明实现该模块功能的算法和数据结构，所以有时也称为算法设计。详细设计由高级程序员和程序员担任，按照系统结构将各模块分解到人。详细设计的完成标志是用图形或者伪码描述的模块设计说明书。

(4) 编 码

编码的任务是根据模块设计说明书，用指定的程序设计语言把模块的过程性描述翻译成源程序。与“需求分析”或“设计”相比，“编码”要简单得多，所以通常由编码员或初级程序员担任。系统编码的完成标志是可运行代码和完整的模块内部文档(源程序清单)。前面产生的都属于软件的文档。

(5) 测 试

测试是开发时期的最后一个阶段。其任务是通过各种类型的测试使软件达到预期的要

求。按照不同的层次,又可细分为单元测试、综合测试、确认测试和系统测试等步骤。测试是保证软件质量的重要手段。大型软件的测试通常由独立的部门和人员进行,通过测试结果的分析,要求建立系统可靠性模型,对系统可以达到的各项功能、性能指标进行量化确认。因此,测试阶段的文档称为测试报告,包括测试计划、测试用例与测试结果等内容。

3. 运行时期

运行时期是软件生命周期的最后一个时期。其主要工作是作好软件维护。维护的目的是使软件在整个生命周期内保证满足用户的需求和延长软件的使用寿命。软件维护的具体活动包括纠错维护、适应性维护、功能性维护和预防性维护。所谓纠错性维护就是改正在软件运行过程中暴露出来的系统遗留的各种错误。这种维护活动在系统交付初期比较频繁,但当系统进入稳定运行期后应该很少发生。适应性维护是指当系统运行环境发生变化以后,为适应这种改变必须对软件进行的修改。功能性维护是指在软件过程中为满足用户需求的变化与扩充对软件所做的修改。预防性维护则是指为改善软件将来的可维护性所做的准备工作。软件运行稳定以后,维护的主要活动应该是适应性和功能性维护。

虽然没有把维护阶段进一步划分成更小的阶段,但是实际上每一项维护活动都应该经过提出维护要求、分析维护要求、提出维护方案、审批维护方案、确定维护计划、修改软件设计、修改程序、测试程序、复查验收等一系列步骤,因此实质上是经历了一次压缩和简化了的软件定义和开发的全过程。

1.2.2 软件开发的瀑布模型

瀑布(waterfall)模型也称软件生存周期模型,由 W. Royce 于 1970 年首先提出。根据软件生存周期各个阶段的任务,瀑布模型从可行性研究(或称系统分析),逐步进行阶段性变换,直至通过确认测试,并得到用户确认的软件产品为止。瀑布模型上一阶段的变换结果是下一阶段变换的输入,相邻两个阶段具有因果关系,紧密相连。一个阶段工作的失误将蔓延到以后的各个阶段。为了保障软件开发的正确性,每个阶段任务完成后,都必须对它的阶段性产品进行评审,确认之后再转入下一阶段的工作。评审过程发现错误和疏漏后,应该反馈到前面的有关阶段修正错误、弥补疏漏,然后再重复前面的工作,直至某一阶段通过评审后再进入下一阶段。这种形式的瀑布模型是带有反馈的瀑布模型(见图 1.2 所示)。

严格按照软件生命周期的阶段划分,顺序执行各阶段构成软件开发的瀑布型模型。它是传统的软件工程生存期模式,如图 1.2 所示。

1. 瀑布模型的特点

(1) 段间具有顺序性和依赖性

顺序性要求每个阶段工作开始的前提是其上一阶段工作结束。前一阶段的输出文档,是后一阶段的输入文档。依赖性是指各阶段工作正确性依赖与上一阶段工作的正确性。因此,如果在生命周期某一阶段出现了问题,往往要追朔到在它之前的一些阶段,必要时还要修改前面已经完成的文档。

(2) 推迟实现的观点

软件开发人员接受任务后,往往急于求成,总想早一点开始编写程序。编码开始得愈早,完成所需的时间反而愈长。这是因为过早地考虑程序的实现,常常导致大量的返工,有时甚至给开发人员带来灾难性的后果。

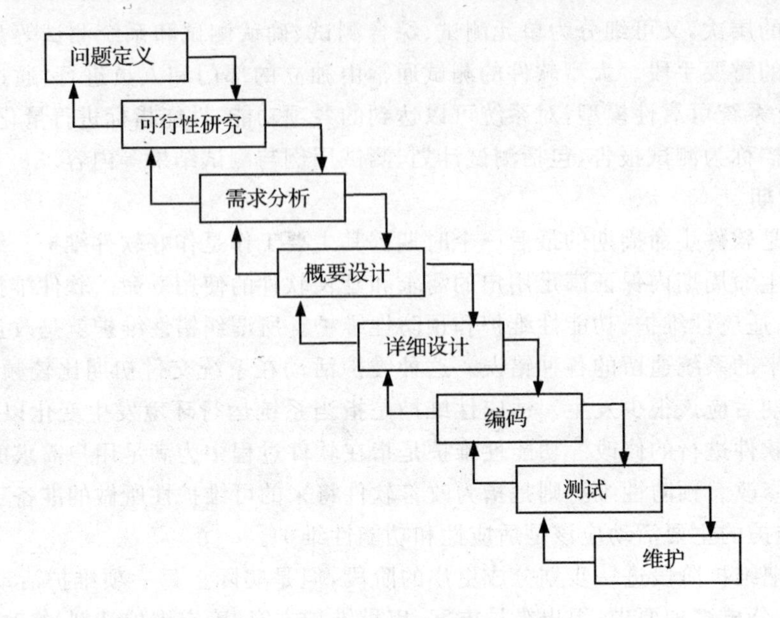

图 1.2 软件开发的瀑布型模型

瀑布模型明确要求在项目前期,即分析阶段和设计阶段只考虑系统的逻辑模型,不涉及系统的物理实现。因此,直到设计结束,设计员主要考虑系统的逻辑模型。将逻辑设计和物理设计清楚地划分开来,尽可能推迟程序的物理实现,是瀑布型软件的一条重要的指导思想。

(3) 质量保证的观点

优质与高产,是软件工程的重要目标。瀑布型软件开发为了保证质量,在各阶段强调:

每一阶段都要完成规定的文档。没有完成文档,就认为没有完成该阶段的任务。完整、准确的文档即是软件开发过程中各类人员之间相互通信的媒介,也是将来软件维护的重要依据。生命周期各阶段与相应文档如图 1.3 所示。

每一阶段都要对已完成的文档进行复审,以便尽早发现问题,消除隐患。愈是早期潜伏的故障,暴露的时间愈晚,排除故障付出的代价也愈高。对每阶段文档的复审,是保证软件质量,降低成本的重要措施。

2. 瀑布模型的缺点

实践证明,这种生存期模型有许多的缺陷,可能对软件项目产生负面影响。而这种模型又不能完全抛弃。在某些领域中,它是最合理的方法,比如嵌入式软件和实时控制系统。但是,对更多的其他应用领域,特别是对商业数据处理,它是不适用的,存在很多缺点,主要有以下各项。

- 它不能对付含糊不清和不完整的用户需求。
- 由于开销的逐步升级问题,它不希望存在早期阶段的反馈。
- 在一个系统完成以前,它无法预测一个新系统引入一个机构的影响。
- 它不能恰当地研究和解决使用系统时人为因素。
- 如果突然地把一个计算机的系统引入一个机构是很危险的,因为用户会抵制这种突然的变革。
- 在用户实际有一个可供使用的系统之前,可能不得不等待很长时间。这可能给用户的

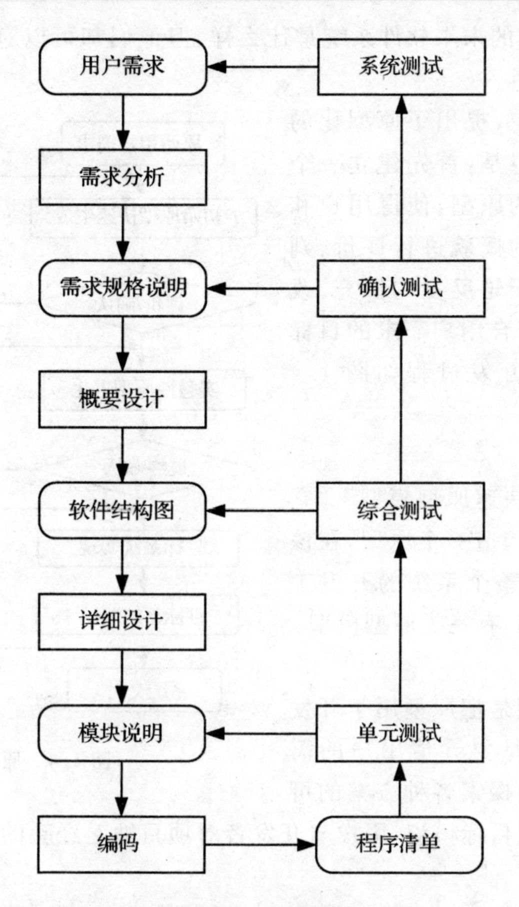

图1.3　各阶段产生的文档和相互关系

信任程度带来意想不到的影响，也可能导致打击。

- 最终产品将更多的反映用户在项目开始时的需求，而不是最后的需求。
- 一旦用户开始使用最终的系统，并对系统有更多的学习以后，他们的观点和意向会发生很大的变化，用户的这种变化常常是无法预测的。

前面介绍了瀑布型生命周期各个开发阶段的任务，而隐含在瀑布模型各阶段任务后面的指导思想和观点是软件工程的根本性质。因为只有明确了这些观点，才能在软件开发中发挥更大的自觉性和主动性，使软件工程方法得到恰当的应用。

1.2.3　原型化开发模型

瀑布型模型的缺陷在于软件开发阶段推进是直线型的。工程实践说明这是一个“理想化”模型，不完全符合人们认识问题的规律。按照这一模型来开发软件，只有当分析员能够作出准确的需求分析时，才能够得到预期的正确结果。不幸的是，由于多数用户不熟悉计算机，系统分析员对用户的专业也往往了解不深，在计划时期定义的用户需求，常常是不完全和不准确的。对于用户和分析员都未经历过的新的系统。这种情况就更加突出。鉴于瀑布型模型的种种缺陷，许多研究人员得出这样的结论：软件开发，特别是开发的早期阶段，应该是一个学习和实践的过程。它的活动应该包括开发人员和用户两个方面。为了使其更有效，不仅要求开发人员要与用户紧密合作，而且还要有一个实际的工作系统，只要这样才能获得成功。尽管用户在开始时说不清楚所要求的未来软件系统是什么样，但他们却可以对现有系统非常熟练地进行挑剔。

为了克服上述的缺点，提出了原型化的软件开发。它的主要思想是：首先建立一个能够反映用户主要需求的原型，使得用户和开发者可以对目标系统的概貌进行评价、判断。然后对原型进行若干轮反复的扩充、改进、求精，最终建立完全符合用户需求的目标系统。原型开发模型的开发过程如图 1.4 所示。

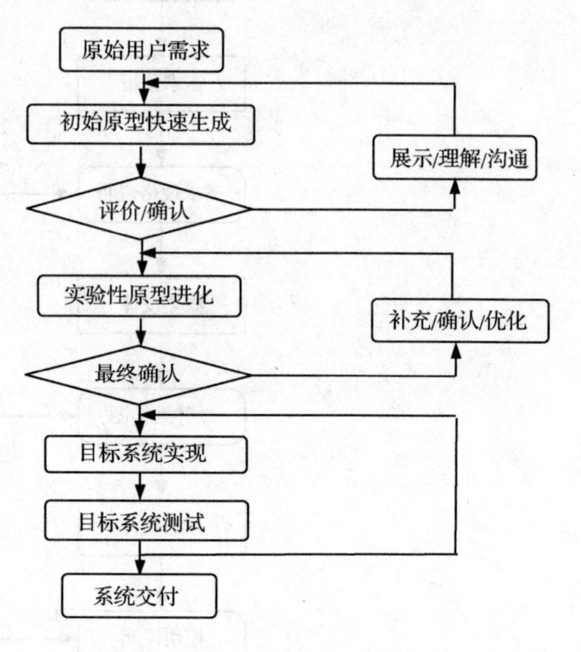

图 1.4　原型开发过程

1. 原型模型

这种开发模型又称“快速原型模型”。它是在开发真实系统之前，构造一个原型，在该原型的基础上，逐渐完成整个系统的开发工作。根据原型的不同作用，有三类原型模型：

(1) 探索型原型

这种类型的原型模型是把原型用于开发的需求分析阶段。目的是要弄清用户的需求，确定所期望的特性，并探索各种方案的可行性。它主要是针对开发目标模糊，用户与开发者对项目缺乏经验的情况，通过对原型的开发来明确用户的需求。

(2) 实验型原型

这种原型主要用于设计阶段，考核现实方案是否合适，能否实现。对于一个大型的系统，若对设计方案没有把握时，可通过对这种原型来证实设计方案的正确性。

(3) 演化型原型

这种原型主要用于及早向用户提交一个原型系统。该原型系统或者包含系统的框架，或者包含系统的主要功能，在得到用户的认可后，将原型系统不断扩充演变为最终的软件系统。它将原型的设想扩展到软件开发的全过程。

2. 原型开发过程

(1) 原型构造要求

原型不同于最终系统。最终系统对每个软件需求都要求详细实现，而原型仅仅是为了试验和演示用的。部分功能需求可以忽略或者模拟实现。

因此，在构造原型时，必须注意功能性能的取舍，忽略一切暂时不关心的部分以加速原型的实现，同时又要充分体现原型的作用，满足评价原型的要求。

(2) 原型的特征分类

根据原型目的和方式的不同，构造原型的内容的取舍不同，体现出原型特征有如下类别：

1) 系统的界面形式，用原型来解决系统的人机交互界面的结构；

2) 系统的总体结构，用原型来确定系统的体系结构；

3) 系统的主要处理功能和性能，用原型来实现系统的主要功能和性能；

4) 数据库模式，用原型来确定系统的数据库结构。

(3) 原型开发步骤

1) 快速分析。在分析人员与用户的紧密配合下，迅速确定系统的基本需要，根据原型所要体现的特征描述基本需求以满足开发原型的需要。

2) 构造原型。在快速分析的基础上，根据基本需求说明尽快实现一个可运行的系统。

3) 运行原型。这是发现问题、消除误解、开发者与用户充分协调的一个步骤。各类人员在共同运用原型的过程中进一步加深了对系统的了解及相互之间的理解。

4) 评价原型。在运行的基础上，考核评价原型的特性，分析运行效果是否满足用户的愿望，纠正过去交互中的误解与分析中的错误，增添新的要求，并满足因环境变化或用户新想法引起的系统要求变动，提出全面的修改意见。

5) 修改。根据平价原型的活动结果进行修改。修改过程代替了初始的快速分析，从而形成原型开发的循环过程。用户与开发者在这种循环过程中不断接近系统最终要求。

3. 构造原型的技术

(1) 可执行规格说明。通过可执行的规格说明语言来描述预期的行为“做什么”。人们可以从直接观察中用规格说明语言来规定任何系统行为。

(2) 基于脚本的设计。一个脚本将模拟在系统运行期间用户经历的事件。它提供了输入-处理-输出地屏幕，以及有关对话的一个模型，开发者能够给用户显示一个系统逼真试图。

(3) 采用高级语言或专门语言。

(4) 能重用成分。能重用成分是一些应用中共同出现的一些程序设计模式，包括输入输出规格说明、控制结构、一般问题及解法描述等。

初始原型可以非常简单。它主要用于向用户展示系统功能概貌，确认开发人员对系统主要功能的理解。基于初始原型的评价可以建立实验性进化原型。利用实验性进化原型可以不断对用户具体需求进行确认和补充，对系统的关键性细节进行评价优化，实验性进化原型的建立是一个逐步迭代的增量过程。每次迭代的新版本应该具有更强的功能和更优的性能。当实验性进化原型得到最终确认以后，开发进入目标系统的实现阶段：将原型转化为完全符合系统运行环境要求的目标系统，并进行最终集成和验收测试。

原型化软件开发要突出一个“快”字。采用瀑布模型时，软件的需求分析也可以在用户和系统分析员之间反复讨论，使之逐步趋于完善。但这种讨论不仅费时，而且终究是处在探讨阶段。而原型系统则是进入实践操作阶段，能够使用户立刻与想象中的目标系统作出比较。软件开发人员向用户提供一个“样品”，用户向开发人员迅速作出“反馈”。这就是原型化软件开发的优越性。

虽然建造原型要额外花费一些成本，但是，利用原型可以尽早获得更正确、更完整的需求，可以消除通信障碍，使设计和编程更快速更准确，从而可提高软件质量，减少测试和调试工作量，因此，原型法如果使用得当，反而能减少软件开发的总成本。

像传统的生存期模型一样，原型开发作为软件工程的一种开发模型也有一些要解决的难题，原因如下：

- 用户看到的是一个可运行的软件版本，但不知道这个原型是临时搭起来的，也不知道为了使其尽快运行还没考虑软件的整体质量或今后的可维护性问题。
- 为了使原型尽快投入运行，开发人员经常采用一些折中的解决方法。

原型开发尽管存在许多的问题，仍是软件工程的一种有效的开发模式。关键在于开始的原则的确定，即用户和开发人员双方必须同意。建立原型主要是作为定义需求的一种机制。实际软件设计的重点在如何提高软件质量和软件的可靠性。

1.2.4 螺旋模型

螺旋模型(spiral model)是TRW的B. Boehm于1988年提出的。它是生存周期模型与原型的结合，不仅体现了两个模型的优点，而且还增加了新的成分——风险分析。螺旋模型的结构如图1.5所示。它由四个部分组成：需求定义、风险分析、工程实现、评审。

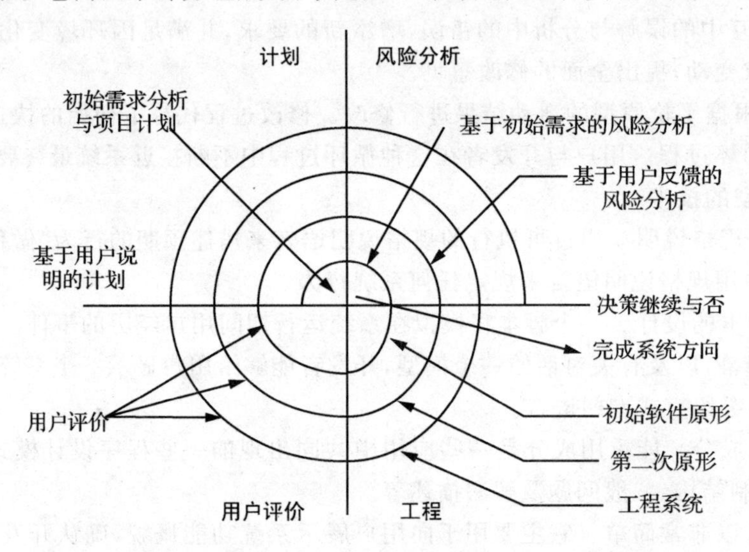

图1.5 螺旋模型

螺旋模型是由上面四个部分组成的迭代模型。软件开发过程每迭代一次，螺旋线就增加一周，软件开发又前进一个层次，系统又生成一个新版本，而软件开发的时间和成本又有了新的投入。大多数场合，软件开发过程是沿螺旋线的路径连续进行的。最后总能得到一个客户满意的软件版本。理论上，迭代过程可以无休止地进行下去，是一个无限过程，但在实践中，迭代结果必须尽快收敛到客户允许的或可接受的目标范围内。只有降低迭代次数，减少每次迭代的工作量，才能降低软件开发的时间和成本。反之，如果迭代过程收敛很慢，每迭代一次工作量很大，由于时间和成本上的开销太大，客户无法支持，软件系统开发不得不中途夭折。

螺旋模型的每一周期都包括需求定义、风险分析、工程实现和评审四个阶段。这是对典型生存周期模型的发展。它不仅保留了生存周期模型中系统地、按阶段逐步地进行软件开发和“边开发、边评审”的风格，而且还引入了风险分析，并把制作原型作为风险分析的主要措施。客户始终关心、参与软件开发，并对阶段性的软件产品提出评审意见。这对保证软件产品的质量是十分有利的。

螺旋模型是支持大型软件开发，并具有广泛应用前景的模型。它适用于面向规格说明、面向过程和面向对象的软件开发方法，也适用于几种开发方法的组合。

1.2.5 增量模型

增量模型(incremental model)也称为渐增模型，如图1.6所示。

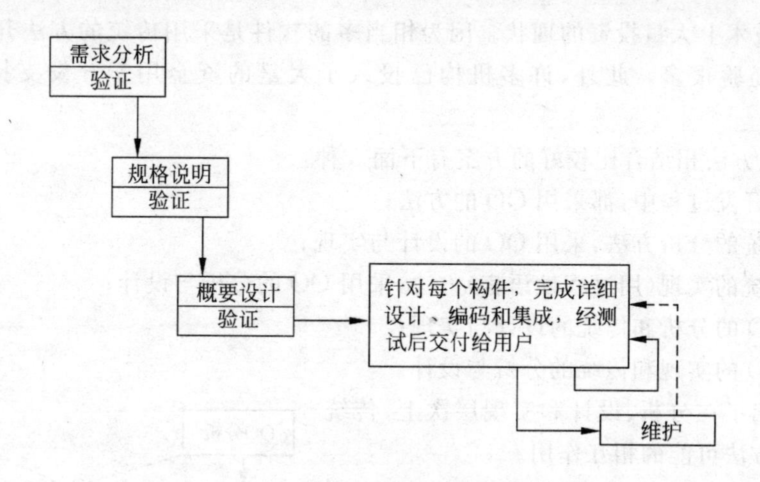

图 1.6　增量模型

使用增量模型开发软件时，把软件产品作为一系列的增量构件来设计、编码、集成和测试。每个构件由多个相互作用的模块构成，并且能够完成特定的功能。使用增量模型时，第一个增量构件往往实现软件的基本需求，提供最核心的功能。例如使用增量模型开发字处理软件时，第一个增量构件提供基本的文件管理、编辑和文档生成功能；第二个增量构件提供更完善的编辑和文档生成功能；第三个增量构件实现拼写和语法检查功能；第四个增量构件完成高级的页面排版功能。

把软件产品分解成增量构件时，应该使构件的规模适中，规模过大或过小都不好。最佳分解方法因软件产品特点和开发人员的习惯而异。分解时唯一必须遵守的约束条件是，当把新构件集成到现有软件中时，所形成的产品必须是可测试的。

增量模型分批地逐步向用户提交产品，整个软件产品被分解成许多个增量构件，开发人员一个构件接一个构件地向用户提交产品。因此，开发软件和扩充软件功能（完善性维护）并没有本质区别，都是向现有产品中加入新构件的过程。

增量模型的优点在于能在较短时间内向用户提交可完成部分工作的产品；逐步增加产品功能可以使用户有较充裕的时间学习和适应新产品，从而减少一个全新的软件可能给客户组织带来的冲击。

增量模型的难点在于把每个新的增量构件集成到现有软件体系结构中时，必须不破坏原来已经开发出的产品；软件体系结构必须是开放的；模型本身具有矛盾性，一方面要求开发人员把软件看作一个整体，另一方面要求开发人员把软件看作构件序列，且构件间彼此独立。除非开发人员有足够的技术能力协调好这一明显的矛盾；否则用增量模型开发出的产品可能并不令人满意。

1.2.6　面向对象生存期模型

随着面向对象（Object - Oriented，简称 OO）技术的逐渐成熟，这几年又提出了 OO 软件工程生存期开发模式。Henderson - Sellers（1990，1991）提出，把 OO 方法引入商业环境的一个关键问题是把 OO 技术贯穿到整个生存期，还是与传统的结构化技术掺合或搭配起来使用呢？结合传统的结构化技术和 OO 技术可以创造出某种混合的开发生存期。这是考虑到当前

在传统的结构技术上大量投资的现状。因为相当多的软件是采用传统的方法开发出来的，而且这种技术的经验很多。此外，许多机构已投入了大量的资金用于开发支持传统技术的CASE工具。

OO与传统方法相结合比较好的方案有下面5种：

1）在整个开发过程中，都采用OO的方法；

2）保留传统的分析方法，采用OO的设计与实现；

3）保留传统的实现（用过程性语言）方法，采用OO的分析与设计；

4）采用OO的分析和传统的设计与实现；

5）采用OO的实现和传统的分析与设计。

图1.7给出了在分析、设计和实现层次上，传统的方法与OO方法可能的相互作用。

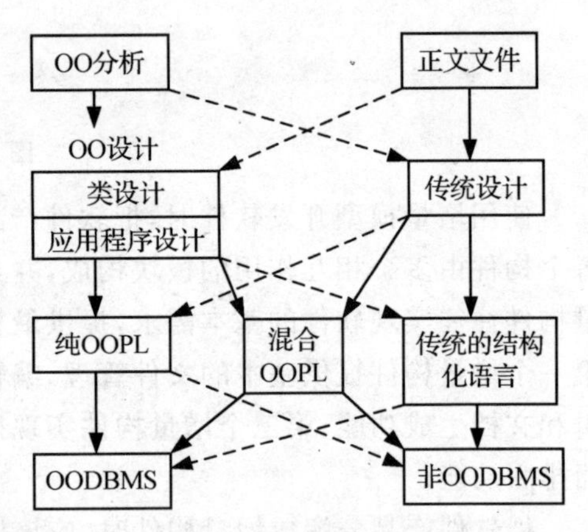

图1.7 OO与结构化技术

在OO的分析和设计方法中，OO的编程语言实现OO的设计。OO的数据库管理系统（DBMS）的存在，既支持通常的并发性、安全性等数据库功能，又支持应用程序使用期以外，对于对象（或信息）长期的需要。虚线箭头表示该路线要求进行不同表示之间的转换，而实线箭头则表示路线是直接的，不需要进行转换。

图1.7还表明，不论是纯粹的OO语言，不是混合的OO语言都能使用已有的OODBMS。然而，大多数OODBMS也支持传统的编程语言的程序接口。OO的编程语言可与非OODBMS一起使用。这种配置的例子很多，如OSMOSYS工具就可以用关系数据库接口生成Smalltalk代码。在这种情况下，OO应用程序必须包含这样的类，其属性可映射为关系数据库的型式。

1.2.7 喷泉模型

迭代是软件开发过程中普遍存在的一种内在属性。为使项目继续进行，一种较灵活（并且风险更小）的方法是多次执行各个开发工作流程，从而更好地理解需求，设计出强壮的构架，组建好开发组织，并最终交付一系列渐趋完善的实施成果。这被称为迭代式生命周期。每次按顺序完成这一系列工作流程就叫做一次迭代。迭代在面向对象范型中比在结构化范型中更常见。

喷泉模型（fountain model）如图1.8所示，是典型的面向对象的软件过程模型之一。“喷泉”这个词体现了面向对象软件开发过程迭代和无缝的特性。由于各阶段都使用统一的概念和表示符号，因此，整个开发过程都是吻合一致的，或者说是“无缝”连接的。这自然就很容易实现各个开发步骤的多次反复迭代，达到认识的逐步深化。每次反复都会增加或明确一些目标系统的性质，但却不是对先前工作结果的本质性改动。这样就减少了不一致性，降低了出错的可能性。

图 1.8 中代表不同阶段的圆圈相互重叠。这明确表示两个活动之间存在交迭；而面向对象方法在概念和表示方法上的一致性，保证了在各项开发活动之间的无缝过渡。事实上，用面向对象方法开发软件时，在分析、设计和编码等项开发活动之间并不存在明显的边界。图 1.8 中在一个阶段内的向下箭头代表该阶段内的迭代(或求精)。图 1.8 中较小的圆圈代表维护，圆圈较小象征着采用了面向对象范型之后维护时间缩短了。

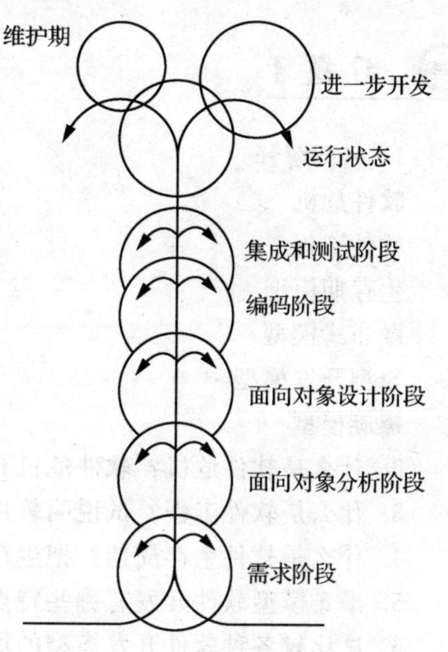

图 1.8　喷泉模型

因此，从开发角度来看，软件生命周期就是一系列的迭代，通过这些迭代，软件开发过程递增向前。每次迭代结束时均发布可执行产品。该产品可能只是完整前景的一部分，但从工程或用户的角度来看，它是比较有用的。每次发布都带有支持工件：版本说明、用户文档、计划等，以及经过更新的系统模型。

为避免使用喷泉模型开发软件时开发过程过分无序，应该把一个线性过程作为总目标。但是，同时也应该记住，面向对象范型本身要求经常对开发活动进行迭代或求精。

1.2.8　基于四代技术的模型

四代语言(4GL)是 R. Ross 于 1981 年提出的。它是在大型数据库管理程序基础上发展起来的程序设计语言。4GL 是面向结果的非过程式语言。它独立于具体的处理机，有丰富的软件工具的支持，能统一利用和管理各种数据资源，因此能适应不同水平用户的需要。以 4GL 为核心的软件开发技术称为四代技术。采用四代技术开发软件的模型如图 1.9 所示。

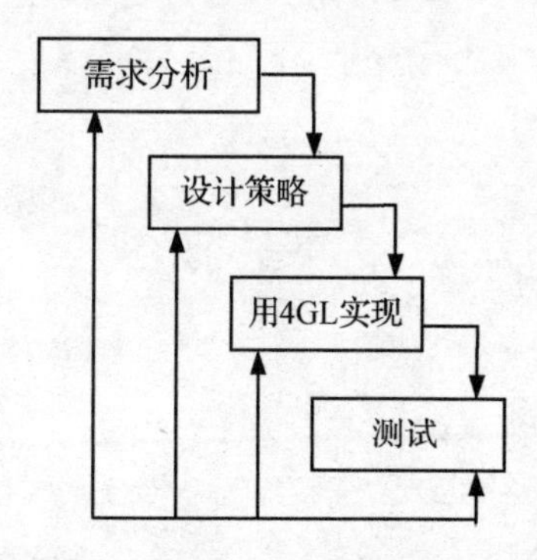

图 1.9　基于四代技术的模型

软件开发者在定义软件需求，给出软件规格说明之后，4GL 工具能够将开发者编写的软件规格说明自动转换成程序代码。这大大减少了分析、设计、编码与测试的时间。当前，支持 4GL 的软件开发工具有：数据库查询语言、报表生成器、图表生成器、人机交互的屏幕设计与代码生成系统，等等。支持 4GL 的环境基本上是专用的，开发一个通用的 4GL 环境还有不少困难。实践表明，大多数需求明确的小型应用系统，特别是信息领域、工程和实时嵌入式小型应用系统采用 4GL，在软件开发的时间、成本、质量等方面都会取得比较好的效果。对于大型的软件开发项目，由于在系统分析、设计、测试、文档生成等方面要做大量的工作，采用 4GL 虽然可以节省部分代码生成的时间，但它在整个大型软件系统开发中所占的比例是有限的。人们预计，到 20 世纪末或 21 世纪之初，采用 4GL 开发的中小型应用软件将会有大幅度的增加。这有助于缓和软件供求紧张的状况。

习题 1

1. 名词解释

软件危机

软件工程

生存期模型

瀑布式模型

原型开发模型

螺旋模型

2. 什么是软件危机？软件危机有那些表现？产生软件危机的原因是什么？

3. 什么是软件工程？试说明软件工程是如何克服软件危机的？

4. 什么是软件生存周期？把生存周期划分成阶段的目的是什么？

5. 瀑布模型软件开发有哪些特点？

6. 试比较各种软件开发模型的优缺点。

第 2 章 软件计划

软件定义时间也可称为软件计划时间。它作为软件生命周期的第一步，要完成问题定义、可行性研究和需求分析三个阶段的任务。传统的软件工程方法学采用结构化分析技术完成系统分析(问题定义、可行性研究、需求分析)的任务。结构化分析技术主要有几个要点：采用自顶向下功能分解的方法；强调逻辑功能而不是实现功能的具体方法；使用图形(最主要的是数据流图)进行系统分析，并表达分析的结果。

2.1 问题定义

问题定义阶段必须回答“要解决的问题是什么？”。问题定义是计划期间的第一个阶段。其目的是弄清用户需要计算机解决的问题根本所在，以及项目所需的资源和经费。如果不知道问题是什么就试图解决这个问题，显然是盲目的，只会白白浪费时间和金钱，最终得出的结果很可能是毫无意义的。尽管确切地定义问题的必要性是十分明显的，但是在实践中它却可能是最容易被忽视的一个步骤。软件系统定义通常由信息规划管理部门和系统分析员具体实施。系统分析员深入到问题现场，了解用户单位各层次人员对系统的要求，调查开发背景。经过调查分析，分析员应该用较短的时间对问题进行加工整理，写出系统目标与范围说明。

通过问题定义阶段的工作，系统分析员应该提出关于问题性质、工程目标和规模的书面报告。通过对系统的实际用户和使用部门负责人的访问调查，分析员扼要地写出他对问题的理解，并在用户和使用部门负责人的会议上认真讨论这份书面报告，澄清含糊不清的地方，改正理解不正确的地方，最后得出一份双方都满意的文档。

说明书应由用户和分析员共同审查，并对含糊不清及分析员理解错误的地方逐步进行修改。如果用户和分析员一致同意说明书的内容，且同意把工作继续下去，就可以转入下一个阶段——可行性研究。

例如：某高校教务处提出开发学生选课注册系统要求，经初步调查，提出了关于学生选课注册系统的《系统目标和范围说明书》，如图 2.1 所示。

系统目标和范围说明书

1999年3月

1. 项目：学生选课注册系统。
2. 问题：在学分制试行过程中，学生选课进行人工注册效率低，容易冲突，任课教师难以获得及时有效的课程选修学生名单。
3. 项目目标：建立一个基于教学管理计算机网络的学生学期选课注册系统。
4. 项目范围：硬件主要利用现有计算机教学管理网络，增配少量专用设备，软件开发费用预期2 800元。
5. 初步设想：为学生提供填写选课卡片和计算机网络终端查询对话两种选课方式，教学管理科能够对选课冲突学生进行随机确定调整，系统主要输出课程注册数据库、学生课程表、课程成绩记载单。
6. 可行性研究：由分析员和教学管理科进行，主要对系统实施方案和学校学生选课管理规程进行研究。建议进行大约10天的可行性研究，研究费用不超过200元。

图 2.1　系统目标和范围说明书示例

 2.2　可行性研究

开发任何一个基于计算机的系统，都会受到时间和资源上的限制。因此，在接受项目之前必须根据客户可能提供的时间和资源条件进行可行性研究。它可以避免人力、物力和财力上的浪费。

可行性研究阶段必须回答“所确定的问题有行得通的解决办法吗?”。可行性研究的目的，就是用最小的代价在尽可能短的时间内确定问题是否能够解决。可行性研究的目的不是解决问题，而是确定问题是否值得去解决。可行性研究实质上是要进行一次大大压缩简化了的系统分析和设计的过程，也就是在较高层次上以较抽象的方式进行的系统分析和设计的过程。

2.2.1　可行性研究的任务

可行性研究的主要任务是了解客户的要求及现实环境，从技术、经济和社会因素等方面研究，并论证软件项目的可行性，编写可行性研究报告，制订初步的项目开发计划。具体地说应该进一步分析和澄清问题定义；之后，分析员应该导出系统的逻辑模型；然后从系统逻辑模型出发，探索若干种可供选择的主要解法(即系统实现方案)；再为每个可行的解法制订一个粗略的实现进度。可行性研究需要的时间长短取决于工程的规模。一般说来，可行性研究的成本只是预期的工程总成本的5%～10%。

对于每种解法都应该仔细研究它的可行性。一般说来应该从以下几个方面研究每种解法的可行性。

1）技术可行性　使用现有的技术能实现这个系统吗?

2）经济可行性　这个系统的经济效益能超过它的开发成本吗?

3）操作可行性　系统的操作方式在这个用户组织内行得通吗?

4）法律可行性　系统会不会在社会上或经济上引起侵权、破坏或其他责任问题?

可行性分析的根本任务是为项目开发推荐可以实施的方案建议。如果问题求解没有可行

方案，例如技术风险太大，或者实现技术落后，或者经济效益不合算，或者用户操作不可接受，或者可能产生负面社会影响，或者存在侵权等，分析员应该建议终止项目计划。如果问题值得解，分析员应该推荐一个较好的解决方案，并且为工程制订一个初步的计划。

2.2.2　可行性研究过程

可行性研究过程通常要经过下述一些步骤：

1. 复查系统规模和目标

分析员要仔细阅读和分析问题定义阶段的文档资料，着重弄清用户想要解决的是什么问题，改正含糊或不确切的叙述，清晰地描述目标系统的一切限制和约束。这个步骤的工作，实质上是为了确保分析员正在解决的问题确实是要求他解决的问题。

2. 研究当前系统

弄清当前系统的工作过程，并用系统流程图加以描述。现有的系统是信息的重要来源。显然，如果目前有一个系统正被人使用，那么这个系统必定能完成某些有用的工作，因此，新的目标系统必须也能完成它的基本功能。另一方面，现有的系统必然有某些缺点，新系统必须能解决旧系统中存在的问题。应该仔细阅读分析现有系统的文档资料和使用手册，也要实地考察现有的系统。应该注意了解这个系统可以做什么，为什么这样做，还要了解使用这个系统的代价。绝大多数系统都和其他系统有联系。应该注意了解并记录现有系统和其他系统之间的接口情况。这是设计新系统时的重要约束条件。千万不要花费太多时间去了解和描绘现有系统的实现细节。

3. 导出目标系统的逻辑模型

好的设计通常总是从现有的物理系统出发，导出现有系统的逻辑模型，再参考现有系统的逻辑模型，设想目标系统的逻辑模型。最后根据目标系统的逻辑模型建造新的物理系统。当前系统模型通常使用系统流程图描述，目标系统可以使用系统流程图描述，也可以使用数据流图和数据词典描述。

4. 复查问题定义，精化逻辑模型

新系统的逻辑模型实质上表达了分析员对新系统必须做什么的看法。用户是否也有同样的看法呢？分析员应该和用户一起再次复查问题定义、工程规模和目标。这次复查应该把数据流图和数据字典作为讨论的基础。如果分析员对问题有误解或者用户曾经遗漏了某些要求，那么现在是发现和改正这些错误的时候了。

可行性研究的前几个步骤实质是一个迭代过程，通过反复执行同一系列步骤，而达到使结果精化的目的。通过几次重复，得到精确的问题定义和正确的逻辑模型。

5. 评价可能解法，推荐行动方案

分析员应该从他建议的系统逻辑模型出发，导出若干个较高层次的(较抽象的)物理解法供比较和选择。导出供选择的解法的最简单的途径，是从技术角度出发考虑解决问题的不同方案。当从技术角度提出了一些可能的物理系统之后，应该根据技术可行性的考虑，初步排除一些不现实的系统。其次可以考虑操作方面的可行性。接下来应该考虑经济方面的可行性。分析员应该估计余下的每个可能的系统的开发成本和运行费用，并且估计相对于现有的系统而言，这个系统可以节省的开支或可以增加的收入。在这些估计数字的基础上，对每个可能的系统进行成本/效益分析。一般说来，只有投资预计能带来利润的系统才值得进一步考虑。根据可行性研究结果应该做出的一个关键性决定是,是否继续进行这项开发工程。分析员必须清楚地表明他对这个关键性决定的建议。如果分析员认为值得继续进行这项开发工程,那么他应该选择一种最好的解法,并且说明选择这个方案的理由。

6. 书写可行性报告,提交审查

应该把上述可行性研究各个步骤的结果写成清晰的文档,请用户和使用部门的负责人仔细审查,以决定是否继续这项工程以及是否接受分析员推荐的方案。

可行性研究的结果是使用部门负责人做出是否继续进行这项工程的决定的重要依据。一般说来,只有投资可能取得较大效益的那些工程项目才值得继续进行下去。可行性研究以后的那些阶段将需要投入更多的人力、物力、财力。及时中止不值得投资的工程项目,可以避免更大的浪费。

2.2.3 系统流程图

在进行可行性研究时需要了解和分析现有的系统,并以概括的形式表达对现有系统的认识;进入设计阶段以后应该把设想的新系统的逻辑模型变成物理模型,因此需要描绘未来的物理系统的概貌。

系统流程图是用来描绘系统物理模型的一种传统工具。它既可以表示人工处理过程,也可以表示自动化处理系统。一个系统可以包括程序、文档、数据库、人工过程等多个部件。系统流程图主要描绘信息处理所流经的部件,并不强调信息加工的控制过程。系统流程图的某些符号和程序流程图相同,但含义却完全不同。系统流程图是物理的数据流图。数据流图强调系统对信息的加工处理,将在后面讲到。

常用的系统流程图符号定义如图 2.2 所示。

下面的图 2.3 给出了计算机售书系统流程图。

2.2.4 可行性论证报告

可行性研究结束后要提交的文档是可行性研究报告。可行性研究报告主要包括如下内容。

1. 系统概述

现有系统可能是一个计算机系统,也可能是一个人工系统。应该准确描述现有系统的处理流程、工作负荷、费用开支、人员和设备要求,管理模块以及存在的问题。概括说明建议系统,包括处理流程、能够满足的要求、系统的优点、开发技术风险估计、目标系统运行管理模块、系统可能存在的局限性,并把新系统和当前系统进行比较,新系统可以用系统流程图来描述,并附上重要的数据流图作为补充。

2. 可行性分析

包括新系统在经济上、技术上和法律上的可行性,以及对建立新系统的主观、客观条件的分析。如有不止一种解决方案,对可选择方案逐一说明,并说明没有选中的理由,指明推荐的方案。

3. 结论意见

综合上述的分析,说明新系统是否可行。可能的结论是:项目应该立即展开;系统需要推迟到某些条件具备才能开始;需要对系统目标进行某些修改才能开始;系统不能进行或者没有必要进行。

符　号	名　称	说　明
	处理	表示人工或者计算机程序对数据的加工处理
	输入/输出	广义的不指明具体设备的输入/输出
	连接	指明同页中转移到图的另一部分或者由图的某一部分来
	换页	指出转移到图的另一页部分或者由图的另一页转来
	数据流	表示数据流动方向
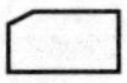	穿孔卡片	表示用穿孔卡片输入/输出,或者穿孔文件
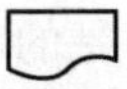	文档	打印输出表格或者报告,也可以表示输入报告
	磁带	磁带输入/输出文件,也用于表示顺序文件
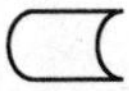	联机存储	表示文义的联机数据库文件,可以是磁盘、磁带等外存
	磁盘	磁盘输入/输出，也表示存储在磁盘上的数据库文件
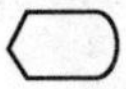	显示	类似于CRT的显示终端
	人工输入	人工实施的输入操作
	人工操作	人工实施的操作处理

图 2.2　系统流程图符号

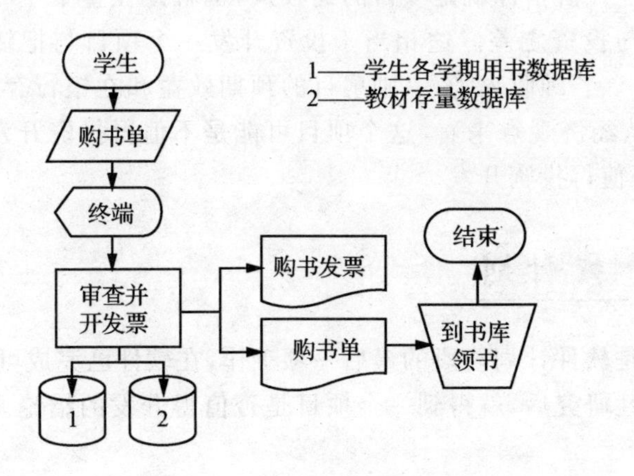

图 2.3　计算机售书系统流程图

2.3 成本效益分析

成本-效益分析的目的是从经济角度评价开发一个新的软件项目是否可行。成本-效益分析首先是估算将要开发的系统的开发成本，然后与可能取得的效益进行比较和权衡。效益分有形效益和无形效益两种。

有形效益可以用货币的时间价值、投资回收期和纯收入等指标进行度量；无形效益主要从性质上、心理上进行衡量，很难直接进行量的比较。系统的经济效益等于因使用新的系统而增加的收入加上使用新的系统可以节省的运行费用。运行费用包括操作人员人数、工作时间和消耗的物资等，例如有形效益分析。

下面主要介绍有形效益分析。

1. 货币的时间价值

成本估算的目的是对项目投资。经过成本估算后，得到项目开发时所需要的费用。该费用就是项目的投资。项目开发后，应取得相应的效益，有多少效益才合算，这就要考虑货币的时间价值。通常用利率表示货币的时间价值。

设年利率为 i，现存入 P 元，n 年后可得钱数为 F 元，则：

$$F = P(1+i)n$$

F 就是 P 元在 n 年后的价值。反之，若 n 年能收入 F 元，那么这些钱现在的价值是：

$$P = F/(1+i)n$$

2. 投资回收期

通常用投资回收期衡量一个项目的开发价值。投资回收期就是使累计的经济效益等于最初的投资费用所需的时间。投资回收期越短，就越快获得利润，则该项目就越值得开发。

3. 纯收入

衡量项目价值的另一经济指标就是项目的纯收入，也就是在整个生存周期之内的累计经济效益(折合成现在值)与投资之差。这相当于投资开发一个项目与把钱存入银行中进行比较，看这两种方案的优劣。若纯收入为零，则项目的预期效益和在银行存款一样，但是开发一个项目要冒风险，因此从经济观点来看，这个项目可能是不值得投资开发的。若纯收入小于零，那么这个项目显然不值得投资开发。

2.4 项目开发计划

制订项目开发计划是软件计划阶段的最后一项工作，在软件已完成可行性分析、用户确定开发后进行。经过可行性研究后，就得到一个项目是否值得开发的结论。根据这个结论来制定项目开发计划。

项目开发计划是一个管理性文档。它的主要内容如下。

1) 项目概述：说明项目的各项主要工作；说明软件的功能、性能；为完成项目应具备的条件；用户及合同承包者应承担的工作、完成期限及其他条件限制；应交付的程序名称，所使用的语言及存储形式；应交付的文档。

2）实施计划：说明任务的划分、各项任务的责任人；说明项目开发进度，按阶段应完成的任务，用图表说明每项任务的开始时间和完成时间；说明项目的预算，各阶段的费用支出预算。

3）人员组织及分工：说明开发该项目所需人员的类型、组成结构和数量等。

4）交付期限：说明项目最后完工交付的日期。

项目实施计划是一种管理文档，供软件开发单位使用。在开发过程中，开发单位的管理人员根据这一计划安排和检查开发工作，并可根据项目的进展情况定期进行必要的调整。图 2.4 列出了项目实施计划的主要内容。

项目实施计划

1. 系统概述：包括项目目标、主要功能、系统特点，以及关于开发工作的安排。
2. 系统资源：包括开发和运行该软件系统所需要的各种资源：如硬件、软件、人员和组织机构等。
3. 费用预算：分阶段的人员费用、物资费用及其他费用。
4. 进度安排：各阶段起止时间、完成文档及验证文件。
5. 产品清单：包括要交付的全部产品。

图 2.4　项目实施计划的主要内容

2.5　系统规格说明及评审

1. 系统规格说明

系统规格说明是一种文档。它描述基于计算机系统的功能、性能和支配系统开发的各种约束条件。它是硬件工程、软件工程、数据库工程和人机工程的基础。它指明了各子系统在整个系统中的地位和作用，并描述了系统的输入/输出数据和控制信息。

规格说明，不管通过什么方式完成它，都可以被看作一种过程的表示方法。需求表示在一定的意义上应导致结果良好的软件实现。Balzer Goldman 提出了一个良好的规格说明的 8 条原则：

- 从实现中抽出功能度(functionality)。
- 要求一个面向过程的系统规格说明语言。
- 一个规格说明必须围绕整个系统，而软件只是它的一个组成部分。
- 一个规格说明必须围绕系统的操作环境。
- 一个系统的规格说明必须是一个可认知的模型。
- 一个规格说明必须是可操作的。
- 系统的规格说明必须容许它是不完整的和可扩展的。
- 一个规格说明必须容许是局部化的和松散耦合的。

2. 系统规格说明评审

系统规格说明生成之后，系统开发人员和用户必须通力合作对系统规格说明进行评审。只有通过评审的系统规格说明才能用于系统开发。

系统规格说明评审首先应评价系统规格说明中的定义是否正确。然后，客户和开发人员共同判断系统规格说明是否正确描述了项目的范围；是否准确地定义了系统的功能、性能和界面;环境和开发风险分析是否表明了系统开发的合理性;开发人员和用户对系统目标是否有共同的认识等。

系统规格说明评审过程分管理评审和技术评审两个阶段。其中管理评审包括:

- 系统是否有一个稳定的商业需求,系统开发是否有意义?
- 系统开发是否有市场价值或社会效益?
- 系统开发是否还有其他选择方案?
- 系统各个部分的开发风险是什么?
- 系统开发所需资源是否已经具备?
- 成本和进度计划是否恰当。

技术评审必须回答:

- 系统功能复杂性是否与开发风险、成本和进度评估保持一致?
- 系统采用的术语、系统与子系统功能定义是否足够详细?
- 系统与环境的接口以及各子系统之间的接口定义是否详细?
- 系统规格说明是否指明系统性能、可靠性和可维护性方面的问题?
- 系统规格说明是否为后续的硬件工程、软件工程打下坚实的基础?

系统规格说明评审完成以后,系统开发可以按照硬件工程、软件工程、数据库工程、人机工程等并行开展工作。

习题2

1. 可行性研究的目的是什么?
2. 可行性研究包括哪几个部分?各部分的必要性是什么?
3. 可行性研究的任务有哪些?
4. 研究项目的技术可行性一般要考虑的情况有哪些?
5. 可行性研究包括哪些步骤?
6. 可行性研究报告有哪些主要内容?
7. 成本-效益分析的主要目的是什么?可用哪些指标进行度量?
8. 项目开发计划有哪些内容?
9. 请针对下面问题进行定义,并分析其可行性。

1) 为方便储户,某银行拟开发计算机储蓄系统。储户填写在存款单或取款单由业务员键入系统。如果是存款,系统记录存款人姓名、住址、存款类型、存款日期、利率等信息,并印出存款单给储户;如果是取款,系统计算利息,并印出利息清单给储户。

2) 为方便旅客,某航空公司拟开发一个机票预订系统。旅行社把预订机票的旅客信息(姓名、性别、工作单位、身份证号码、旅行时间、旅行目的地等)输入进该系统,系统为旅客安排航班,印出取票通知和账单,旅客在飞机起飞的前一天凭取票通知和账单交款取票,系统校对无误即印出机票给旅客。

3) 目前住院病人主要由护士护理,这样做不仅需要大量护士,而且由于不能随时观察危重病人的病情变化,还会耽误抢救时机。某医院打算开发一个以计算机为中心的患者监护系统,请你写出问题定义,并且分析开发这个系统的可行性。

第3章 软件需求分析

3.1 需求分析概述

软件计划对待开发软件的目标、范围、进度、资源要求进行了高层分析和计划,是软件开发项目确立的里程碑。但是软件开发计划不能直接作为软件设计的依据。软件需求分析是软件开发期的第一个阶段,也是关系到软件开发成败的关键步骤。只有通过需求分析才能把软件功能和性能的总体概念描述为具体的软件需求规格说明,从而奠定软件开发的基础。该过程将软件计划阶段所确定的软件范围逐步细化到可详细定义的程度,并分析出各种不同的软件元素,然后为这些元素找到可行的解决方法。通过需求分析,准确、详细地定义用户功能,性能要求,建立可以实现的软件系统抽象逻辑模型,为软件设计和验收提供依据。通过需求分析,使得要求实现的用户功能、性能满足如下要求。

- 完整性:用户每个必要的需求没有遗漏。
- 一致性:所有需求不相互矛盾。
- 无二义性:用户与开发人员对于需求的理解是完全一致的。
- 现实行:所有需求在项目资源保证下是可以实现的。
- 可验证性:已经定义的用户需求可以确切地进行验证,性能指标是否达到具有客观的可度量准则。
- 可跟踪性:定义的每个功能、性能可以追朔用户原始的需求。

3.1.1 需求分析的基本原则

为使需求分析的科学化,对软件工程在分析阶段提出了许多需求分析方法。在已提出的许多软件需求分析与说明方法中,每一种分析方法都有独特的观点和表示法,但都适用下面的基本原则。

1) 可以把一个复杂问题按功能进行分解,并可逐层细化。通常,如果软件要处理的问题涉及面太大,关系太复杂就很难理解。若划分成若干部分,并确定各部分间的接口,那么就可完成整体功能。在需求分析过程中,软件领域中的数据、功能和行为都可以划分成若干部分。

2) 必须能够表达和理解问题的数据域和功能域。数据域包括数据流、数据内容和数据结构。其中数据流是数据通过一个系统时的变化方式。功能域则是反映数据流、数据内容和数据结构三方面的控制信息。

3) 建立模型。所谓模型就是所研究对象的一种表达形式。因此,模型可以帮助分析人员更好地理解软件系统的信息、功能和行为。所以这些模型也是软件设计的基础。

在软件工程中著名的结构化分析方法和面向对象分析方法都遵循以上原则。

3.1.2 需求分析的任务

需求分析是软件定义的最后阶段，同时也是软件开发进入实施的第一阶段。需求分析阶段研究的对象是软件项目的用户要求。可行性分析阶段已经初略地定义了用户需求，甚至还推荐了解决方案。但是可行性分析的目的是用较小的成本迅速地确定问题是否可解和值得可解，因此系统的细节通常不予考虑。但是系统最终实现是不能遗漏任何细节的，必须全面理解用户的各项要求，又不能全盘接受所有的要求，对其中模糊的要求还需要澄清，然后才能决定是否可以采纳。因此软件需求分析的过程就是系统分析员与用户共同协商，明确系统的全部功能、性能以及运行规格，并且使软件开发人员与用户具有一致理解的语言准确表达出来。

需求分析的基本任务是要准确地理解旧系统，定义新系统的目标。为了满足用户需要，回答系统必须"做什么"的问题。本阶段要进行以下几方面的工作。

(1) 问题明确定义

在可行性研究的基础上，双方通过交流，对问题都有进一步的认识。所以可确定对问题的综合需求。这些需求包括：功能需求、性能需求、环境需求和用户界面需求；另外还有系统的可靠性、安全性、可移植性和可维护性等方面的需求。双方在讨论这些需求内容时一般通过双方交流、调查研究来获取，并达到共同的理解。

(2) 导出软件的逻辑模型

分析人员根据前面获取的需求资料，要进行一致性的分析检查。在分析、综合中逐步细化软件功能，划分成各个子功能。同时对数据域进行分解，并分配到各个功能上，以确定系统的构成及主要成分。最后要用图文结合的形式，建立起新系统的逻辑模型。

(3) 编写文档

通过分析确定了系统必须具有的功能和性能，定义了系统中的数据，描述了数据处理的主要算法。应该把分析的结果用正式的文件("需求规格说明书")记录下来，作为最终软件的部分材料。

需求分析的结果是软件需求规格说明书(SRS)。SRS 的主要部分是详细的数据流图、数据字典和主要功能的逻辑处理描述。通过复审的 SRS 即是软件设计的基础，也是软件项目最后鉴定验收的依据。

对系统的综合要求有下述四个方面。

(1) 系统功能要求

应该划分出系统必须完成的所有功能。

(2) 系统性能要求

例如，联机系统的响应时间(即对于从终端输入的一个"事务"，系统在多长时间之内可以做出响应)。系统需要的存储容量以及后援存储、重新启动和安全性等方面的考虑都属于性能要求。

(3) 系统运行要求

这类要求集中表现为对系统运行时所处环境的要求。例如，支持系统运行的系统软件是什么、采用哪种数据库管理系统、需要什么样的外存储器和数据通信接口等。

(4) 将来可能提出的要求

应该明确地列出那些虽然不属于当前系统开发范畴，但是依据分析将来很可能会提出来

的要求。这样做的目的是在设计过程中对系统将来可能的扩充和修改预做准备，以便一旦需要时能比较容易地进行这种扩充和修改。

3.1.3 需求分析的步骤

通常软件开发项目是要实现目标系统的物理模型，就是要确定被开发软件系统的系统元素，并将功能和信息结构分配到这些系统元素中。目标系统的具体物理模型是由它的逻辑模型经实例化，即具体到某个业务领域而得到的。与物理模型不同，逻辑模型忽视实现机制与细节，只描述系统要完成的功能和要处理的信息。作为目标系统的参考，需求分析就是借助于当前系统的逻辑模型导出目标系统的逻辑模型。其具体实现的步骤如下：

1. 通过对现实环境的调查研究，获得当前系统的具体模型

在这一步首先分析现实世界，到现场调查研究，理解当前系统是如何运行的，并用一个具体模型反映自己对当前系统的理解。这一模型应客观地反映现实世界的实际情况。

例如：学生购买学校教材的手续可能是：先找教学秘书甲某开证明，凭证明找教材科的会计乙某开购书发票，再到出纳丙某处交书款，然后找保管员丁某领书。图 3.1 是这一过程的具体模型。

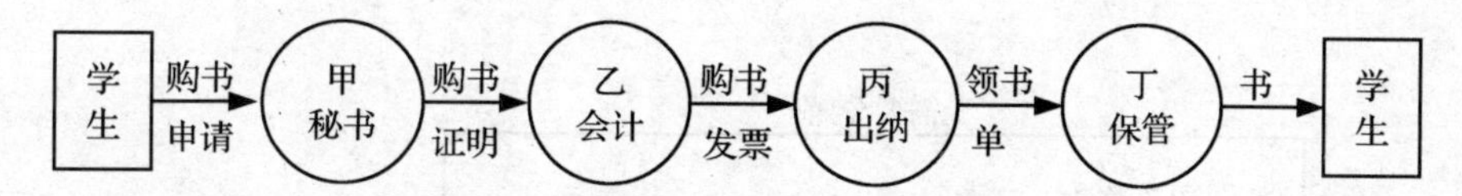

图 3.1 学生购买教材的具体模型

2. 去掉具体模型中的非本质因素，抽象出当前系统的逻辑模型

在物理模型中有许多物理的因素，随着分析工作的深入，有些非本质的物理因素就成为不必要的负担，因而需要对物理模型进行分析，区分出本质的和非本质的因素，去掉那些非本质的因素即可获得反映系统本质的逻辑模型。

在图 3.1 中，具体的人是可变动的，但需要他们处理的工作是不变的。后者是本质的内容。经过分析，就可抽象出学生购买教材这一系统的逻辑模型，如图 3.2 所示。

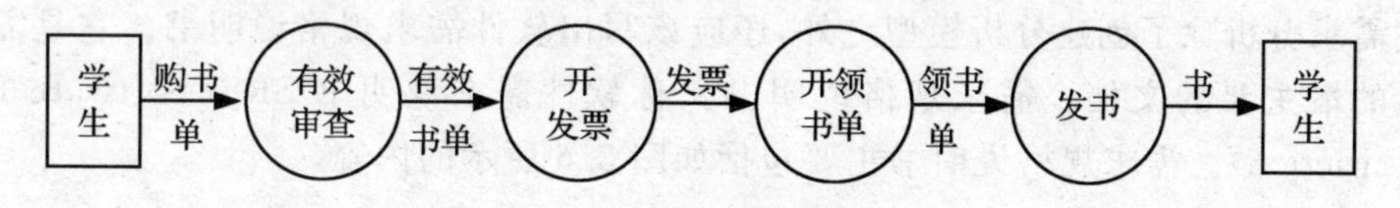

图 3.2 学生购买教材的逻辑模型

3. 分析当前系统与目标系统的差别，建立目标系统的逻辑模型

目标系统是一个使用计算机的系统。它的功能应该比先行系统更强，不应该完全模拟先行系统。例如在出售教材的计算机系统中，可简化为图 3.3 所示的逻辑模型。

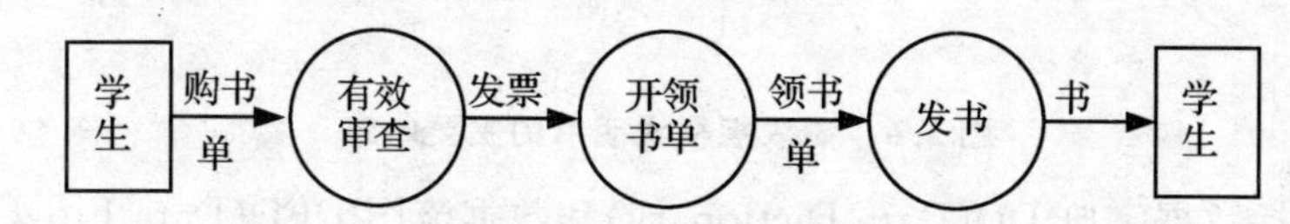

图 3.3 学生购买教材的逻辑模型

4. 对目标系统进行完善和补充,并写出完整的需求说明

为了对目标系统做完整的描述,还需要对前面得到的结果做一些补充:

1) 说明目标系统的用户界面;

2) 说明至今尚未详细考虑的细节。

经过以上的修改和补充,就可以得到改进了的目标系统逻辑模型,如图 3.4 所示。

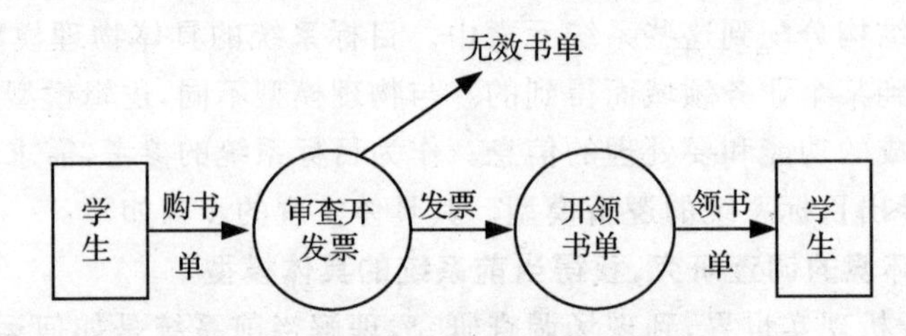

图 3.4 改进了的计算机售书系统模型

5. 对需求说明进行复审

直到确认文档齐全,并且符合用户的全部需求为止。

上述步骤仅显示一个粗略的轮廓,如图 3.5 所示,实际工作要复杂得多。下面还要详细介绍。

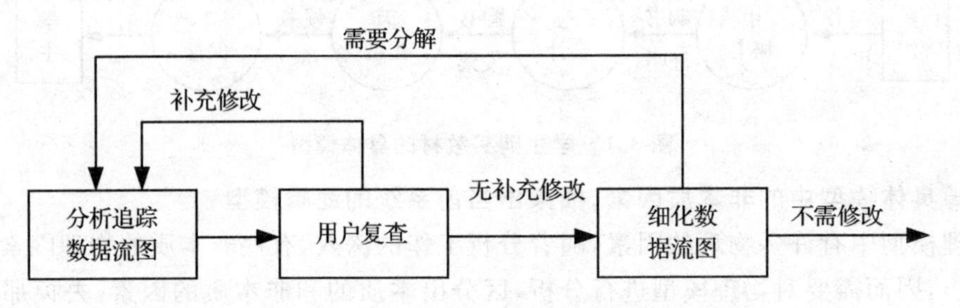

图 3.5 需求分析的基本过程

3.1.4 需求规格说明与验证

通过需求分析除了创建分析模型之外,还应该写出软件需求规格说明书。它是需求分析阶段得出的最主要的文档。需求规格说明书又称软件需求说明书 SRS(Software Requirement Specifiction)。需求规格说明书主要包括如图 3.6 所示的内容。

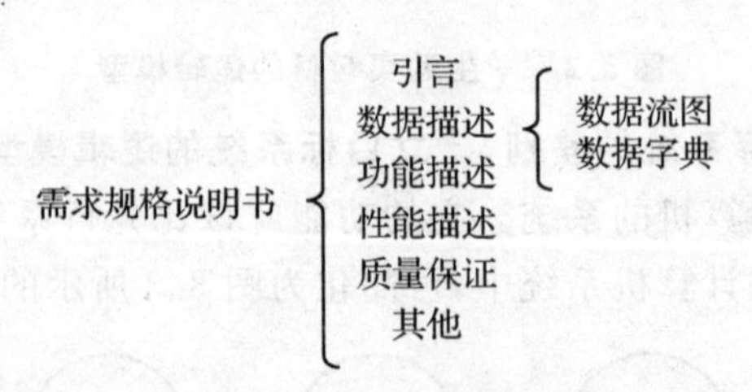

图 3.6 需求规格说明书的主要内容

数据描述包括数据字典 DD(Data Dictionary)和数据流图 DFD(Data Flow Diagram)两部分。前者汇集了在系统中使用的一切数据的定义;后者用来表示系统的逻辑模型。

功能描述和性能描述分别是对软件功能要求的说明。前者可以用形式化或非形式化的方

法来表示；后者应包括软件的处理速度、响应时间、安全限制等内容。

质量保证阐明在软件交付使用前需要进行的功能测试和性能测试，并且规定源程序和文档应该遵守的各种标准。

通常用自然语言完整、准确、具体地描述系统的数据要求、功能需求、性能需求、可靠性和可用性要求、出错处理需求、接口需求、约束、逆向需求以及将来可能提出的要求。自然语言的规格说明具有容易书写、容易理解的优点，为大多数人所欢迎和采用。

在软件项目开始启动的初期，用户会向开发方提交需求描述。内容包括目标产品的工作环境描述及用户对目标产品的初步期望，其目的仅在于向开发人员解释其需求。这里讨论的需求规格说明与之完全不同。它是由开发人员经需求分析后形成的软件文档。其内容将更为系统、精确和全面，因为它必须服务于以下目标。

1）便于用户、分析人员和软件设计人员进行理解和交流。用户通过需求规格说明书在分析阶段即可初步判定目标软件能否满足其原来的期望。设计人员则将需求规格说明书作为软件设计的基本出发点。

2）支持目标软件系统的确认。软件开发目标是否完成不应由系统测试阶段的人为因素决定，而应根据需求规格说明书中确立的可测试标准决定。因此，需求规格说明书中的各项需求都应该是可测试的。

3）控制系统进化过程。在需求分析完成之后，如果用户追加需求，那么需求规格说明书将用于确定追加需求是否为新需求。如果是，开发人员必须针对新需求进行需求分析，扩充需求规格说明书，再进行软件设计。

需求分析阶段的工作结果是开发软件系统的重要基础，一旦对目标系统提出完整、具体的要求，并写出了软件需求规格说明书之后，就必须严格验证这些需求的正确性。

一般应从4个方面进行验证。

1）一致性：所有需求必须是一致的。任何一条需求不能和其他需求互相矛盾。

2）完整性：需求必须是完整的。规格说明书应包括用户需要的每一个功能或性能。

3）现实性：指定的需求应该是用现有的硬件技术和软件技术基本上可以实现的。

4）有效性：必须证明需求是正确有效的，确实能解决用户面对的问题。

验证需求的一致性，当需求分析的结果是用自然语言书写的时候，除了靠人工技术审查验证软件系统规格说明书的正确性之外，目前还没有其他更好的“测试”方法。当软件需求规格说明书是用形式化需求陈述语言书写的时候，可与使用软件工具验证需求一致性，从而能有效地保证软件需求的一致性。

验证需求的现实性，分析员应该参照以往开发类似系统的经验，分析用现有的软、硬件技术实现目标系统的可能性。必要时应采用仿真或性能模拟技术，辅助分析软件需求规格说明书的现实性。

验证需求完整性和有效性，比较现实的方法是使用原型系统。开发原型系统所需要的成本和时间可以大大少于开发实际系统所需要的。使用原型系统的目的，通常是显示目标系统的主要功能而不是性能。用户通过试用原型系统，也能获得许多宝贵的经验，从而可以提出更符合实际的要求。

3.2 数据流图(DFD)

数据流图(DFD)是一种图形化技术。它描绘信息流和数据从输入移动到输出的过程中所经受的变换。在数据流图中没有任何具体的物理部件,只是描绘数据在软件中流动和被处理的逻辑过程。数据流图是系统逻辑功能的图形表示。数据流图的基本要点是描绘系统对信息流和数据"做什么"而不考虑"怎样做"。

3.2.1 符 号

数据流图有四种基本符号:正方形(或立方体)表示数据的源点或终点;圆角矩形(或圆形)代表变换数据的处理;开口矩形(或两条平行横线)代表数据存储;箭头表示数据流,即特定数据的流动方向。**注意**,数据流与程序流程图中用箭头表示的控制流有本质不同,千万不要混淆。在数据流图中应该描绘所有可能的数据流向,而不应该描绘出现某个数据流的条件。数据流图的基本符号如图 3.7 所示。

除了上述四种基本符号之外,有时也使用几种附加符号。星号(*)表示数据流之间是"与"关系(同时存在);加号(+)表示"或"关系;⊕号表示异或,即只能从中选一个(互斥的关系)。数据流图的附加符号如图 3.8 所示。

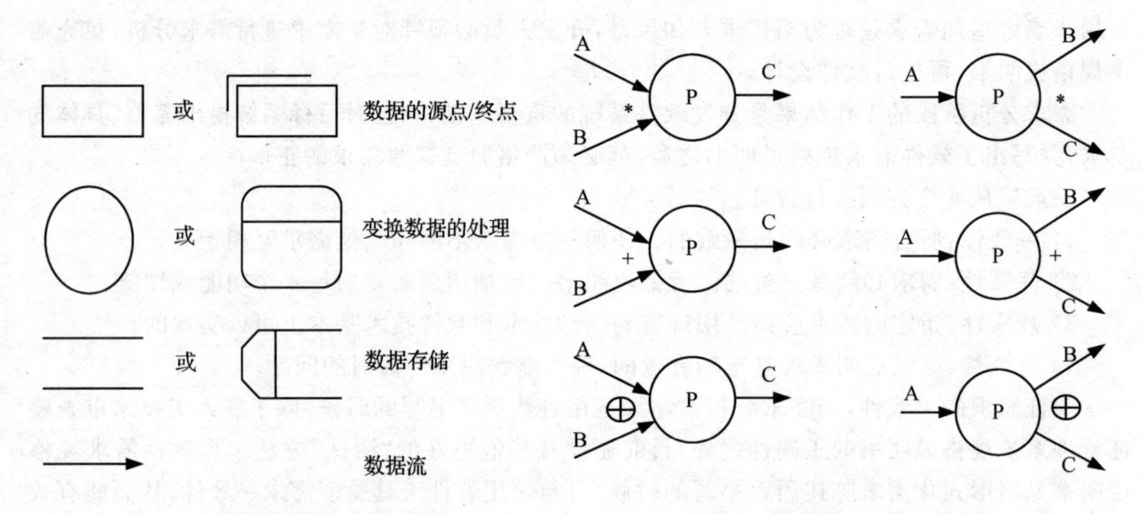

图 3.7 数据流图的基本符号　　**图 3.8 数据流图的附加符号**

数据的源点和终点是系统之外的实体,可以是人、物或者其他系统。有时数据的源点和终点相同,表示方法是再重复画一个同样的符号(正方形或立方体)表示数据的终点。

处理并不一定是一个程序。一个处理框可以代表一系列程序、单个程序或者程序的一个模块;它甚至可以代表用穿孔机穿孔或目视检查数据正确性等人工处理过程。一个数据存储也并不等同于一个文件。它可以表示一个文件、文件的一部分、数据库的元素或记录的一部分等;数据可以存储在磁盘、磁带、磁鼓、主存、微缩胶片、穿孔卡片及其他任何介质上(包括人脑)。数据存储在物理上可以是计算机系统中的外部或者内部文件,也可以是一个人工系统中的表或账单等。

数据存储和数据流都是数据,仅仅所处的状态不同。数据存储是处于静止状态的数据,数

据流是处于运动中的数据。数据流图中的箭头仅能表示在系统中流动的数据，不能表示程序的控制结构。这与程序流程图不同。

3.2.2　命　名

1. 为数据流(或数据存储)命名

1）名字应代表整个数据流(或数据存储)的内容，而不是仅仅反映它的某些成分。

2）不要使用空洞的、缺乏具体含义的名字(如“数据”、“信息”、“输入”之类的词)。

3）如果在为某个数据流(或数据存储)起名字时遇到了困难，则很可能是因为对数据流图分解不恰当造成的，应该试试重新分解，看是否能克服这个困难。

2. 为处理命名

1）通常先为数据流命名，然后再为与之相关联的处理命名。这样命名比较容易，而且体现了人类习惯的“由表及里”的思考过程。

2）名字应该反映整个处理的功能，而不是它的一部分功能。

3）名字最好由一个具体的及物动词加上一个具体的宾语组成。应该尽量避免使用“加工”、“处理”等空洞笼统的动词作名字。

4）通常名字中仅包括一个动词，如果必须用两个动词才能描述整个处理的功能，则把这个处理再分解成两个处理可能更恰当些。

5）如果在为某个处理命名时遇到困难，则很可能是发现了分解不当的迹象，应考虑重新分解。

通常，为数据源点/终点命名时采用它们在问题域中习惯使用的名字(如“采购员”、“仓库管理员”等)。

3.2.3　特点和用途

数据流图中的箭头仅能表示在系统中流动的数据，不能表示程序的控制结构。这与程序流程图不同。程序流程图用于程序的过程设计，而数据流图可以作为软件分析和设计的工具。用系统流程图描绘一个系统时，系统的功能和实现每个功能的具体方案是混在一起的。因此，分析员希望以另一种方式进一步总结现有的系统，数据流图着重描绘系统所完成的功能而不是系统的物理实现方案，是实现这个目标的极好手段。

数据流图应该分层。它可以自顶向下、由粗到精地表示同一软件在不同抽象级别上的逻辑模型，并称之为分层数据流图。当把功能级数据流图细化后得到的处理超过9个时，应该采用画分图的办法，也就是把每个主要功能都细化为一张数据流分图，而原有的功能级数据流图用来描绘系统的整体逻辑概貌。

数据流图的另一个用途是利用它作为交流信息的工具。一方面供有关人员审查确认，另一方面供用户理解和评价。下面给出的图3.14是计算机售书系统的数据流图，对这一系统的分析会逐渐展开，希望通过它使读者对数据流图有个感性认识。

3.2.4　数据流图的画法

1. 画数据流图的基本原则

1）数据流图中的图形符号只能包含4种基本元素。

2）数据流图主图上的数据流必须封闭在外部实体(外部项)之间,实体可以是一个也可以是多个。

3）变换框上至少有一个输出数据流和一个输入数据流。

4）数据流图上的每一个元素都必须有“名字”。

2. 画数据流图的方法

画数据流图的方法有多种,常用的一种方法是自顶向下逐层画。这种方法的优点是层次清楚、容易理解,特别是对大型软件系统,其优点更显突出。

自顶向下逐层画数据流图的步骤如下。

顶层数据流图由基本软件系统模型加上源点和终点构成。基本系统模型加上源点“仓库管理员”和终点“采购员”就成了图 3.9 所示的顶层的数据流图。

图 3.9 订货系统顶层数据流图

画出各层数据流图。画各层数据流图的过程也就是“逐层分解”的过程。这主要是把变换逐层分解。

现在来考虑一般分层数据流图的画法。层次编号是按顶层、0 层、1 层、2 层……次序编排的。顶层图和 0 层图都只有一张,如图 3.10～图 3.13 所示。

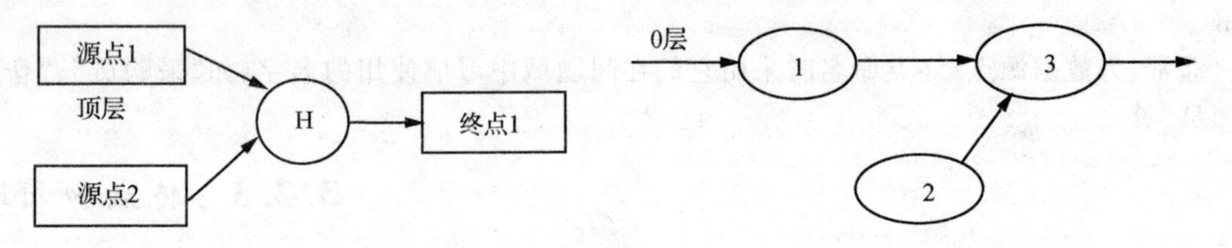

图 3.10 顶层数据流图 **图 3.11 第 0 层数据流图**

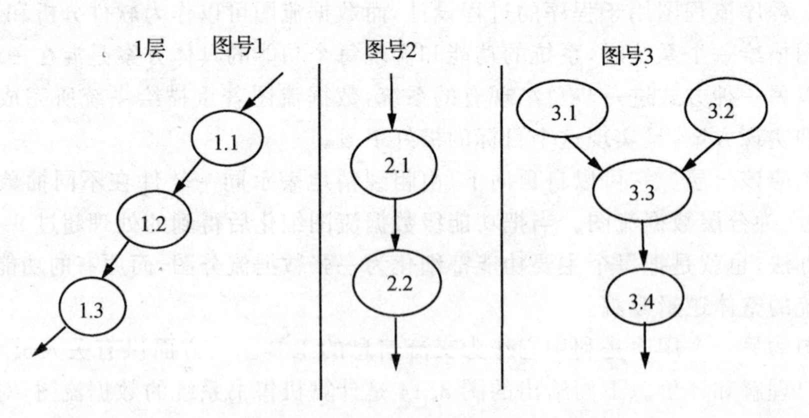

图 3.12 第 1 层数据流图

由图 3.10～图 3.13 可知,顶层图是 0 层的“父图”;反之,0 层是顶层的“子图”。同样,0 层是 1 层图中 3 个图的“父图”;反之,1 层图的 3 个图都是 0 层图的“子图”。

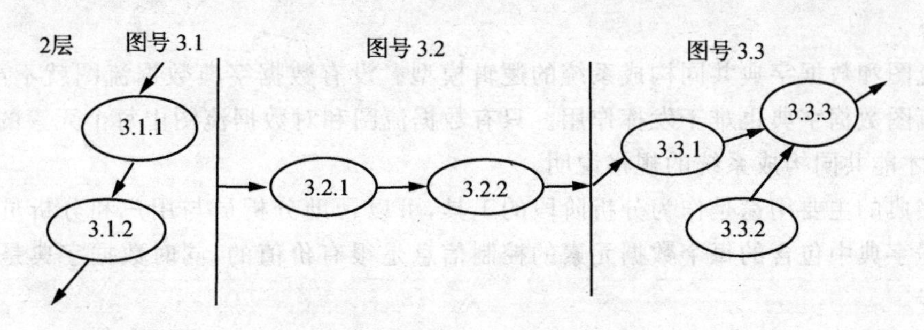

图 3.13　第 2 层数据流图

3. 画数据流图的步骤

为了表达较为复杂问题的数据处理过程，用一张数据流图是不够的。要按照问题的层次结构进行逐步分解，并以一套分层的数据流图反映这种结构关系。

1) 首先画系统的输入输出，即先画顶层数据流图。顶层流图只包含一个加工，用以表示被开发的系统，然后考虑该系统有哪些输入数据，这些输入数据从哪里来；有哪些输出数据，输出到哪里去。这样就定义了系统的输入、输出数据流。顶层图的作用在于表明被开发系统的范围以及它和周围环境的数据交换关系。顶层图只有一张。

2) 画系统内部，即画下层数据流图。一般将层号从 0 开始编号，采用自顶向下、由外向内的原则。画 0 层数据流图时，一般根据当前系统工作分组情况，并按新系统应有的外部功能，分解顶层流图的系统为若干子系统，决定每个子系统间的数据接口和活动关系。画更下层数据流图时，则分解上层图中的加工，一般沿着输入流的方向，凡数据流的组成或值发生变化的地方则设置一个加工。这样一直进行到输出数据流(也可以输出流到输入流方向画)。如果加工的内部还有数据流，则对此加工的下层图中继续分解，直到每一个加工足够简单，不能再分解为止。不再分解的加工称为“基本加工”。

例如计算机售书系统的数据流图，如图 3.14 所示。

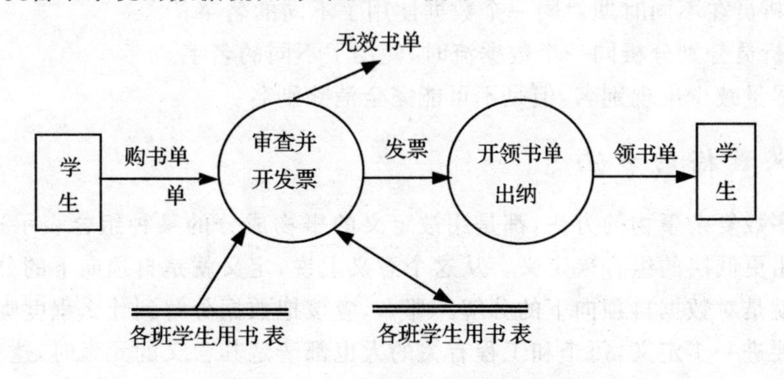

图 3.14　计算机售书系统的数据流图

3.3　数据字典

数据流图对信息处理的描述具有直观、全面、容易理解的优点，但没有准确、完整的定义图中的各个元素。数据字典是关于数据的信息的集合，也就是对数据流图中包含的所有元素的定义的集合。

数据流图和数据字典共同构成系统的逻辑模型。没有数据字典数据流图就不严格，然而没有数据流图数据字典也难于发挥作用。只有数据流图和对数据流图中每个元素的精确定义放在一起，才能共同构成系统的规格说明。

数据字典的主要用途是作为分析阶段的工具，可以帮助分析员与用户和分析员之间进行通信。数据字典中包含的每个数据元素的控制信息是很有价值的，同时数据字典是开发数据库的第一步。

3.3.1 数据字典的内容

一般说来，数据字典应该由对下列 4 类元素的定义组成：

1）数据流；

2）数据流分量(即数据元素)；

3）数据存储；

4）加工说明。

对于加工说明的表达用一些图形工具，如 IPO 图(输入、处理、输出图)或 PDL 语言(过程设计语言)描述更方便。

除了数据定义之外，数据字典中还应该包含关于数据的一些其他信息。典型的情况是，在数据字典中记录数据元素的下列信息：一般信息(名字、别名、描述等)，定义(数据类型、长度、结构等)，使用特点(值的范围，使用频率，使用方式——输入、输出、本地，条件值等)，控制信息(来源，用户，使用它的程序，改变权，使用权等)和分组信息(父结构，从属结构，物理位置——记录、文件和数据库等)。

数据元素的别名就是该元素的其他等价的名字。出现别名主要有下述 3 个原因：

1）对于同样的数据，不同的用户使用了不同的名字；

2）一个分析员在不同时期对同一个数据使用了不同的名字；

3）两个分析员分别分析同一个数据流时，使用了不同的名字。

虽然应该尽量减少出现别名，但是不可能完全消除别名。

3.3.2 定义数据的方法

定义绝大多数复杂事物的方法，都是用被定义的事物成分的某种组合表示这个事物。这些组成成分又由更低层的组合来定义。从这个意义上说，定义就是自顶向下的分解，所以数据字典中的定义就是对数据自顶向下的分解。那么，应该把数据分解到什么程度呢？一般说来，当分解到不需要进一步定义，每个和工程有关的人也都清楚其含义的元素时，这种分解过程就完成了。

由数据元素组成数据的方式只有下述 3 种基本类型：

1）顺序　即以确定次序连接两个或多个分量；

2）选择　即从两个或多个可能的元素中选取一个；

3）重复　即把指定的分量重复零次或多次。

因此，可以使用上述 3 种关系算符定义数据字典中的任何条目。为了说明重复次数，重复算符通常和重复次数的上下限同时使用。

4) 可选　即一个分量是可有可无的(重复零次或一次)。

在具体定义的时候,可以采用如下的符号:

＝意思是等价于(或定义为);

＋意思是和(即,连接两个分量);

[　]意思是或(即,从方括弧内列出的若干个分量中选择一个),通常用"|"号隔开供选择的分量;

{　}意思是重复(即重复花括弧内的分量);

例:51{ A }和 1{ A }5 含义相同。

(　)意思是可选(即圆括弧里的分量可有可无)。

下面举例说明上述定义数据的符号的使用方法:某程序设计语言规定,用户说明的标识符是长度不超过 8 字符的字符串。其中第一个字符必须是字母字符,随后的字符既可以是字母字符也可以是数字字符。使用上面讲过的符号,可以像下面那样定义标识符:

标识符＝字母字符＋字母数字串

字母数字串＝0{字母或数字}7

字母或数字＝[字母字符|数字字符]

由于和项目有关的人都知道字母字符和数字字符的含义,因此,关于标识符的定义分解到这种程度就可以结束了。下面分别说明数据字典对数据流图中各个元素的定义格式。

1. 对数据流的定义

构成格式:数据流名称[别名列表]

数据流组成

[来源][去向]

[处理特点(使用频率、数量等)]

[备注(格式、位置等)]

数据流组成是数据流条目的主要部分,其构成是:

＜数据流名称＞＝数据项[＜逻辑操作符＞数据项…]

例如:学生成绩单＝课程编码＋课程名＋[任课教师|指导教师]＋{学号＋姓名＋成绩}

2. 对数据元素的定义

以计算机售书系统数据流图中的发票为例。其数据元素定义为:

数据流名称:发票

别名:购书发票

组成:学号＋姓名＋{书号＋单价＋数量＋总计}＋书费合计

再如某仓库管理系统的出入库事务可定义为:

数据流:仓储事务　　　　　别名:入出库请求

仓储事务＝[入库|出库]＋零件＋数量＋时间＋经办人

处理特点:每天发生次数＜100 次,高峰为 9:00～11:00,由仓库管理员通过终端发出,应该确认事务口令

备注:对于有效事务应该记录出入库的流水账

3. 对数据存储的定义

数据存储可以是数据文件或数据库。

构成格式：文件名［别名］

记录定义

［文件组织］

［存储介质描述］

例如学生成绩库的文件可定义如下。

文件名：学生成绩库

记录定义：学生成绩＝学号＋姓名＋{课程代码＋成绩＋［必修|限修|任选］

学号：由 8 为数字组成

姓名：2～4 个汉字

课程代码：字母 C 开头的 8 位字符串

成绩：1～3 位十进制整数

课程类别：1 位标识符，定义为：A—必修，B—限修，C—任选

文件组织：以学号为关键字递增排列

4. 对加工说明的表达

加工说明是对数据流图中每个加工所做的说明。加工说明由输入数据、加工逻辑和输出数据等部分组成。加工逻辑阐明把输入数据转换为输出数据的策略，是加工说明的主体。加工说明用 IPO 图或 PDL 语言描述更方便。加工说明是结构化分析方法的一个重要组成部分，使用的手段应当以结构化语言为主。

3.3.3 数据字典的实现

数据字典可以用人工或自动的方法实现。用人工方法实现时，每一字典条目写在一张卡片上，由专人管理和维护。自动方法就是把字典存在计算机中，用计算机对它检索和维护。在开发大型软件系统的过程中，数据字典的规模和复杂程度迅速增加，人工维护数据字典几乎是不可能的。

如果在开发小型软件系统时暂时没有数据字典处理程序，建议采用卡片形式书写数据字典。每张卡片上保存描述一个数据的信息。这样做更新和修改起来比较方便，而且能单独处理描述每个数据的信息。每张卡片上主要应该包含下述这样一些信息：名字、别名、描述、定义、位置。当开发过程进展到能够知道数据元素的控制信息和使用特点时，再把这些信息记录在卡片的背面。

3.4 实体-联系图

E－R(Entity－Relation)方法，即实体-联系方法是目前最常用的数据建模方法。它可以用于在需求分析阶段清晰地表达目标系统中数据之间的联系及其组织方式，建立系统的实体数据模型(E－R 模型)。实体模型是一种面向问题的概念数据模型，是按照用户的观点对系统的数据和信息进行建模的，因此它与软件系统中的实现方法，如数据结构、存取路径、存取效率等无关。实体模型可以根据需要在软件实现时转换成各种不同数据库管理系统所支持的数据物理模型。实体模型由实体、联系和属性三个基本成分组成。

1) 实体：指客观世界存在的，且可以相互区分的事物。实体可以是人，也可以是物，还可

以是抽象概念。如职工、计算机、产品都是实体。

2）属性：有时也称性质，是指实体某一方面的特征。一个实体通常由多个属性值组成。如学生实体具有学号、姓名、专业、年级等属性。

3）联系：指实体之间的相互关系。实体之间的联系可主要划分为三类：一对一（1:1）、一对多（1:n）和多对多（m:n）。联系也可以具有属性。

通常用矩形框代表实体，用连接相关实体的菱形框表示联系，用椭圆形或圆角矩形表示实体或联系的属性，并用直线把实体或联系与其属性连接起来。下面的图3.15给出了一个教学与课程管理的E-R图。

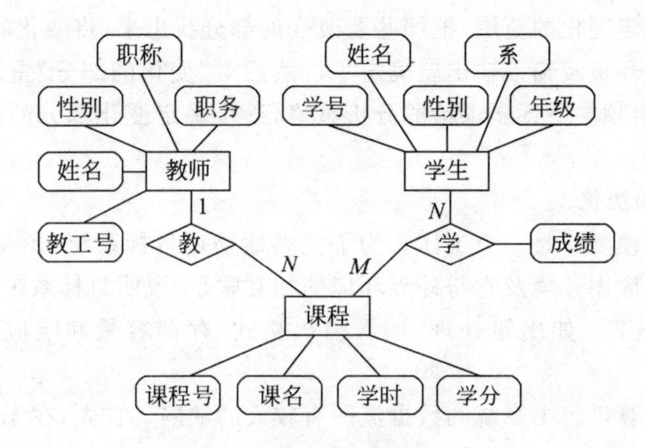

图3.15 教学与课程管理E-R图

E-R模型比较接近人习惯的思维方式，用实体、联系和属性三个概念来表达现实世界中的事务对象。E-R模型的图形符号简单，不熟悉计算机技术的用户也能理解它。因此，E-R模型可以作为用户与分析员之间有效的交流工具。

3.5 结构化分析方法

20世纪70年代初，由Edward，Yourdon等人提出的结构化方法是一种面向数据流的分析方法。包括结构化分析SA(Structured Analysis)、结构化设计SD(Structured Design)和结构化编程SP(Structured Programming)。

对于稍具规模的系统，为控制系统分析理解的复杂性SA采用自顶向下，逐步求精的过程对系统进行分解，构造出一套分层数据流图。所谓"自顶向下，逐步求精"，是指从系统的基本模型开始，逐层的对系统进行分解，每分解一次，系统的加工数量就增加一些，每个加工的功能也更具体一些，继续重复这种分解，直到所有的加工都足够简单，不必再分解为止。

3.5.1 实现的步骤

1. 建立现行系统的物理模型

通过了解现行系统的工作过程，对现行系统的详细调查，收集材料。将看到的、听到的、收集到的信息和情况用图形或文字描述出来。也就是一个模型来反映自己对现行系统的理解，如画系统流程图（后面介绍）。这一模型包含了许多具体因素，反映现实世界的实际情况。

2. 抽象出现行系统的逻辑模型

要创造新的逻辑模型就要去掉物理模型中非本质的因素(如物理因素),抽取出本质的因素。所谓的本质因素是指系统固有的、不依赖运行环境变化而变化的因素。任何实现均这样做。非本质的因素不是固有的,随环境不同而不同,随实现不同而不同。运用抽象原则对物理模型进行认真的分析,区分本质因素和非本质因素,去掉非本质因素,形成现行系统的逻辑模型。这种逻辑模型反映了现行系统"做什么"的功能。

3. 建立目标系统的逻辑模型

有了现行系统的逻辑模型后,就将目标系统和现行系统逻辑进行分析,比较其差别,即在现在系统的基础上决定变化的范围,把那些要改变的部分找出来,将变化的部分抽象为一个加工。这个加工的外部环境及输入输出就确定了。然后对"变化的部分"重新分解,分析人员根据自己的经验,采用自顶向下逐步求精的分析策略,逐步确定变化部分的内部结构,从而建立目标系统的逻辑模型。

4. 进一步补充和优化

目标系统的逻辑模型只是一个主体。为了完整地描述目标系统,还要做一些补充。补充的内容包括他所处的应用环境及它与外界环境的相互联系;说明目标系统的人机界面;说明至今尚未详细考虑的环节。如出错处理、输入输出格式、存储容量和响应时间等性能要求与限制。

前面介绍过的计算机售书系统的数据流图有较大的缺陷。首先,在无效书单中,没有区分哪些书是学生不用的,哪些是学生需要,但暂时缺货的,对这种情况教材科应及时解决;其次,不能防止学生重复购买已买过的教材,干扰计划供应;另外,系统只管售书,不管购书,教材脱销不能及时通知书库,书库进书也不能在系统得到反映。为解决上述问题,把原来的售书系统扩充为销售和采购两大部分。

根据上面的分析,修正计算机售书系统的数据流图如图 3.16 和 3.17 所示。继续分解,就可获得第三层数据流图。有兴趣的同学,可自行进行分解。当分解到大部分都是简单的基本分解时,就可以不再分解了。

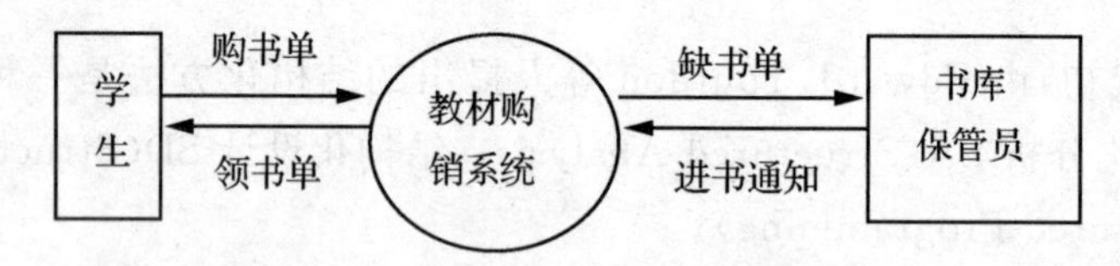

图 3.16 教材购销系统的顶层 DFD

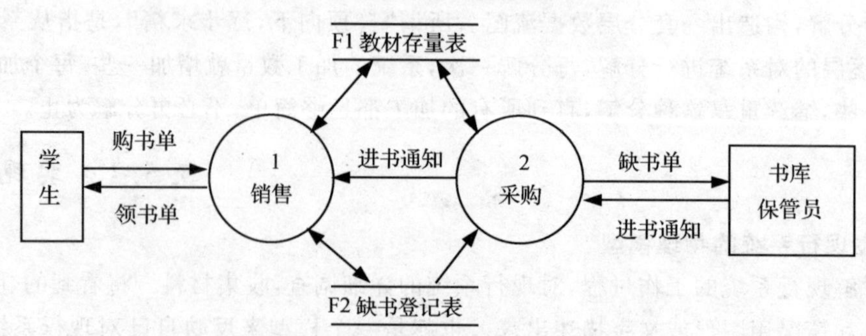

图 3.17 教材购销系统的第 2 层 DFD

3.5.2　画分层DFD图的指导原则

1. 注意父图和子图的平衡

在分层图中,每一层都是它上层的子图,同时又是它下层的父图。所谓平衡,是指父图和子图的输入数据和输出数据应分别保持一致。

2 区分局部文件和局部外部项

初学者易犯的毛病,就是在父图中多画了子图的局部文件,或者在子图中漏画了应添的外部项。一般说来,除底层DFD虚画出全部文件外,中间层的DFD仅显示处于加工之间的接口文件,其余的文件均不必画出,以保持图面的清洁。

3. 掌握分解的速度

分解是一个逐步细化的过程。通常在上层可分解快一些,下层应慢一些,因为愈接近下层功能愈具体,分解太快增加具体用户理解的困难。

4. 遵守加工编号规则

顶层加工不编号。第二层的加工编为1,2,3,…,n号。第三层编为1.1,1.2,1.3,…,n.1,n.2,n.3…,等号,以此类推。

分层的优点如下。

1) 便于实现。采用逐步细化的扩展方法,可避免一次因过多细节,有利于控制问题的复杂度。

2) 使用方便。用一组图代替一张总图,使用户中的不同业务人员可各自选择与本身有关的图形,而不必阅读全图。

分层DFD图为整个系统描绘了一个概貌,下一步应该考虑系统的一些细节,定义系统的数据和确定加工的策略等问题。

W. Davis认为,由于最底层DFD图包含了系统的全部数据和加工,一般应该从数据的终点开始。因为终点的数据代表系统的输出其要求是明确的。由这里开始,沿着DFD图一步步向数据源点回朔,较易看清楚数据流中的没一个数据项的来龙去脉,有利于减少错误和遗漏。

3.5.3　结构化分析方法的局限

结构化分析方法有许多优点,也是它被广泛使用的原因。但它也有一些弱点——局限性主要表现在下述几方面。

1) 传统的SA方法用于数据处理方面的问题,主要工具DFD体现了系统"做什么"的功能,但它仅是一个静态模型,没有反应处理的顺序,即控制流程。因此,不适合描述实施控制系统。

2) 实际20世纪60年代末出现的数据库技术,使许多大型数据处理系统中的数据都组织成数据库的形式,SA方法使用DFD在分析与描述"数据要求"方面是有局限性的。DFD应与数据库技术中的实体联系图(E－R图)结合起来(如同IDEF0功能模型与IDEF1信息模型相结合一样)。E－R图能增加对数据存储的细节以及数据与数据之间、数据与处理过程之间关系的理解,还解决了在DD中所包含的数据内容表示问题。这样才能完整地描述用户对系统的需求。

3) 对于一些频繁人机交互的软件系统,如飞机订票、银行管理、文献检索等系统,用户最关心的是如何使用它，即输入命令、操作方式、系统响应方式、输出格式等，都是用户需求的重要方面。所以DFD不适合描述人机界面系统的需求，而SA方法往往对这一部分用自然言语补充。

4）描述软件需求的精确性有待于提高。

3.6 结构化分析示例

某高校学分制学生选课系统要求如下，学生根据学期开课清单填写选课单，学生选课系统对每个学生的选课单进行处理。根据教学计划检查该生是否存在尚未取得学分的必修课程，如果存在，则要求重选，计算出课程上课时间的冲突率。如果不发生冲突或者冲突率小于30%，则可以选修，否则根据重修、必修、限选、任选的优先级，删除已选课程。最后产生每个学生的个人课表和每门课程的成绩单。根据结构化分析方法，建立了学生选课系统的数据流图和数据字典，数据流图如图3.18、图3.19和图3.20所示。

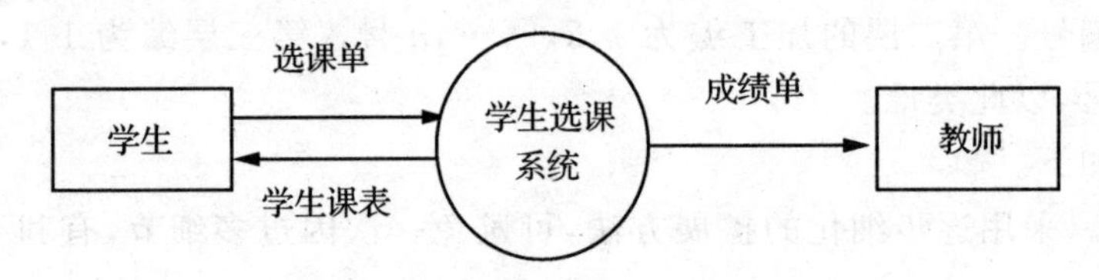

图3.18 学生选课系统的顶层数据流图

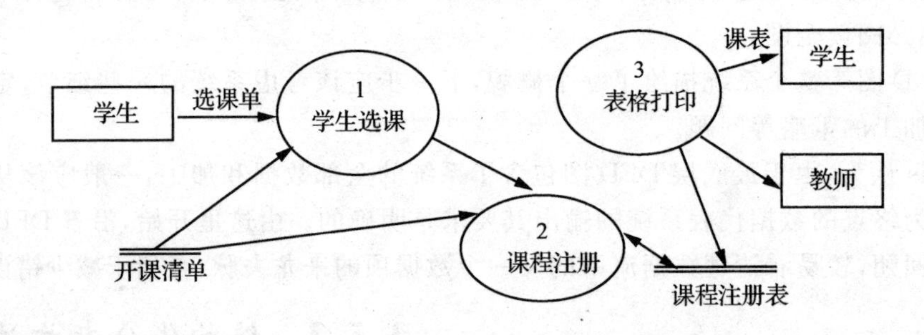

图3.19 学生选课系统的第一层数据流图

1. 数据流图

2. 数据字典

（1）数据流条目

数据流 选课单

选课单＝学生学号＋{课程编码}

数据流 学生课程表

学生课程表＝学生学号＋{课程时间表}

数据流 课程成绩单

课程成绩单＝课程编码＋课程名＋[任课教师|指导教师]＋{学号＋姓名＋成绩}

数据流 费用

费用＝学生学号＋{课程编码＋课程费用}1＋合计金额

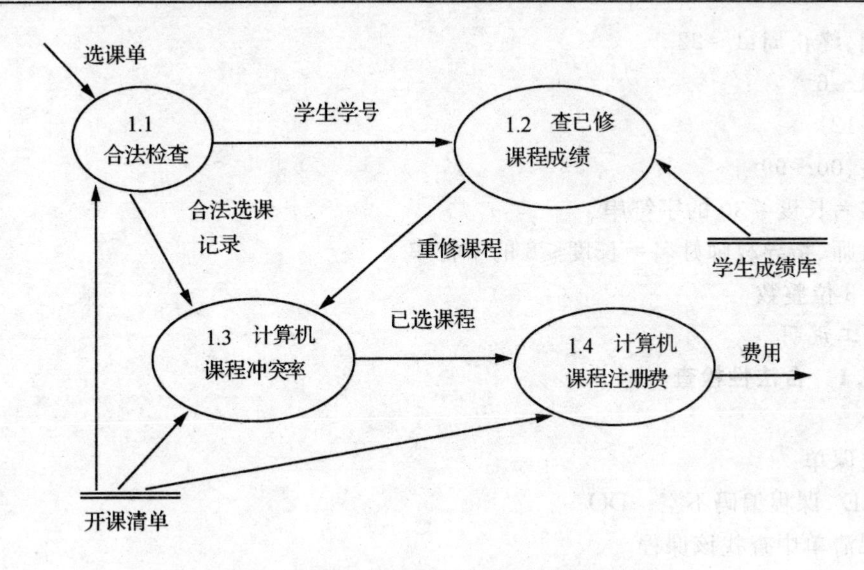

图 3.20　学生选课系统的第二层数据流图

数据流　学生学号

别名　学号

学生学号:基本数据项,由 8 位数字组成。其中 1～5 位为班级号,6～8 位为班内序号,从 001 开始。

数据流　合法选课记录

别名　选课记录、重选课程、已选课程

合法选课记录＝学号＋课程时间表

(2) 文件条目

文件　开课清单

课程记录＝课程编码＋课程名＋注册金额＋[任课教师|指导教师]＋起始周＋终止周＋{上课时间}

组织　以课程编码为记录关键字升序排列

文件　课程注册表

注册记录＝学生学号＋课程编码＋课程名＋[任课教师|指导教师]＋起始周＋终止周＋{上课时间}

组织　以课程编码为记录关键字升序排列

文件　学生成绩库

学生成绩＝学生学号＋课程编码＋成绩＋备注

组织　以学号为记录关键字升序排列

注释　备注域用于标识课程类别

(3) 数据项条目

课程编码:1001234

注释:第 1 位:所在系编号　第 2～3 位:教研室编号　第 4～6 位:课程序号　第 7 位:课堂号

课程时间表＝课程编码＋起始周＋终止周＋{星期＋节＋教研室}

起始周、终止周:1～22

星期:1～6

节:1～12

教研室:00～99

课程名=长度≤30 的字符串

任课教师、指导教师姓名=长度≤8 的字符串

成绩=3 位整数

(4) 加工说明

加工 1.1　合法性检查

BEGIN

读取选课单

WHILE 课程编码不空　DO

在开课清单中查找该课程

IF 找到　THEN　输出合法选课记录

取该生下一选修课程编码

END DO

输出该生学号

END

加工 1.2　查已修课程成绩

BEGIN

根据学号在学生成绩库中查找该生的重修课程

输出重修课程编码

END

注释:学生成绩记录中成绩不及格,备注='必修'则该课程重修

加工 1.3　计算课程冲突率

BEGIN

接收合法选课记录或者重修课程

REPEAT

CASE 课程类别　OF

重修课程://重修课程必须优先安排//

BEGIN　查开课清单;填写该生个人课表 END

合法选课记录

BEGIN

根据课程号在开课清单中查当前所选课程时间表

检查当前所选课程与该生已选课程是否冲突

IF 不产生冲突　THEN　填写该生个人课表

ELSE

BEGIN

计算冲突率

```
IF 冲突率<30%    THEN 填写学生个人课表  //当前课程可选
ELSE
 BEGIN
根据课程类别优先序删除冲突课程  //优先序:重修、必修、限选、任选
重新计算课程冲突
END
END
END
END
```

加工 1.4　计算课程注册费

```
BEGIN
读取选课单
合计费用=0
WHILE 课程编码不空 DO
在开课清单中查找该课程注册费
    合计费用=合计费用+课程注册费
取该生下一选修课程编码
END DO
输出费用
END
```

加工 2　课程注册

```
BEGIN
确认学生交费注册
根据学生已注册课程在开课清单中查找课程
写学生课程注册表
END
```

加工 3.1　打印学生课表

```
BEGIN
课程注册表逐一读取学生学号
WHILE 学号 DO
在开课清单中查找该课程注册费
合计费用=合计费用+课程注册费
取该生下一选修课程编码
END DO
输出费用
END
```

加工 3.2　打印学生课表

```
BEGIN
将课程注册表中记录按照课程编码排序
```

根据课程编码打印课程成绩单

END

习题3

1. 需求分析的任务是什么?
2. 怎样建立目标系统的逻辑模型?要经过哪些步骤?
3. 需求分析由哪些部分组成?各部分之间的关系是什么?
4. SRS由哪些部分组成?在软件开发中SRS的地位和作用是什么?
5. 简述数据流图的主要思想,概述使用数据流图进行需求分析的过程。
6. 为什么DFD要分层?画分层DFD要遵循哪些原则?
7. 什么是结构化分析?简述结构化分析的步骤。
8. 什么是加工逻辑?它与加工过程有什么区别?
9. 针对习题2的第9题所描述的三个系统,分别完成下列工作:

   (1) 用数据流图描绘对系统功能的需求;

   (2) 写出它的需求说明;

   (3) 用结构化分析方法进行分析。

10. 在我国住房管理是一个关系到每个人切身利益的大问题。某大学拟开发一个用计算机进行房产管理的系统,要求系统具有分房、调房、退房和咨询统计等功能。房产科把用户申请表输入系统以后,系统首先检查申请表的合法性,对不合法的申请表系统拒绝接受;对合法的申请表根据类型分别进行处理。

如果是分房申请,则根据申请者的情况(年龄、工龄、职称、家庭人口等)计算其分数。当分数高于阈值分数时,按分数高低将申请单插到分房队列的适当位置。每月最后一天进行一次分房活动,从空房文件中读出空房信息,如房号、面积、等级、单位面积房租等,把好房优先分配给排在分房队列前面的符合住该等级房条件的申请者:从空房文件中删掉这个房号信息,从分房队列中删掉该申请单,并把此房号的住处和住户信息一起写到住房文件中,输出住房分配单给住户,同时计算机房租并将算出的房租写到房租文件中。

如果是退房申请,则从住房文件和房租文件中删掉有关信息,再把此房号的信息写到空房文件中。

如果是调房申请,则根据申请者的情况确定其住房等级,然后在空房文件中查找属于该等级的空房,退掉原住房,再进行与分房类似的处理。

住房可向系统询问目前分房的阈值分数、居住某类房屋的条件、某房号的单位面积房租等信息。房产科可以要求系统印出住房情况的统计表,或更改某类房屋的居住条件、单位面积房租等。

1) 定义这个问题。

2) 写出它的需求说明。

3) 用SA方法对它进行分析。

4) 画出系统的分层DFD图、DD和加工说明。

第 4 章 总体设计

软件设计的总体目标是根据需求分析而得到的软件需求规格说明书，确定最恰当的实现软件功能、性能要求集合的软件系统结构，实现算法和数据结构。在软件开发时期中，设计阶段是最富有活力、最需要发挥创造精神的阶段。

传统的软件工程方法学采用结构化设计技术完成软件设计工作。软件设计包括概要设计和详细设计。结构化设计技术的基本要点是用层次化结构的模块构成系统。模块是单入单出，并且遵循模块独立性原则，为每个模块设计相应的实现算法。

需求分析阶段获得的需求规格说明书包括对欲实现系统的信息、功能和行为方面的描述。这是软件设计的基础。对此采用任一种软件设计方法都将产生系统的总体结构设计、系统的数据设计和系统的过程设计。采用不同的软件设计方法会产生不同的设计形式。数据设计把信息描述转换为实现软件所要求的数据结构；总体结构设计旨在确定程序各主要部件之间的关系；过程设计完成每一部件的过程化描述。根据设计结果可编制代码，然后交给测试人员测试。在设计阶段所做的种种决策直接影响软件的质量，没有良好的设计，就没有稳定的系统，也不会有容易维护的软件。统计表明：设计、编码和测试这三个活动一般占用整个软件开发费用(不包括维护阶段)的 75%以上。

4.1 总体设计的任务和过程

软件设计的任务是把分析阶段产生的软件需求说明转换为用适当手段表示的软件设计文档。按照结构化设计方法，从项目管理观点来看，通常将软件设计分为概要设计和详细设计两个阶段。

概要设计也称为总体设计或初步设计。这个设计阶段主要完成下述两项任务。

(1) 方案设计

首先设想实现目标系统的各种可能的方案。然后，根据系统规模和目标，综合考虑技术、经济、操作等各种因素，从设想出的供选择的方案中选取若干个合理的方案。最后，综合分析、对比所选取的各种合理方案的利弊，从中选出一个最佳方案，并且制订这个最佳方案的详细实现计划。

(2) 软件体系结构设计

所谓软件体系结构设计，就是确定软件系统中每个程序是由哪些模块组成的，以及这些模块相互间的关系。设计出初步的软件结构之后，还应该从多方面进一步改进软件结构，以便得到更好的体系结构。

概要设计的目标就是根据软件需求，确定软件系统的运行特性、用户界面、导出软件系统模块结构，将系统的功能需求分配给各软件模块，并且定义各模块之间的接口联系。需求分析阶段画出的数据流图是进行概要设计的主要依据，为体系结构设计提供最基本的输入信息。

总体设计的过程包括以下几个步骤。

(1) 确定系统实现方案

需求分析所得到的数据流图是总体设计的出发点。数据流图中各加工的不同逻辑描述意味着不同的实现策略。系统分析员应该考虑实现系统要求的各种可能方案,并从中选出最佳方案。

(2) 软件模块结构设计

从数据流图出发,导出初始系统模块结构,将系统的功能需求分配给各软件模块。根据模块设计基本要求和指导性原则对系统模块结构进行优化重组,确定各模块实现的功能和模块之间的接口关系,定义系统全局数据结构,确定关键模块的实现算法。

(3) 制订软件测试计划

测试是控制软件质量的主要途径。在软件总体设计阶段就必须考虑软件测试问题,从满足用户需求和系统可能实现出发,确定软件测试的总体规范,系统测试方案,制订软件测试计划。

(4) 编制总体设计文档

软件总体设计文档通常包括:系统设计说明;系统模块结构图示;系统模块接口和调用序列定义;需求、功能、模块之间的交叉参照关系表;系统测试计划;用户手册初稿。

(5) 总体设计复审

对总体设计结果进行严格的复审。重点考察:应该实现的功能是否有遗漏;用户要求的系统性能是否能够达到;系统模块设计是否合理;模块接口定义是否完整、一致;全局数据结构和关键算法是否正确、合理;系统测试要求是否可以实现。

详细设计是确定模块内部的算法和数据结构,产生描述各模块程序过程的详细设计文档。详细设计的过程包括过程设计、数据设计和接口设计。图 4.1 给出了软件设计的流程。它能帮助读者更好地理解软件设计的过程。

4.2 软件设计的基本原理

本节讲述在软件设计过程中应该遵循的基本原理和相关概念。这些原理和概念所传达的理念在软件项目开发的各阶段都有所应用。

4.2.1 问题分解

问题分解是人们处理复杂问题的常用方法。通过问题分解,可以控制问题求解规律,降低问题复杂性和求解成本。

设 $C(X)$ 表示问题 X 的复杂程度,$E(X)$ 表示问题 X 求解的工作量,则问题求解的工作量通常与问题的复杂度成正比。

对于问题 $P1,P2$,如果 $C(P1)>C(P2)$,则 $E(P1)>E(P2)$。

根据人们求解问题的经验,如果问题 P 由 $P1$ 和 $P2$ 组合构成,则

$$C(P)=C(P1+P2)>C(P1)+C(P2)$$

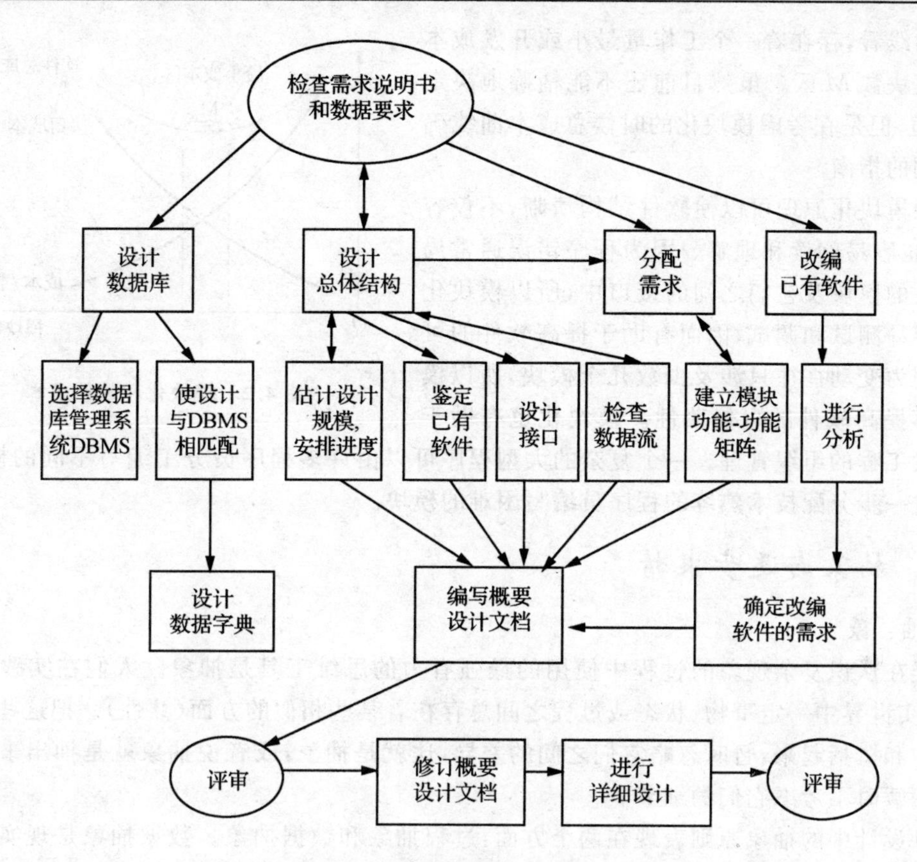

图 4.1　软件设计流程图

由此,可以推出:

$$E(P)=E(P1+P2)>E(P1)+E(P2)$$

这个不等式导致了“各个击破”的结论,即把复杂的问题分解成许多容易解决的小问题,原来的问题也就容易解决了。这就是模块化的根据。

4.2.2　模块化

在计算机软件领域,模块化的概念已被推崇了近 40 年。软件总体设计就体现了模块化思想,即把软件划分为可独立命名和编址的部件。每个部件称为一个模块。当把所有模块组装到一起时,便可获得满足问题需要的一个解。

把大型软件按照规定的原则划分为一个个较小的,相对独立,但又相互关联的模块,叫做模块化。软件模块是由边界元素限定的相邻程序元素的序列,并且有一个总体标识符代表它。典型的模块有过程、函数、子程序、宏。面向对象方法学中的对象也是模块。模块是构成程序的基本构件。问题分解、信息隐藏和模块独立性是实现模块化设计的重要指导思想。所得结果对于模块化和软件具有重要的意义。那么,从上面所得的不等式是否可以得出这样的结论:如果把软件无限地分解,开发软件所需的总工作量是不是就小得可以忽略不计呢?显然,这样的结论是不能成立的。因为,随着模块数目的增加,模块之间接口的复杂程序和为接口所需的工作量也在随之增加。根据这两个因素相互之间的关系,可以画出工作量或成本曲线,如图 4.2 所示。

从曲线看,存在着一个工作量最小或开发成本最小的模块数 M 区。虽然目前还不能精确地决定 M 的数值,但是在考虑模块化的时候总成本曲线确实是有用的指南。

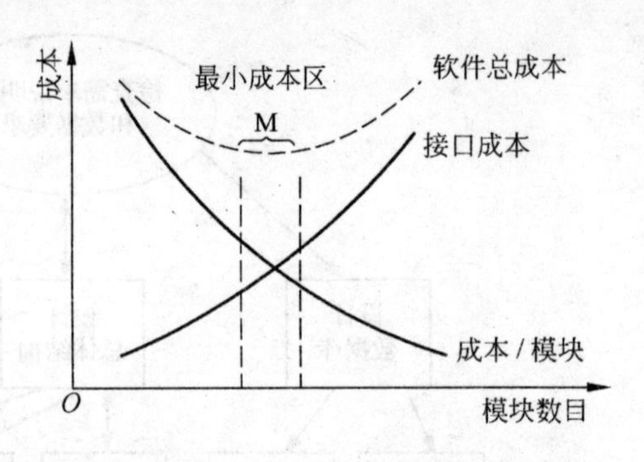

图 4.2 模块化和软件成本

采用模块化原理可以使软件结构清晰,不仅容易设计,也容易阅读和理解。因为程序错误通常局限在有关的模块及它们之间的接口中,所以模块化使软件容易测试和调试,因而有助于提高软件的可靠性。因为变动往往只涉及少数几个模块,所以模块化能够提高软件的可修改性。模块化也有助于软件开发工程的组织管理。一个复杂的大型程序可以由许多程序员分工编写不同的模块,并且可以进一步分配技术熟练的程序员编写困难的模块。

4.2.3 抽象与逐步求精

1. 抽　象

人类在认识复杂现象的过程中使用的最强有力的思维工具是抽象。人们在实践中认识到,在现实世界中一定事物、状态或过程之间总存在着某些相似的方面(共性)。把这些相似的方面集中和概括起来,暂时忽略它们之间的差异,这就是抽象,或者说抽象就是抽出事物的本质特性而暂时不考虑它们的细节。

软件设计中的抽象原则表现在两个方面:过程抽象和数据抽象。数据抽象是现实世界中的事物用数据单元进行描述;过程抽象是对问题的操作首先看做一个整体。软件模块化是数据抽象和过程抽象的结合。自顶向下,由抽象到具体的层次结构简化了软件设计与实现,提高了软件的可理解性和可测试性,使得软件更容易维护。

软件工程过程的每一步都是对软件解法的抽象层次的一次精化。在可行性研究阶段,软件作为系统的一个完整部件;在需求分析期间,软件解法是在问题环境内使用熟悉的方式描述的。当由总体设计向详细设计过渡时,抽象的程度也就随之减少了。最后,当源程序写出来以后,也就达到了抽象的最低层。

2. 逐步求精

由于人们思维能力的限制,在求解问题的每步上,同时面临的问题不能过多。因此,处理复杂问题的唯一有效方法是用层次方法对问题进行分解。复杂问题首先用一些高级的抽象概念构造和理解。每个高级的抽象概念再用一些较低级的概念去构造和实现。如此下去,直到最底层的具体元素。这种问题的求解方式在软件设计中成为自顶向下,逐步求精。

逐步求精最初是由 Niklaus Wirth 提出的一种自顶向下的设计策略。按照这种设计策略,程序的体系结构是通过逐步精化处理过程的层次而设计出来的。通过逐步分解对功能的宏观陈述而开发出层次结构,直至最终得出用程序设计语言表达的程序。

Wirth 本人对逐步求精策略曾做过如下的概括说明:"我们对付复杂问题的最重要的办法是抽象,因此,对一个复杂的问题不应该立刻用计算机指令、数字和逻辑符号来表示,而应该用较自然的抽象语句来表示,从而得出抽象程序。抽象程序对抽象的数据进行某些特定的运算,并用某些合适的记号(可能是自然语言)来表示。对抽象程序做进一步的分解,并进入下一个

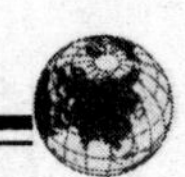

抽象层次，这样的精细化过程一直进行下去，直到程序能被计算机接受为止。这时的程序可能是用某种高级语言或机器指令书写的。”

抽象与逐步求精是一对互补的概念。抽象使得设计者能够说明过程和数据，同时却忽略低层细节。事实上，可以把抽象看做是一种通过忽略多余的细节，同时强调有关的细节，而实现逐步求精的方法。求精则帮助设计者在设计过程中逐步揭示出低层细节。这两个概念都有助于设计者在设计演化过程中创造出完整的设计模型。

4.2.4 信息隐蔽

实现模块抽象的方法是模块设计的信息隐蔽原则。模块内部的数据与过程，应该把不需要了解的那些数据与过程的模块隐蔽起来。

采用信息隐蔽原理指导模块设计好处十分明显。它不仅支持模块的并行开发，而且还可减少测试和后期维护工作量。因为测试和维护阶段不可避免地要修改设计和代码。模块对大多数数据和过程处理细节的隐蔽可以减少错误向外传播。此外，整个系统欲扩充功能亦只须“插入”新模块，原有的多数模块无须改动。

4.2.5 模块独立性

模块独立性概括了把软件划分为模块时要遵守的准则，也是判断模块构造是不是合理的标准。模块独立性要求：每个模块完成是一个相对独立的特定子功能，并且和其他模块的关系尽可能简单。模块独立是模块化、抽象、信息隐蔽等概念的直接结果。

为什么模块的独立性很重要呢？主要有两条理由：第一，有效的模块化（即具有独立的模块）的软件比较容易开发出来。这是由于能够分割功能而且接口可以简化。当许多人分工合作开发同一个软件时，这个优点尤其重要。第二，独立的模块比较容易测试和维护。这是因为相对说来，修改设计和程序需要的工作量比较小，错误传播范围小，需要扩充功能时能够“插入”模块。总之，模块独立是好设计的关键，而设计又是决定软件质量的关键环节。

独立性可以从两个方面来衡量：模块本身的内聚和模块之间的耦合。前者指模块内部各个成分之间的联系，也可称为块内联系或模块强度；后者指一个模块与其他模块之间的联系，可称为块间联系。模块的独立性愈高，则块内联系越强，块间联系越弱。

1. 内　聚

模块内聚是指一个模块内部各元素之间彼此关联的紧密程度。一个模块内部各成分之间的联系越紧密，该模块独立性越高。按照由弱到强的顺序，把它们分为7类，如图4.3所示。图中从左到右，内聚强度逐步增强。

- 偶然性内聚：一个模块内部完成一组彼此关系不大的任务。为了节省内存，可将它们放在一起。偶然性内聚是程度最低的内聚。具有偶然性内聚的模块独立性差，不容易理解，通常也难于命名。
- 逻辑性内聚：通常由若干个逻辑功能相似的成分组成。具有逻辑性内聚的模块各成分之间虽然逻辑上相互关联，但各自的实现细节可能大不相同。将它们放在一起，必然导致模块过分庞大，给理解和修改带来困难。它的主要缺点是执行中要从模块外引入用做判断的开关量，从而增大块间耦合。
- 时间性内聚：这类模块所包含的成分，是由相同的执行时间将它们连接到一起的。软

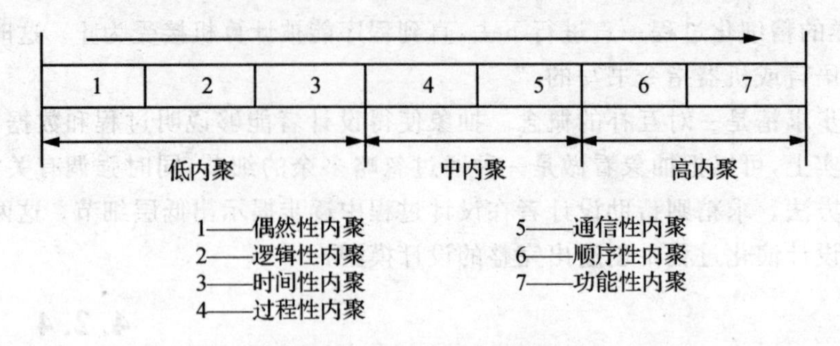

图 4.3 内聚强度的划分

件设计中时间性内聚的模块通常是必不可少的，但其个数和使用场合必须严格控制。

- 过程性内聚：当一个模块中包含的一组任务必须按照某一特定的次序执行时，就称为过程性模块。如果把全部的任务均纳入一个模块，便得到一个过程模块。
- 通信性内聚：模块中的成分引用的数据单元具有相关性，而且这些处理必须顺序执行。产生通信性内聚的理由通常是为了减少对外存数据的访问次数。
- 顺序性内聚：这类模块中的各组成成分是顺序执行的。
- 功能性内聚：这是内联系中最强的一类模块。功能性内聚模块的特征是，仅完成一个特定功能。显然，功能性模块具有内聚强，与其他模块的联系少等优点。

综上所述，偶然性内聚模块不易理解、修改，容易出错，应该禁用。逻辑性内聚中不同功能混在一起，使程序的局部修改也可能比较困难。时间性内聚常常是必不可少的，但使用范围应该受到限制。高内聚是理想的模块内聚，实际应用中应该避免使用低内聚模块。

2. 耦 合

模块耦合是模块之间相互联系，复杂性的度量。相互联系复杂的模块独立性差，耦合程度高；相互联系简单的模块耦合度底，模块独立性高。耦合的强弱主要通过模块间的数据联系方式进行度量。耦合也归纳为 7 类，如图 4.4 所示。图中从左到右，耦合强度逐步增强。

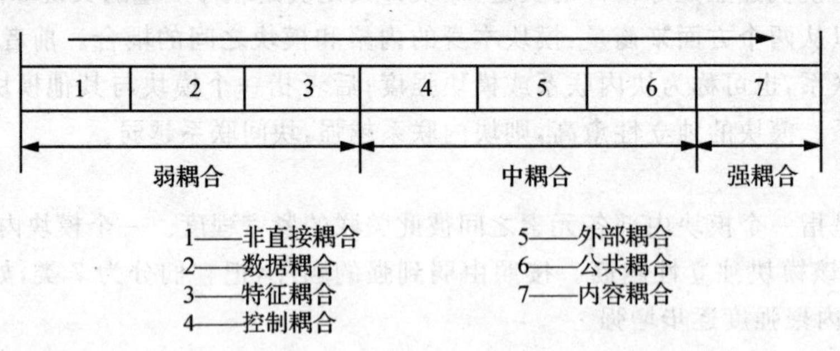

图 4.4 耦合强度的划分

- 非直接耦合：相互之间没有信息传递的耦合。
- 数据耦合：两个模块之间仅通过接口参数交换数据信息。
- 特征耦合：交换的是数据结构。
- 控制耦合：模块之间传递的信息包括对于某个模块内部功能的控制信息。
- 外部耦合：允许一组模块访问同一个全局变量。
- 公共耦合：允许一组模块访问同一个全局性的数据结构。

● 内容耦合：一个模块可以直接调用另一个模块中的数据，或者允许一个模块直接转移到另一个模块中去。

4.3 总体设计的工具

4.3.1 层次图

在软件概要设计中，通常使用层次图描述系统的模块功能分解。层次图中每个矩形框可以看作一个功能模块。矩形框间的连线可以看作调用关系。层次图和结构图只表示模块之间的调用关系。利用层次图作为描述软件结构的文档比较通俗易懂。例如，一个正文加工系统的层次结构图如图 4.5 所示。

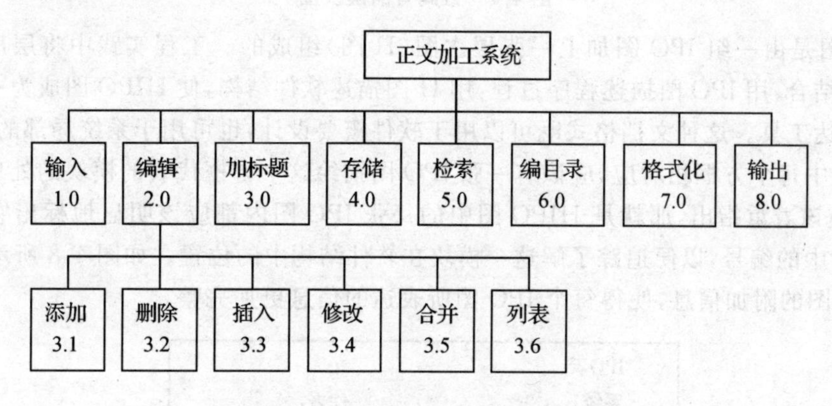

图 4.5　一个正文加工系统的层次图

4.3.2 IPO 图

IPO 图是一种描述输入/输出数据对应关系的图形工具。它由输入框、处理框和输出框组成的。处理框中的序号表示各处理执行的顺序，各框之间的数据通信关系由箭头表示，如图4.6 所示。

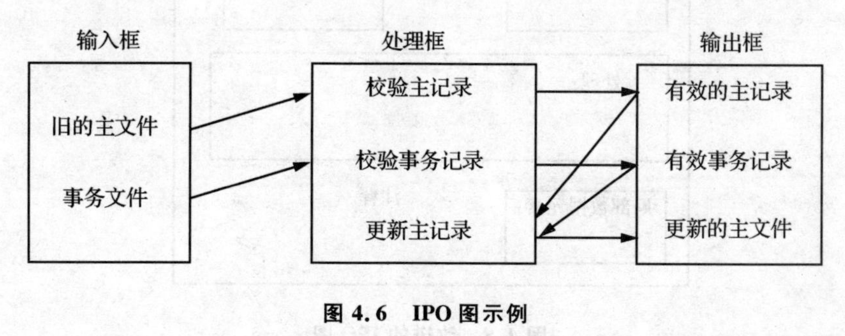

图 4.6　IPO 图示例

4.3.3 HIPO 图

HIPO 图是美国 IBM 公司发明的“层次图加输入/处理/输出图”的英文缩写。为了能使 HIPO 图具有可追踪性，在 H 图（层次图）里除了最顶层的方框之外，每个方框都加了编号，如

图 4.7 所示。

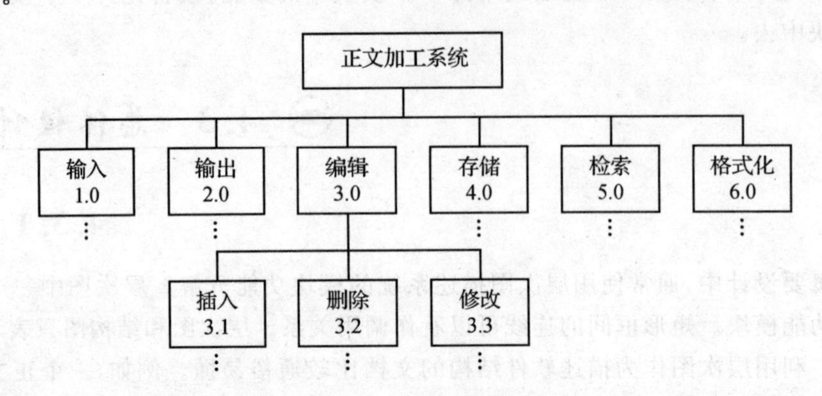

图 4.7 带编号的层次图

HIPO 图是由一组 IPO 图加上一张层次图(H 图)组成的。工程实践中将层次图与 IPO 图的思想相结合,用 IPO 图描述程序过程,用 H 图描述软件结构,使 HIPO 图成为一套自成体系的设计表达工具。这种文档格式既可以用于软件概要设计,也可用于系统局部的详细设计。

与 H 图中每个方框相对应,应该有一张 IPO 图描绘这个方框代表的模块的处理过程。但是,有一点应该着重指出,那就是 HIPO 图中的每张 IPO 图内都应该明显地标出它所描绘的模块在 H 图中的编号,以便追踪了解这个模块在软件结构中的位置。如图 4.8 所示的 IPO 表加入了 IPO 图的附加信息,使得每个 IPO 图所表达的信息更加完整。

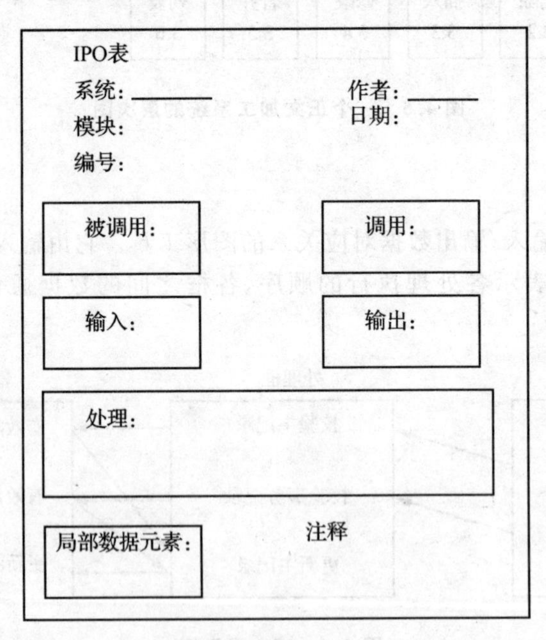

图 4.8 改进的 IPO 图

4.4 结构化设计方法

结构化设计(SD)方法是一种典型的面向数据流的软件总体设计方法 DFD(Data Flow -

oriented Design)。数据流是软件开发人员考虑问题的出发点和基础。数据流从系统的输入端向输出端流动,要经历一系列的变换和处理。用来表现这个过程的数据流图(DFD),实际上是软件系统的逻辑模型。面向数据流的设计要解决的任务是在需求分析的基础上,将 DFD 图映射为软件系统的结构。在结构化设计方法中,软件的结构将一律用结构图(SC)来描述。在现实世界中,各种系统所表现的结构特征,都可以纳入下列两种典型的形式:变换型结构和事务型结构。

为了有效的实现从 DFD 图到 SC 图的映射,SD 方法规定了下列四个步骤。

1) 复审 DFD 图,必要时可再次进行修改或细化。

2) 鉴别 DFD 图所表示的软件系统的结构特征,确定它所代表的软件结构是属于变换型还是事务型。

3) 按照 SD 方法规定的一组规则,把 DFD 图映射为初始的 SC 图。

4) 按照设计改进原则优化和改进初始的 SC 图。

4.4.1 信息流分类

1. 变换流

典型的变换型数据流由三部分组成:传入路径、变换中心和传出路径。流经这三部分的数据流,分别称为传入流,变换流和传出流。图 4.9 中显示了变换型结构的基本系统模型和流经这三部分的数据流。

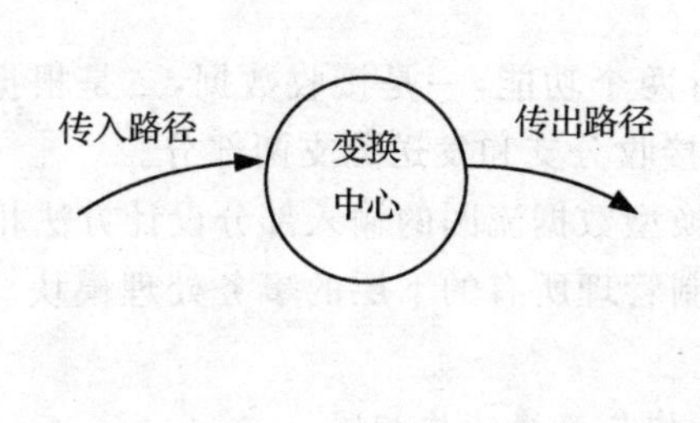

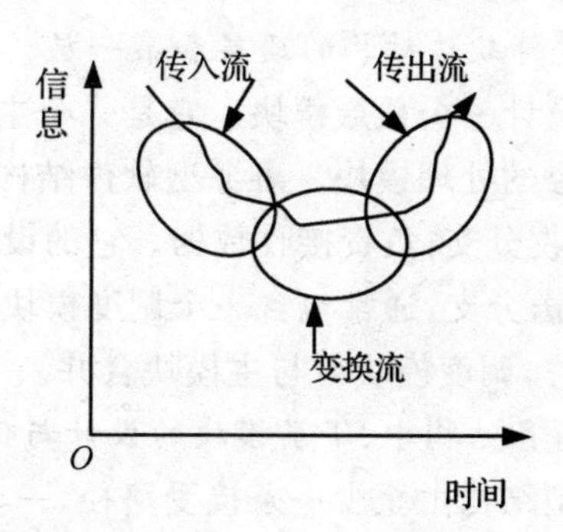

图 4.9　变换型信息流结构

当数据流图具有较明显的变换特征时,则按照下列步骤设计。

1) 确定数据流图中的变换中心、逻辑输入和逻辑输出。

2) 设计软件结构的顶层和第一层——变换结构。

3) 设计中、下层模块。对第一层的输入、变换及输出模块自顶向下、逐层分解。

① 输入模块的下属模块的设计

输入输出下属模块的输入模块的功能是向它的调用模块提供数据,所以必须要有数据来源。这样输入模块应由接收输入数据和将数据转换成调用模块所需要的信息两部分组成。

因此,每个输入模块可以设计成两个下属模块:一个接收、一个转换。用类似的方法一直分解下去,直到物理输入端。

② 输出模块的下属模块的设计

输出模块的功能是将它的调用模块产生的结果送出。它由将数据转换成下属模块所需的

形式和发送数据两部分组成。

这样每个输出模块可以设计成两个下属模块:一个接收、一个发送,一直到物理发出端。

③ 变换模块的下属模块的设计

根据数据流图中变换中心的组成情况,按照模块独立性的原则来组织其结构,一般对数据流图中每个基本加工建立一个功能模块。

④ 设计的优化

2. 事务流

这类系统的特征是:具有在多种事务中选择执行某类事务的能力。事务可以定义为引起、触发或启动某一动作或一系列动作的数据、控制、信号、事件或状态变化。典型的事务处理信息流结构如图 4.10 所示。

只有在信息流具有明显的事务中心时,才采用事务分析设计方法。事务型信息流是变换型信息流的特例。事务分析设计方法的步骤如下:

(1) 确定数据流图中的事物中心和加工途径

当数据流图中的某个加工明显地将一个输入数据流分解成多个发散的输出数据流时,该加工就是事物中心。从事务中心辐射出去的数据流为各个加工路径。

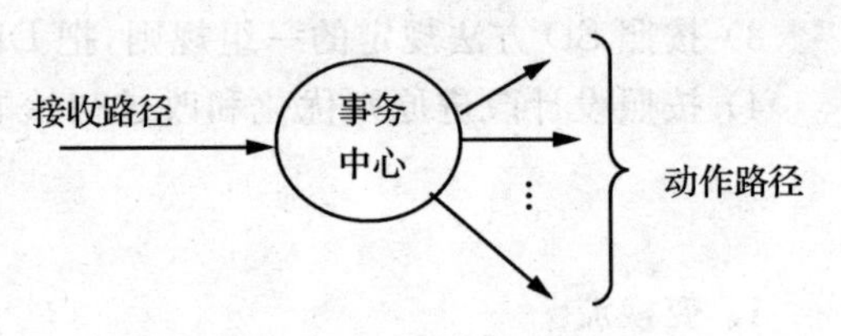

图 4.10 事务型信息流结构

(2) 设计软件结构的顶层和第一层

首先设计一个顶层模块。它是一个主模块,有两个功能,一是接收数据,二是根据事务类型调度相应的处理模块。事务型软件结构应包括接收分支和发送分支两部分。

① 接收分支:负责接收数据。它的设计与变换型数据流图的输入部分设计方法相同。

② 发送分支:通常包含一个调度模块。它控制管理所有的下层的事务处理模块。当事务类型不多时,调度模块可与主模块合并。

(3) 事务结构中、下层模块的设计与优化等工作与变换结构相同

事务型结构由至少一条接受路径、一个事务中心与若干条动作路径组成。当外部信息沿着接收路径进入系统后,经过事务中心计算获得某一个特定值,就能据此启动某一条动作路径的操作。在数据处理系统中,事务型结构是经常遇到的。

3. 变换·事务混合型结构

实际问题常常是变换型和事务型的混合。因此,在一个大型的 DFD 中,变换型和事务型两类结构往往同时存在。对于一般情况,结构化设计的基本思想是,以变换分析为主,事务型为辅导出初始设计。而在整体为事务型结构的系统中,其中的某些部分可能具有变换型结构的特征。图 4.11 显示了同时存在两类结构的系统。

4.4.2 结构图

在分清所设计的软件系统属哪一种结构类型后,就可以着手建立结构图。下面将介绍结构图的画法,并说明从 DFD 图导出结构图的转换规则。

1. 结构图的组成

结构图是精确表达程序结构的图形表示方法,用来显示软件的组成模块及其调用关系。

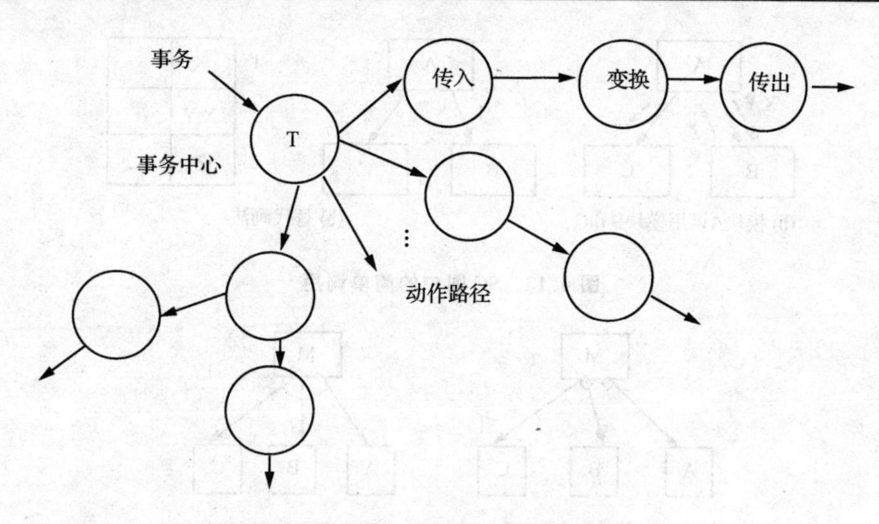

图 4.11　同时存在两类信息流的系统

结构图作为软件文档的一部分,清楚地反映程序中模块之间的层次调用关系和联系。它不仅严格地定义了各个模块的名字、功能和接口,而且还集中地反映了设计思想。结构化设计方法约定,用矩形框来表示模块,用带箭头的连线表示模块间的调用关系。在调用线的两旁,应标出传入和传出模块的数据流。

2. 模块的符号表示

结构图允许使用的几种模块形式,如图 4.12 所示。其中传入、传出和变换模块用来组成变换结构中的各个相应部分。源模块是不调用其他模块的传入模块,只用于传入部分的始端;漏模块是不调用其他模块的传出模块,仅用于传出部分的末端。控制模块是只调用其他模块,不受其他模块调用的模块,例如变换型结构的顶层模块,事务型结构的事务中心等,均属于这一类。

图 4.12　SC 图使用的模块符号

(1) 简单调用

在 SC 图中,两个模块之间用单向箭头连接。箭头从调用模块指向被调用的模块,表示调用模块调用了被调用模块。在图 4.13(a)中,允许模块 A 调用模块 B 和模块 C,而不是相反。调用 B 时,A 向它传送数据流 X 与 Y,B 向 A 返回数据流 Z。调用 C 时,A 向 C 传送数据流 Z。显而易见,B 属于变换模块,C 属于漏模块。图 4.13(b)是一种替代画法。当 SC 图包含的数据流过多,画面拥挤时,采用这种画法可以减少错误和漏注。

(2) 选择调用

选择调用的画法如图 4.14 所示。图中用菱形符号来表示选择。左边的菱形的含义是,模块 M 根据它内部的判断,决定是否调用模块 A,右边的菱形则意味着,M 按照另一判断的结果,选择调用模块 B 或者模块 C。

(3) 循环调用

循环调用用叠加在调用线始端的环形箭头表示,图 4.14 中模块 M 将根据其内在的循环

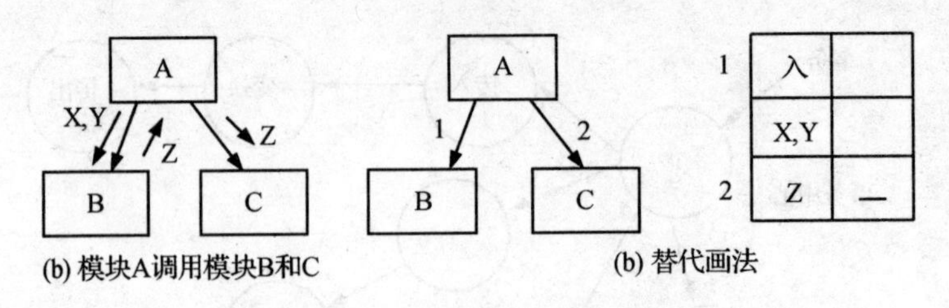

图 4.13　SC 图中的简单调用

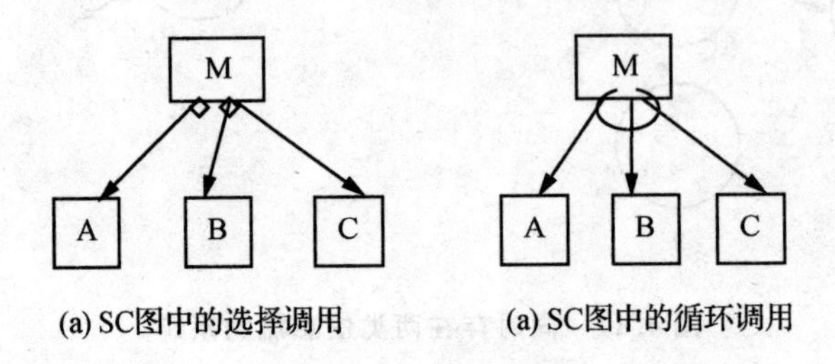

图 4.14　SC 图中的选择和循环调用

重复调用 A,B 和 C 模块,直至在 A 模块内部出现满足循环终止的条件为止。

4.4.3　变换分析

以上简述了 SC 图的符号和画法。下面将介绍如何从目标系统的 DFD 图导出初始的 SC 图。结构化设计方法提出了变换分析和事务分析。这两种方法能方便地把 DFD 图转换为初始 SC 图。以下分别说明两种分析的步骤。

(1) 识别传入路径,变换中心,传出路径,由此确定系统的逻辑输入和逻辑输出

变换结构由传入、传出和变换中心三部分组成。变换中心的任务是通过计算或者处理,把系统的逻辑输入变换为系统的逻辑输出。逻辑输入是指离开系统物理输入最远,但仍然可以被看作系统输出的数据流。逻辑输出则是指离开物理输出端最远,但仍可视为系统输出的所有数据流。当数据在系统中流动的时候,不仅在通过变换中心时要被变换,在传入和传出的路径上,其内容和形式也可能发生种种变化。图 4.15 是在 DFD 上区分三个组成部分的一个例子。

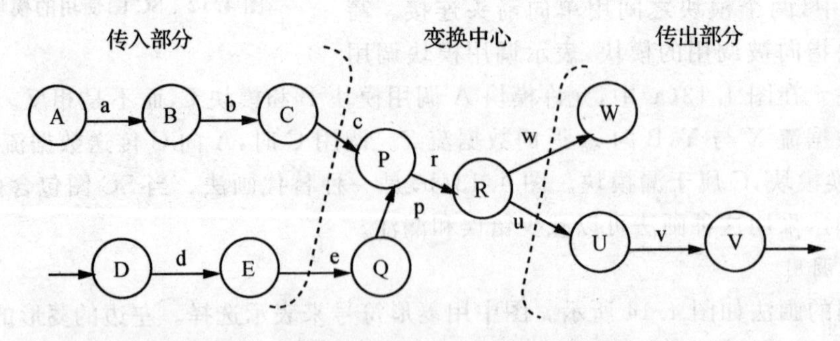

图 4.15　在 DFD 图上划分传入、传出部分和变换中心

有些系统没有中心加工,系统的逻辑输入和逻辑输出是完全相同的数据流。此时应如实地把 DFD 图划分为传入和传出两个部分。除传入部分外,在变换中心甚至传出部分也可能从

系统外接受某些输入数据流，成为二次传入数据，分析时，应按照事务把二次传入数据看成变换中心或传出部分的一个成分，不应当作传入部分的一部分。

(2) 通过变化映射导出初始结构，完成第一级分解

这一步要画出初始的 SC 图，主要是画出它最上面的两层模块——顶层和第一层。设计顶层模块，将变换中心映射为主加工模块，为每个逻辑输入设计一个输入模块，为每个逻辑输出设计一个输出模块。第一层一般包括传入、传出和中心变换三个模块，分别代表系统的三个分支。图 4.16 中给出了 DFD 图在第一级分解后得到的 SC 图。

(3) 设计中、下层模块，完成第二级分解

对每个逻辑输入、逻辑输出模块分支进行求精，画出每个分支需要的全部模块。这一步得到的结果便是系统的初始 SC 图。

仍以 4.15 和 4.16 为例，首先考察传入分支的模块分解。在图 4.17 中传入模块可直接调用模块 C 和 E，以取得它需要的数据流 c 和 e，依次类推。模块 C，E 将分别调用各自的下属模块 B、D，以取得 b 与 d；模块 B 又通过调用下属模块 A 取得数据 a。

前已指出，数据流在传入的过程中，也可能经历数据的变换。以图 4.15 中的两个传入流为例，其中一路将从 a 变换为 b，再变换为 c；另一路则从 d 变换为 e。为了显示地表示出这种变换，在图 4.17 中增添了三个模块，并在模块 A 至 E 的名称中加上 READ，GET 等字样，如图 4.18 所示。

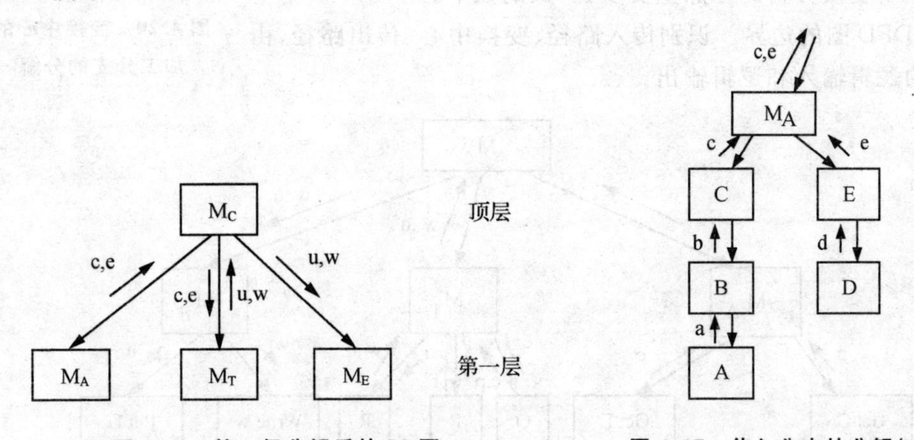

图 4.16　第一级分解后的 SC 图　　图 4.17　传入分支的分解(一)

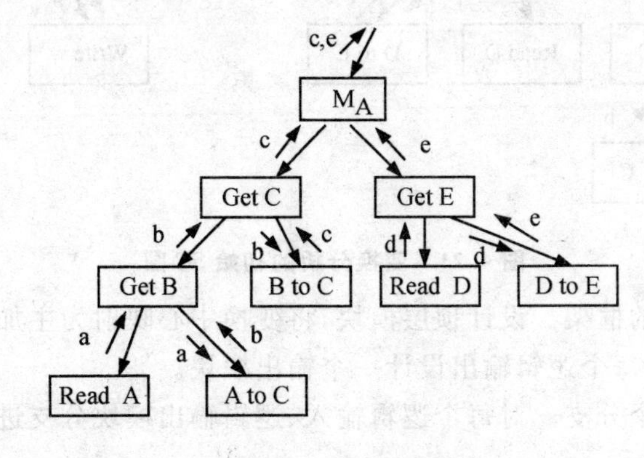

图 4.18　传入分支的分解(二)

仿照与传入分支相似的分解方法，可得到本例中传出分支的两种模块分解图，如图 4.19 所示。

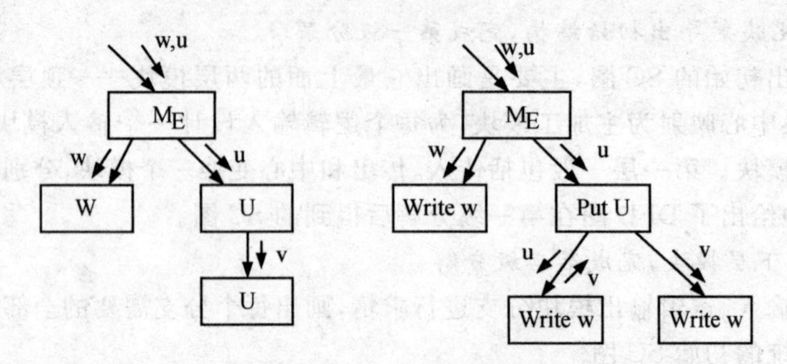

图 4.19　传出分支的分解

与传入、传出分支相比，中心加工分支的情况繁简迥异，其分解也较复杂。但建立初始的 SC 图时，仍可以采取“一对一映射”的简单转换方法。图 4.20 显示了本例中心加工分支第二级分解的结果。

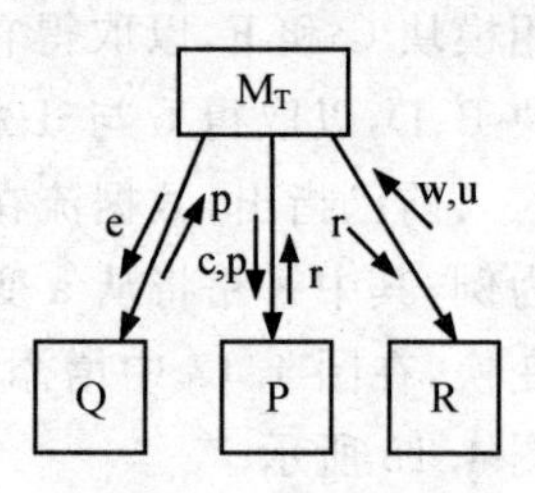

图 4.20　变换中心的加工分支的分解

将传入分支、传出分支和中心加工分支的分解模块合并在一起，就可以得到初始的 SC 图，如图 4.21 所示。

以上简叙了变换分析的三点主要步骤，归纳如下。

1）划分 DFD 图的边界。识别传入路径、变换中心、传出路径，由此确定系统的逻辑输入和逻辑输出。

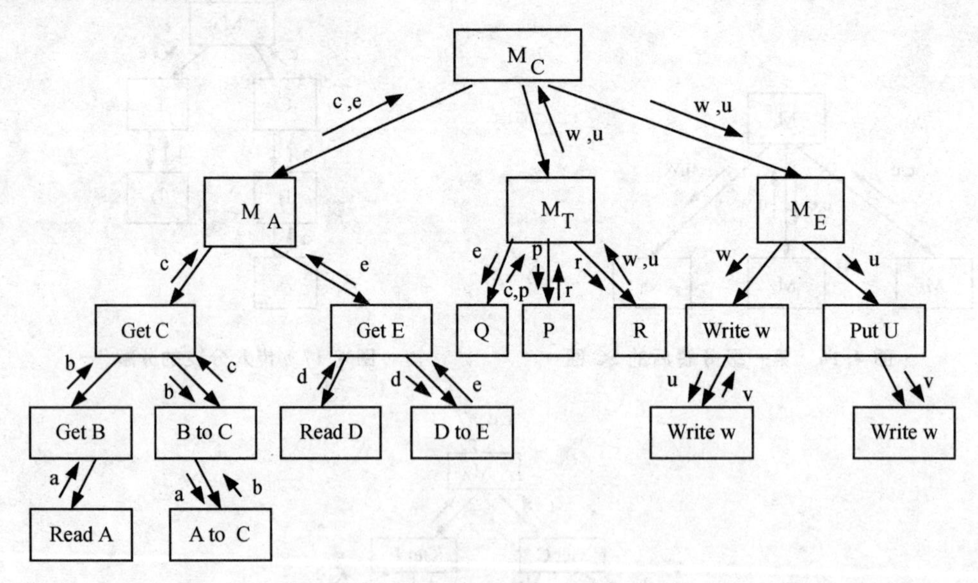

图 4.21　变换分析的初始 SC 图

2）建立初始 SC 图的框架。设计顶层模块，将变换中心映射为主加工模块，为每个逻辑输入设计一个输入模块，为每个逻辑输出设计一个输出模块。

3）分解 SC 图的各个分支。对每个逻辑输入、逻辑输出模块分支进行求精，画出每个分支需求的全部模块。

结构化程序设计方法提供的映射规则，在很大程度上方便了初始 SC 图的设计。然而，分支分解并不能生般硬套一对一的映射规则，要根据具体情况确定合适的方案。

4.4.4 事务分析

变换分析是建立初始 SC 图的主要方法。大多数实际系统要用到这种设计方法。但是，有许多数据处理系统具有事务型的结构，需要用事务分析方法进行设计。

事务可以定义为引起、触发或启动某一动作或者一系列动作的数据、控制、信号、事件或状态变化。事务处理申请沿输入路径到达事务处理中心 T，事务处理中心 T 根据事务申请的类型在若干动作序列中选择一个活动通路执行。事务中心应该完成如下功能：

- 接受输入数据(事务处理申请)；
- 分析事务类型；
- 根据事务类型选择活动通路。

事务分析的步骤如下。

1) 在 DFD 图上确定事务中心，接收部分(包含接受路径)和发送部分(包含全部动作路径)。

2) 画出 SC 图框架，把 DFD 图的三个部分分别映射为事务控制模块、接收模块和动作发送模块。

3) 分解和细化接收分支和发送分支，为每一事务设计一个事务处理模块以及处理的动作和细节模块，完成初始的 SC 图，如图 4.22 所示。

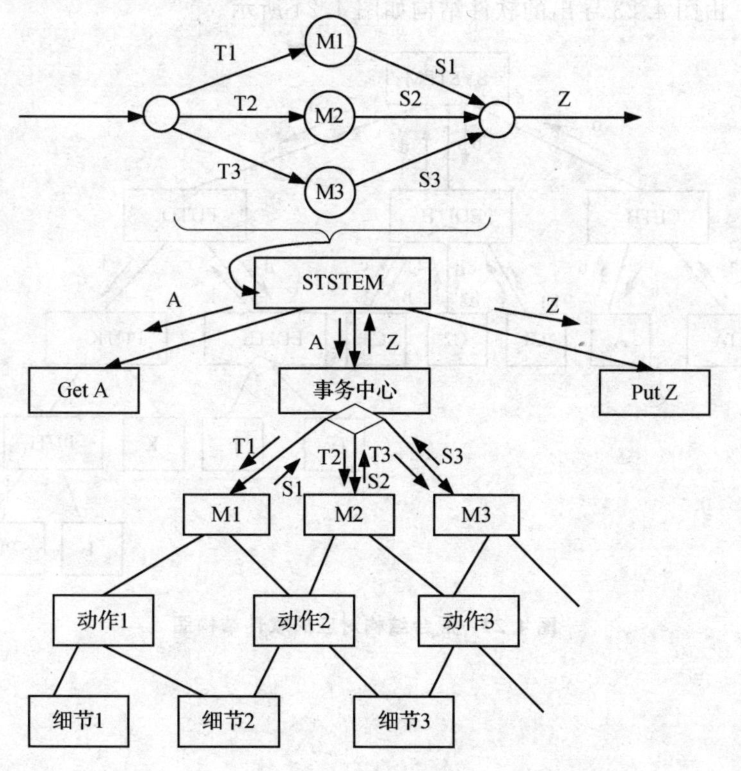

图 4.22 事务分析的初始 SC 图

4.4.5 混合型分析

前已指出,一个大型系统中常常是变换型和事务型的混合结构。为了导出它们的初始 SC 图,也必须同时采用变换分析和事务分析两种方法。图 4.23 给出了一个具有混合结构特点的数据流图。

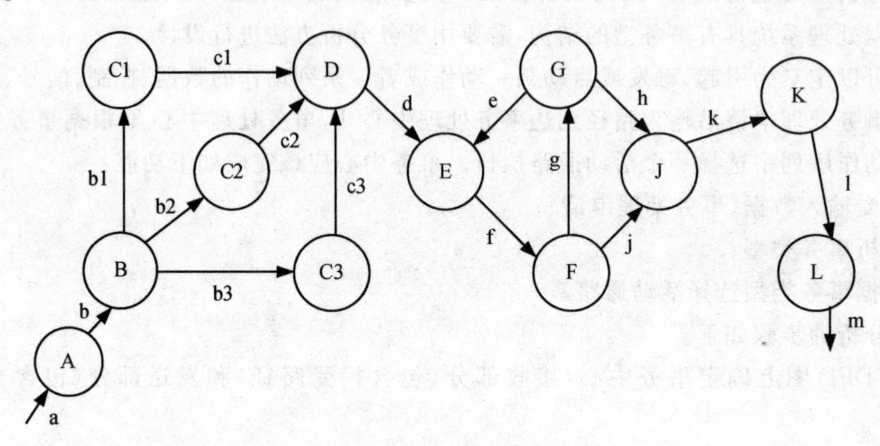

图 4.23 混合结构数据流图示例

对于一般情况,结构化设计的基本思路是,以变换分析为主,事务型为辅导出初始设计,即系统的总体框架是变换型,其变换中心的下层分解则基于事务型分析。对于复杂系统可能有若干变换中心。由图 4.23 导出的软件结构如图 4.24 所示。

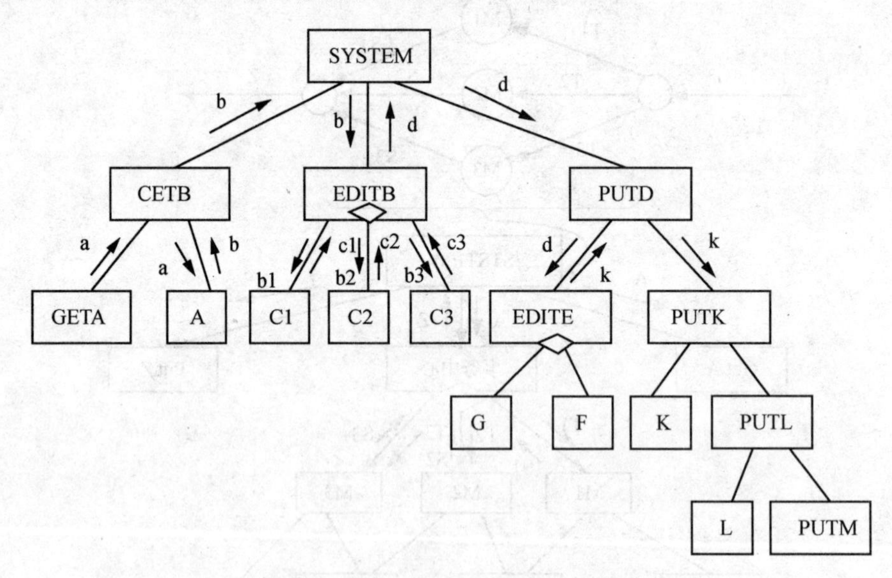

图 4.24 混合结构对应的软件结构图

习题 4

1. 名词解释：

模块

模块化

模块设计

事务

事务型结构

变换型结构

2. 比较分析总体设计的工具。

3. 什么是自顶向下？为什么说它尤其适用于大型软件的开发？

4. 举例说明“一个模块，一个功能”的含义，并试论这类模块的优点。

5. 比较 HC 图和 SC 图的异同。

6. 用变换分析方法对书中的销售子系统进行概要设计。

7. 在 DFD 图上标出各部分的边界。

8. 把 DFD 图映射为初始 SC 图。

9. 把初始 SC 图改进为最终 SC 图。

10. 某培训中心要研制一个计算机管理系统。它的业务是将学员发来的信件收集分类后，按几种不同的情况处理。

1）如果是报名的，则将报名数据送给负责报名事务的职员，他们将查阅课程文件，检查该课程是否额满，然后在学生文件、课程文件上登记，并开出报告单交予财务部门，财务人员开出发票给学生。

2）如果是想注销原来已选修的课程，则由注销人员在课程文件、学生文件和账目文件上做出相应的修改，并给学生注销单。

3）如果是付款的，则由财务人员在账目文件上登记，也给学生一张收费收据。

试根据要求画出该系统的数据流程图，并将其转换为软件结构图。

11. 图书馆的预定图书子系统有如下功能：

(1) 由供书部门提供书目给订购组；

(2) 订购组从各单位取得要订的书目；

(3) 根据供书目录和订书书目产生订书文档留底；

(4) 将订书信息(包括数目、数量等)反馈给供书单位；

(5) 将未订书目通知给订书者；

(6) 对于重复订购的书目由系统自动检查，并把结果反馈给订书者。

试根据要求画出该问题的数据流程图，并把其转换为软件结构图。

第 5 章 详细设计

详细设计是软件设计的第二步。概要设计阶段已经确定了软件系统的总体结构,给出了系统中各个组成模块的功能和模块间的联系。详细设计的工作,是要在上述结果的基础上,实现这个软件系统,直到对系统中的每个模块给出足够详细的过程性描述。

详细设计是编码的先导。这个阶段所产生的设计文档的质量,将直接影响下一阶段程序的质量。为了提高文档的质量和可读性,将说明详细设计的目的、任务、表达工具,以及结构程序设计的基本原理。

5.1 详细设计的任务和过程

概要设计基本是与机器无关的,主要目的是建立软件结构。详细设计的目的是为软件结构图中的每一个模块确定采用的算法和块内数据流图,用某种选定的表达工具给出清晰的描述,使程序员可以将这种描述直接翻译为某种语言程序。

详细设计阶段的根本目标是确定应该怎样具体地实现所要求的系统,也就是说,经过这个阶段的设计工作,应该得出对目标系统的精确描述,从而在编码阶段可以把这种描述直接翻译成用某种程序设计语言书写的程序。

详细设计的目标不仅仅是逻辑上正确地实现每个模块的功能,更重要的是设计出的处理过程应该尽可能简明易懂。结构程序设计技术是实现上述目标的关键技术,因此是详细设计的逻辑基础。

详细设计的任务是编写软件的详细说明书。为此,设计人员应为每个模块确定采用的算法;确定每一模块使用的数据结构;确定模块接口的细节。

详细设计的结果基本上确定了目标系统的质量。在详细设计结束时,应把上述结果写入详细设计的说明书,并且通过复审形成正式文档,交付给下一阶段。

本阶段的另一项任务是要为每一个模块设计出一组测试用例,以便在编码阶段对模块代码进行预定的测试。模块测试的用例是软件测试计划的重要组成部分。详细内容将在后续章节介绍。

详细设计阶段主要完成以下三项任务。

1. 过程设计

过程设计是为软件体系结构中所包含的每个模块设计实现算法。需求分析阶段画出的IPO图(表)为过程设计奠定了基础。

2. 数据设计

数据设计是把需求分析阶段创建的信息模型转变成实现软件所需要的数据结构。在实体联系图中定义的数据和数据之间的关系,以及数据字典中给出的详细的数据定义,共同为数据设计活动奠定坚实的基础。

3. 接口设计

接口设计是为了描述软件内部、软件与协作系统之间以及软件与使用它的人之间的通信方式。接口意味着信息的流动(数据流或控制流),因此,数据流图提供了进行接口设计所需要的基本信息。

5.2　结构化程序设计思想

模块的逻辑设计是详细设计说明书的关键内容。本节将按照结构程序设计的原理,说明如何使这些描述达到清晰可读,正确可靠。结构程序设计的概念最早由 E. W. Dijkstra 在 1965 年提出。这种思想对程序设计有着深远的影响。

5.2.1　对 GOTO 语句使用的不同看法

1965 年 E. W. Dijkstra 首先提出了“在高级语言中取消 GOTO 语句”,“程序质量与程序中使用的 GOTO 语句成反比”。他认为,一个程序中包含的 GOTO 语句越多,其可读性就越差。Dijkstra 的主张得到许多人的支持,但也有人反对,提出了不同的意见。1966 年 Bohm 和 Jacopini 证明了,只用三种基本的控制结构就能实现任何单入口单出口的程序。这三种基本的控制结构是“顺序”、“选择”、“循环”。

主张高级语言中取消 GOTO 的人认为:GOTO 语句过于原始。大量使用 GOTO 语句使程序的静态结构与它的动态执行差别过大,使得程序难以理解,难以查错。取消 GOTO 语句,不仅使程序结构清晰,易理解,而且便于程序正确性证明。

反对在高级语言中取消 GOTO 语句的人认为:GOTO 语句是实现程序设计灵活性的重要语句,是提高程序运行效率的重要途径。完全取消 GOTO 将使程序设计缺乏灵活性,程序冗长,有时增加了程序复杂性,从而增加了不必要的系统开销。

经过了一番激烈的争论,终于得出了“GOTO 语句必须限制使用”的一致结论。经过讨论人们认识到,不是简单地去掉 GOTO 语句的问题,而是要创立一种新的程序设计思想、方法和风格,以显著地提高软件生产率和降低软件维护代价。

5.2.2　结构化的控制结构

程序中使用 GOTO 语句的多少,并不是衡量这个程序清晰度的唯一标准。从根本上说,要想改善程序的清晰度,必须从改善每个模块的控制结构入手。这就是结构程序设计的思想,也是详细设计阶段指导模块逻辑设计应遵循的原则。

结构化程序设计方法定义为:结构化程序设计是一种设计程序的技术。它采用自顶向下、逐步求精的设计方法,认为任何程序都可以通过顺序、分支、重复 3 种基本结构的复合实现。结构化程序设计的宗旨是,通过始终保持各级程序单元的单入/单出控制结构,使设计出来的程序结构清晰,容易阅读,容易修改和容易验证。

如果在详细设计中,所有的模块都只使用单入口、单出口的三种基本控制结构,则不论一个程序包含多少个模块,也不论一个模块包含多少个基本控制结构,整个程序将仍能保持一条清晰的线索。这就是常说的控制结构的“结构化”。它是详细设计阶段确保逻辑清晰的关键技术。三种基本控制结构如图 5.1 所示。

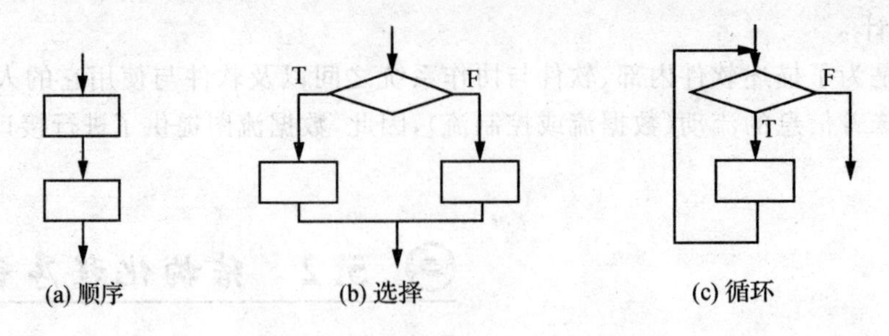

图 5.1 三种基本控制结构的流程图

5.3.3 逐步细化的实现方法

把给定的模块功能转变为它的详细过程性描述,通常都采用逐步细化的策略。自顶向下逐步求精的方法符合人类解决复杂问题的一般规律,因此可以显著地提高软件开发的成功率和生产效率。采用先全局后局部、先整体后细节、先抽象后具体的逐步求精过程导出的程序层次结构清晰,易读易理解。单入/单出的控制结构使得程序的静态结构与其动态执行大体一致,因此,开发程序容易保证其正确性,同时也易于测试,改正较容易。模块化使得程序可重用代码量大。控制结构规范,源程序清晰,风格一致,易读易懂。由此产生的程序逻辑一般错误较少,可靠性也比较高。下面请看一个例子。

【例 5.1】在一组数中找出其中的最大数。

第一步

1) 输入一组数。

2) 找出其中的最大数。

3) 输出最大数。

以上三条中,第 1)、3)两条都比较简单,所以下一步主要是要细化第 2)条。

第二步

1) 任取一数,假设它就是最大数。

2) 将该数与其余各数逐一比较。

3) 若发现有任何数大于该假设的最大数,即取而代之。

以上三条是第一步中 2)分解的结果。此外,第一步中的 1)也可具体化为:输入一个数组。由该数组继续向下细化。

第三步

1) 令“最大数”=数组中的第一元素。

2) 从第二元素至最末一个元素执行第 3)操作。

3) 如果新元素>“最大数”,则“最大数”=新元素。

上述三条分别对应于第二步中的第 1)至 3)三条,但是内容更明确了。在它们前后分别添加输入与输出这两条,便可写出完整的程序描述,如下文所示。

在一组数中找出其中的最大数程序描述:

1) 输入一个数组。

2) 令“最大数”=数组的第一元素。

3) 从第二元素至最末一个元素执行下面 4)操作。

4）如果　新元素＞“最大数”，则“最大数”＝新元素。

5）输出“最大数”。

通过这一实例，可以把逐步细化的步骤归结如下。

1）由粗到细地对程序进行逐步的细化。每一步可选择其中的一条至数条，将它（们）分解成更多或更详细的程序步骤。

2）在细化程序的过程时，同时对数据的描述进行细化。换句话说，过程和数据结构的细化要并行地进行，在适当的时候交叉穿插。

3）每一步细化均使用相同的结构化语言，最后一步一般直接用伪代码来描述，以便编码时直接翻译为源程序。

在总体设计阶段采用自顶向下逐步求精的方法，可以把一个复杂问题的解法分解和细化成一个由许多模块组成的层次结构的软件系统。在详细设计或编码阶段采用自顶向下逐步求精的方法，可以把一个模块的功能逐步分解细化为一系列具体的处理步骤或某种高级语言的语句。这样做的主要优点如下：

1）自顶向下逐步求精的方法符合人类解决复杂问题的普遍规律，因此可以显著提高软件开发工程的成功率和生产率。每一步只优先处理当前最需要细化的部分，其余部分则推迟到适当的时机再考虑。先后有序，主次分明，可避免全面开花，顾此失彼。这种思路也符合软件开发的基本原理。

2）易于验证程序正确性，比形式化的程序正确性证明更易为非专业售货员接受，因而也更加实用。传统的程序正确性验证采用公理化的证明规则，方法十分繁琐。一个不长的程序，常常需要一长串的验证。用逐步细化方法设计的程序，由于相邻步之间变化甚小，不难验证它们的内容是否等效。所以这一方法的实质，是要求在每步细化中确保实现前一步的要求，不要等程序写完后再来验证。

3）不使用GO TO语句仅使用单入口、单出口的控制结构，使得程序的静态结构和它的动态执行情况比较一致。因此，程序容易阅读和理解，开发时也比较容易保证程序的正确性，即使出现错误也比较容易诊断和纠正。

4）控制结构有确定的逻辑模式，编写程序代码只限于使用很少几种直接了当的方式，因此源程序清晰流畅，易读易懂而且容易测试。

5）程序清晰和模块化使得在修改和重新设计一个软件时可以再用的代码量最大。

6）程序的逻辑结构清晰，有利于程序正确性证明。

结构程序设计技术的主要缺点是：结构化方法编制的源代码较长，存储容量和运行时间有所增加；有些非结构化语言不直接提供单入、单出的基本控制结构；个别情况下结构化程序的结构也十分复杂。然而，随着计算机硬件技术的发展，存储容量和运行时间已经不是严重问题。如果使用非结构化语言编程，有限制地使用GOTO语句，常常可以达到既满足程序结构清晰的要求，又能够保证程序执行的效率。

5.3 详细设计的工具

描述详细设计的工具可以分为图形、表格、语言三类。无论哪类工具，其基本要求是能够准确、无二义性描述系统控制、数据组织结构、处理功能等有关细节。使得程序员能够将这种描述直接翻译为程序代码。

5.3.1 程序流程图

程序流程图是使用历史最悠久,具有最广泛的可接受性的。初学者比较容易掌握的程序设计工具。由于它具有能随意表达任何程序逻辑的优点,在很长一段时间里曾广泛流传,在讲解程序设计的教材中也多有介绍。鉴于多数读者对流程图已很熟悉,这里不再详细介绍。随着结构化程序设计的普及,流程图在描述程序逻辑时的随意性与灵活性,恰恰变成了它的缺点。流程图尽管存在许多缺点,至今仍在使用。但是从发展趋势看,使用流程图的人应该逐渐减少。

流程图的主要缺点有以下几方面。

1) 流程图本质上不支持逐步求精。它诱使程序员过早地考虑程序控制细节,而不是考虑程序整体结构。

2) 流程图中的流线转移方向任意,程序员不受任何限制,因此不符合结构化程序设计的要求,有可能破坏单入、单出程序结构。

3) 流程图不适于表示数据结构和模块调用关系。

4) 对于大型软件而言,流程图过于琐碎,不容易阅读和修改。

通常使用的流程图标准符号如表 5.1 所列。用标准符号并严格遵守基本逻辑结构,限制箭头的滥用,完全可以设计出清晰的结构化程序流程图。

表 5.1 流程图使用的标准符号

类别	名称	符号	说明
主要符号	输入、输出		指示一般的数据输入、输出
	处理		定义一个操作(一个或多个程序语句)
	流线		连接任何两个符号,指示信息或控制方向
	注解		给出注释,以引起注意或加以说明
	判断		测试条件是否满足
辅助符号	链接		表示流程继续
	端点		指示流程的开始点和结束点
	接页		表示转向或承接指定页上的流程
	准备		用以表示程序的准备或修改
调用符号	水平调用		调用一个在本流程图中不出现的一个程序
	垂直调用		调用一个本流程图中定义的一个过程

5.3.2　盒图(N－S 图)

1973 年，Nassi 和 Shneiderman 提出了用方框图来代替传统的流程图，引起了人们的重视。人们把这种方框图称为 N－S 图。图 5.2 给出了结构化控制结构的盒图表示。结构化程序设计反对滥用 GOTO 语句，主张把程序的逻辑结构限制为顺序、选择和重复等几种有限的基本结构，以提高程序的易读性和易维护性。N－S 图的优点是，所有的程序结构均用方框来表示，无论并列或者嵌套，程序的结构清晰可见。而且，由于它只能表达结构化的程序逻辑，使应用 N－S 图来描述软件设计的人不得不遵守结构化程序设计的规定。不足的是，当程序内嵌套的层数增多时，内层的方块越画越小，不仅会增加画图的困难，并将使图形的清晰性受到影响。

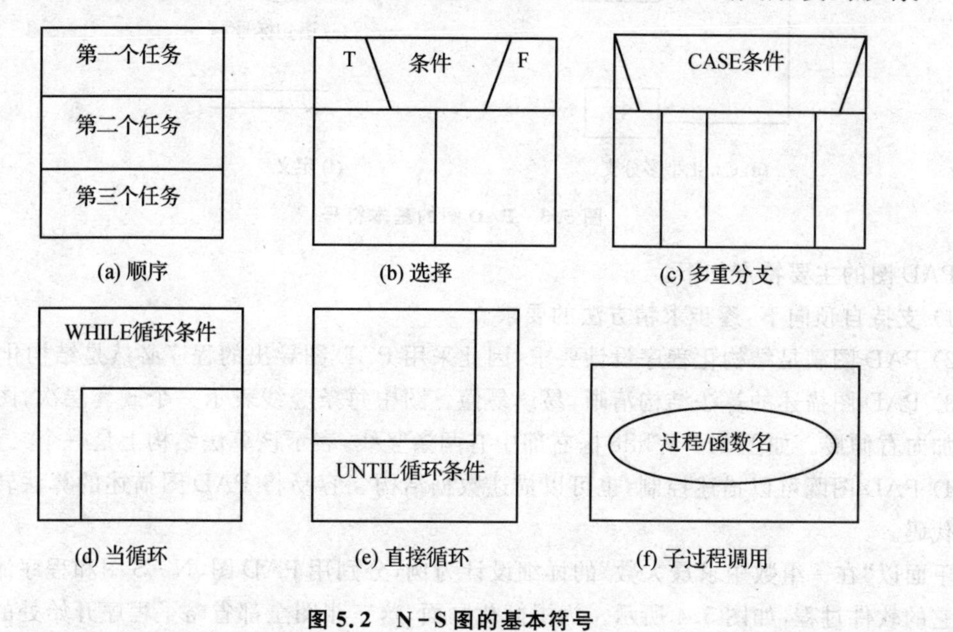

图 5.2　N－S 图的基本符号

5.3.3　PAD 图

PAD 是问题分析图。PAD 是 Problem Analysis Diagram 的英文缩称。它是继流程图和 N－S 图之后，由日本日立公司二村良彦等人提出的又一种主要用于描述软件详细设计(即软件过程)的图形表达工具。PAD 图采用二维树型结构表示程序的控制流。其基本图形符号如图 5.3 所示。

PAD 图的基本原理是采用自顶向下，逐步细化和结构化设计的原则，力求将模糊的问题解的概念逐步转换为确定的和详尽的过程，使之最终可采用计算机直接进行处理。从图中可以看出，PAD 图为软件设计提供了系统设计应采用的步骤。其步骤如下。

1) 因为所有的问题解都可以用三种基本控制构造(顺序、重复和选择)来描述，所以，第一步要从系统设计的一种粗略、模糊的概念出发，将过程描述为过程顺序部分的表示、过程重复部分的表示和过程选择部分的表示。

2) 重复以上步骤，直到过程完全确定和详尽为止。显而易见，用 PAD 图表达的软件过程将呈树形结构。它既克服了传统的流程图不能清晰表现程序结构的缺点，又不像 N－S 图那样受到把全部程序约束在一个框内的限制。

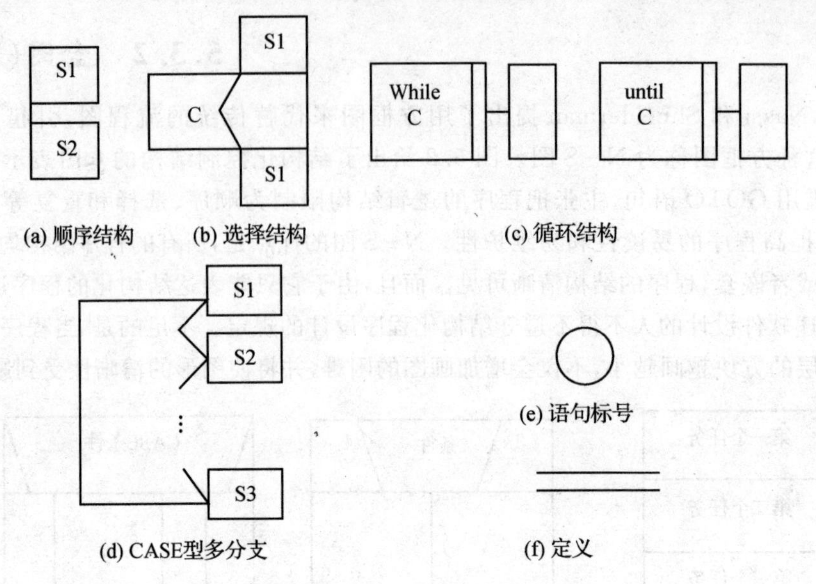

图 5.3 PAD 图的基本符号

PAD 图的主要特点如下。

1）支持自顶向下，逐步求精方法的要求。

2）PAD 图满足结构化程序设计要求，因此采用 PAD 图导出的程序必然是结构化的。

3）PAD 图描述的算法结构清晰，易读易懂。图中每条竖线表示一个嵌套层次，图示随层次增加向右伸展。如图 5.3 While 框右部中有两条竖线，表示该算法结构上是一个二重嵌套。

4）PAD 图既可以描述控制，也可以描述数据结构。容易将 PAD 图描述的算法转换为源程序代码。

下面以"在一组数中求最大数"的详细设计为例，分别用 PAD 图、N－S 图和程序流程图来描述它的软件过程，如图 5.4 所示。为了简化画面，这三张图全都省略了程序开始处的输入语句和结束处的输出语句。

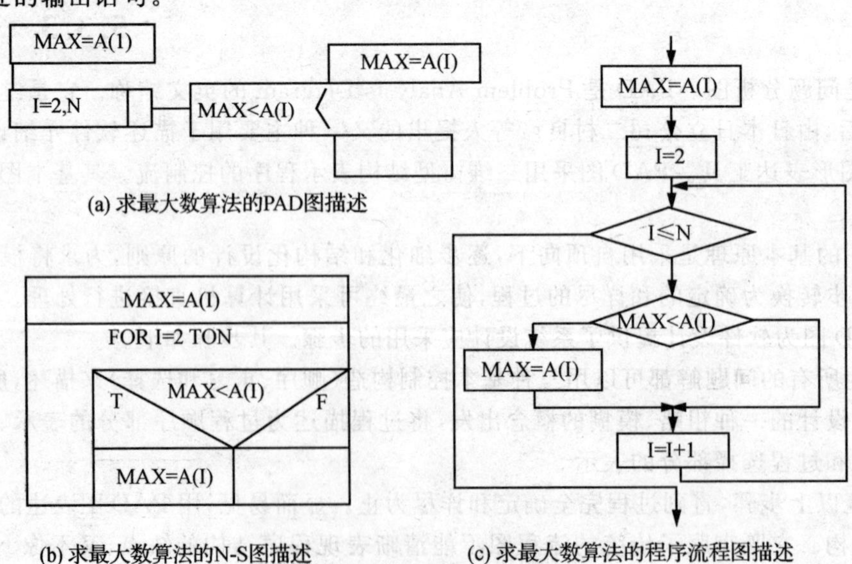

图 5.4 求最大数算法的描述

5.3.4 伪代码和PDL语言

伪代码(pseudo code)属于文字形式的表达工具。伪代码又称过程设计语言PDL(Procees Design Language),泛指一类采用类高级语言控制结构,以正文形式对数据结构和算法进行描述的设计语言。伪码采用的类高级语言通常是类Pascal类PL/1,或者类C风格的其中的操作处理描述采用结构化短语。PDL具有很强的描述功能,是一种十分灵活和有用的详细设计表达工具。

PDL具有严格的关键字外层语法,用于定义控制结构、数据结构和模块接口,而它表示实际操作和条件的内层语法是灵活自由的,使用自然语言的词汇。PDL与结构化语言有一定的区别,其特点体现如下几方面。

1) 描述处理过程的说明性语言没有严格的语法。

2) 具有模块定义和调用机制,开发人员应根据系统编程所用的语种,说明PDL表示有关程序结构。

3) 具有数据说明机制,包括简单的与复杂的数据说明。

4) 所有关键字都有固定语法,以便提供结构化控制结构、数据说明和模块的特征。

PDL在用于描述过程时的总体结构与一般程序完全相同。外语法同相应程序语言一致,内语法使用自然语言。这样可以使过程的描述容易编写,容易理解,也容易转换成源程序。还有以下优点:

1) 可作为注释嵌入在源程序中一起作为程序的文档,并可同高级程序设计语言一样进行编辑、修改,有利于软件的维护。

2) 提供的机制图形全面,为保证详细设计与编码的质量创造了有利条件。

3) 有关资料表明,目前已有PDL多种版本为自动生成相应代码提供了便利条件。因此,利用PDL可自动生成程序代码,从而提高软件产生率。

基本的PDL包括3种语句类型:数据说明、处理过程描述、输入输出描述。

1. 数据说明语句

PDL能够描述过程使用的数据及数据结构。在这种描述中含有数据项的名字和数据项目。PDL包含的数据说明语句有以下几种。

(1) SCALAR语句

这种数据说明语句用于定义标量的名字和用途。语句格式为:

SCALAR|名字,目的:|名字,目的

(2) ARRAY语句

这种语句用于定义数组的名字和用途。语句格式为:

ARRAY|名字,目的:|名字,目的

(3) CHAR语句

这种语句用于定义字符串的名字和用途。语句格式为:

CHAR|名字,目的:|名字,目的

(4) LIST语句

这种语句用于定义一个表的名字和用途。语句格式为:

LIST|名字,目的:|名字,目的

(5) STRUCTURE 语句

这种语句用于定义数据结构的名字和意义。语句格式为：

STRUCTURE|名字，目的：|名字，目的

2. 处理过程描述语句

PDL 的处理过程描述可使用嵌套的结构化构造形式。其主要语句有以下几种。

(1) 顺序语句

顺序语句是一个或多个自然语言中的句子、计算公式或完整的 PDL 语句序列。为了便于说明较复杂的语句，PDL 采用块结构来描述一个或多个顺序语句。块的边界定义：

```
BEGIN<块名>
    <PDL 语句>
END
```

其中，块名可以作为对该块的调用。

(2) IF 语句

```
IF<条件>
    THEN<块或伪码语句>
    ELSE<块或伪码语句>
ENDIF
```

该语句允许在两种情况下进行选择。在<块或伪码语句>中也可以含有另一个 IF 语句，从而实现 IF 语句(即条件语句)的嵌套。

(3) DO WHILE 语句

DO WHILE 语句的格式如下：

```
DOWHILE<条件>
    <块或伪码语句>
END DO
```

该语句当某个条件为真时重复执行某些操作，直至条件为假时停止。

(4) REPEAT 语句

REPEAT 语句的格式如下：

```
REPEAT
    <块或伪码语句>
UNTIL<条件>
```

该语句用于重复执行某些操作，直到条件为真时停止。REPEAT 语句与 DO WHILE 语句的区别在于：REPEAT 语句中的操作至少要执行一次；而 DO WHILE 语句的操作若条件一开始就为假，则一次也不执行。

(5) CASE 语句

CASE 语句的格式如下：

```
CASE OF <情况变量名>
    WHEN<情况条件 1>SELECT<块或伪码语句>
    WHEN<情况条件 2>SELECT<块或伪码语句>
```

WHEN<情况条件 n>SELECT<块或伪码语句>

ELSE<块或伪码语句>

END CASE

该语句可根据情况条件的取值,选择相应的一些操作。

3. 输入、输出语句

输入、输出语句随着选用的编程语言的不同,它们之间的差别可能很大。但其典型的输入、输出语句有以下几种。

READ FROM<设备>LIST<表>:表示从外部<设备>上读入数据<表>。

WRITE TO<设备>LIST<表>:表示数据(表)写入外部<设备>。

ASK<询问>:用于交互式询问。

ANSWER<响应>:用于交互式应答。

4. 子程序或模块定义

定义子程序及相应的接口:

PROCEDURE<子程序名><变元素>

IF<PDL>语句

END<子程序名>

其中,变元表指出调用模块的接口数据。

伪码 PDL 具有以下特点。

- 使用关键字的固定语法现实了结构化控制结构、数据说明和模块化的特点。在嵌套使用控制结构式,它们的头尾都有关键字,使得结构清晰、可读性强。
- 可以使用自然语言的自由与发来描述处理过程
  伪码 PDL 具有以下特点。
- 设计比较灵活,当需要增加某一步骤细节时,任何时候都可以增加,不会产生混乱。
- 可作为注释直接插在源程序中间。这样使维护人员在修改程序代码的同时,也能相应地修改 PDL 注释。因此,在利于保持文档和程序的一致性,提高了文档的质量。
- 容易编辑,可以使用普通的正文编辑程序或文字处理系统,很方便地完成 PDL 的书写和编辑工作,甚至可以使用自动处理程序,自动由 PDL 生成程序代码。

伪码 PDL 的缺点是不够直观。

例如 n 个元素选择排序过程的伪码描述如下:

```
SELECT_SORT(A[1],A[2],…A[N])
{
  for(i=1;i<N;i++)
   {
k=i;
for(j=i+1;j<=N;j++)
  if(A[j]<A[k]) k=j;
  if(k! =i) 交换 (A[i],A[k]);
  }
}
```

航空公司对乘客行李收费算法的伪码描述为:

```
/*行李算法*/
{
if(行李重量 W<=30)  免费;
  else
      if(国内乘客)
           {if(乘客头等仓)
           {
            收费=(W-30)*4;
             if(残疾乘客)  收费=(W-30)*2;
            }
        }
         else{*其他舱*}
            {
收费=(w-30)*6;
if(残疾乘客)  收费=(W-30)*3;
}
             else/*国外乘客*/
             if(乘客头等仓*)
              {
              收费=(W-30)*8;
              if(残疾乘客)收费=(W-30)*4;
}END
             else/*其他舱*/
                  {
收费=(W-30)*12;
if(残疾乘客)  收费=(W-30)*6;
}
};
```

采用伪码的优点是可以使用普通正文编辑器书写、编辑,可以作为注释插入源码,有利于源程序文档的可理解性和可维护性;有可能自动生成源程序。伪码的主要缺点是不如图形工具直观,描述复杂的条件组合冗长,不简洁。

5.3.5 判定表与判定树

判断表,采用表格化的形式,适于表达含有复杂判断的加工逻辑。若使用判断表,比较容易保证所有条件和操作都被说明,不容易发生错误和遗漏。

表 5.2 是以"检查发货单"为例,说明判断表的构成。

如果在加工逻辑中同时存在顺序、选择和循环三种结构,应采用其他工具,并辅助判定表来描述,不宜单独使用判定表。

判定树是判定表的图形表示,其使用场合与判定表相同。对于逻辑较复杂的算法,可辅助使用判定表和判定树进行描述。

例如:某校学籍管理的升留级处理可以用判定树说明,如图 5.5 所示。

表 5.2　判定表示例

		1	2	3	4
条件	发货单金额/元	>＄500	>＄500	≤＄500	≤＄500
	赊欠情况/day	>60	≤60	>60	≤60
操作	不发出批准书	√			
	发出批准书		√	√	√
	发出发货单		√	√	√
	发出赊欠报告			√	

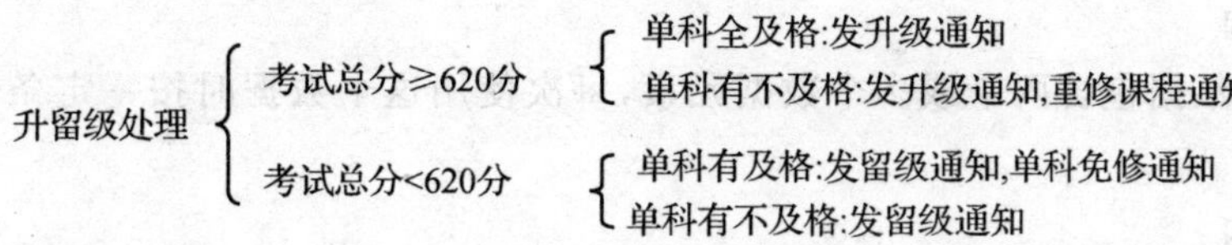

升留级处理
- 考试总分≥620分
  - 单科全及格:发升级通知
  - 单科有不及格:发升级通知,重修课程通知
- 考试总分<620分
  - 单科有及格:发留级通知,单科免修通知
  - 单科有不及格:发留级通知

图 5.5　判定树示例

5.4　Jackson 程序设计方法

绝大多数计算机软件本质上都是信息处理系统,因此,可以根据软件所处理的信息来设计软件。前面介绍了面向数据流的设计方法,也就是根据数据流确定软件结构的方法。下面介绍一种面向数据结构的设计方法,也就是用数据结构作为程序设计的基础。

在许多应用领域中信息都有清楚的层次结构,输入数据、内部存储的信息及输入数据都可能有独特的结构。数据结构既影响程序的结构又影响程序的处理过程,重复出现的数据通常由具有循环控制结构的程序来处理。选择数据要用带有分支控制结构的程序来处理。层次的数据组织通常和使用这些数据的程序的层次结构十分相似。如果有一个数据结构具有层次组织,则软件控制结构也要求是分层的。由此提出了一类面向数据结构的设计方法。Jackson 方法是面向数据结构的设计方法的代表之一。

Jackson 方法的基本思想:在充分理解问题输入、输出数据的基础上,找出输入、输出数据的层次结构对应关系,根据数据结构的层次关系映射为软件控制层次结构,然后对问题进行求精,给出问题求解过程性描述。

数据对象的逻辑关系和控制逻辑的基本结构类似,都可以分为顺序、选择、重复三种基本类型。因此 Jackson 方法定义了既可以表示数据结构,也可以表示控制结构的三种基本结构。使用面向数据结构的设计方法,当然首先需要分析确定数据结构,并且用适当的工具清晰地描绘数据结构。本节先介绍 Jackson 方法的工具——Jackson 图,然后介绍 Jackson 程序设计方法的基本步骤。

5.4.1　Jackson 图

虽然程序中实际使用的数据结构种类繁多,但是它们的数据元素彼此间的逻辑关系却只有顺序、选择和重复三类,因此,逻辑数据结构也只有这三类。图 5.6 给出了 Jackson 图,表示了这三种逻辑数据结构。

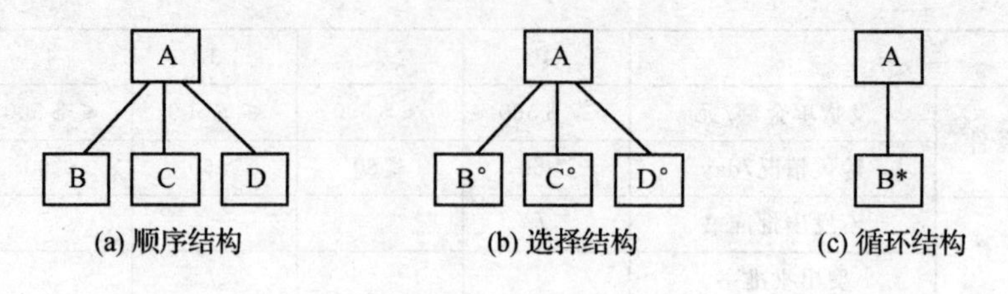

图 5.6 Jackson 图

1. 顺序结构

顺序结构的数据由一个或多个数据元素组成，每个元素按确定次序出现一次。

2. 选择结构

选择结构的数据包含两个或多个数据元素，每次使用这个数据时按一定条件从这些数据元素中选择一个。

3. 循环结构

循环结构的数据，根据使用时的条件由一个数据元素出现零次或多次构成。

用上述这种图形工具表示选择或重复结构时，选择条件或循环结束条件不能直接在图上表示出来，影响了图的表达不易直接把图翻译成程序。对于选择结构，如果 else/default 分支默认，可以使用“-”标识；对于重复结构，常常期望标识出重复次数。由此得到的改进的 Jackson 图，如图 5.7 所示。其中 S(i)右面括号中的数字是分支条件的编号，重复结构中 I(i)表示循环结束条件的编号为 i。

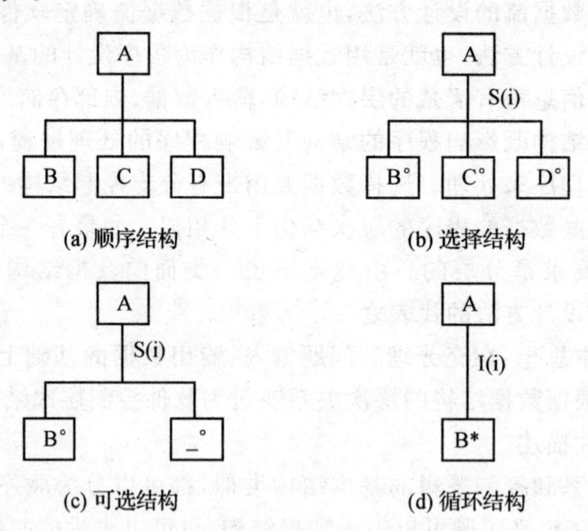

图 5.7 改进的 Jackson 图

5.4.2 Jackson 方法

Jackson 结构程序设计方法基本上由下述五个步骤组成。

步骤 1：分析并确定输入数据和输出数据的逻辑结构，并用 Jackson 图描绘这些数据结构。

步骤 2：找出输入数据结构和输出数据结构中有对应关系的数据单元。所谓有对应关系是指有直接的因果关系，在程序中可以同时处理的数据单元（对于重复出现的数据单元必须重

复的次序和次数都相同才可能有对应关系)。

步骤 3:可用下述三条规则从描绘数据结构的 Jackson 图导出描绘程序结构的 Jackson 图:

1) 为每对有对应关系的数据单元,按照它们在数据结构图中的层次在程序结构图的相应层次画一个处理框。如果这对数据单元在输入数据结构和输出数据结构中所处的层次不同,则和它们对应的处理框在程序结构图中所处的层次与它们之中在数据结构图中层次低的那个对应。

2) 根据输入数据结构中剩余的每个数据单元所处的层次,在程序结构图的相应层次分别为它们画上对应的处理框。

3) 根据输出数据结构中剩余的每个数据单元所处的层次,在程序结构图的相应层次分别为它们画上对应的处理框。

由此可见,描绘程序结构的 Jackson 图应该综合输入数据结构和输出数据结构的层次关系而导出来。在导出程序结构图的过程中,由于改进的 Jackson 图规定在构成顺序结构的元素中不能有重复出现或选择出现的元素,因此可能需要增加中间层次的处理框。

步骤 4:列出所有操作和条件(包括分支条件和循环结束条件),并且把它们分别分配到程序结构图的适当位置。

步骤 5:用伪码表示程序。

Jackson 方法中使用的伪码和 Jackson 图是完全对应的。下面是和三种基本结构对应的伪码。

顺序结构对应的伪码,其中'seq'和'end'是关键字:

```
A seq
B
C
D
A end
```

选择结构对应的伪码,其中'select'、'or'和'end'是关键字,cond1,cond2 和 cond3 分别是执行 B,C 或 D 的条件:

```
A select cond1
B
A or cond2
C
A or cond3
D
A end
```

重复结构对应的伪码,其中'iter'、'until'、'while'和'end'是关键字(重复结构有 until 和 while 两种形式),cond 是条件:

```
A iter until(或 while)cond
B
A end
```

下面以一个统计正文文件系统的空格为例说明 Jackson 方法是如何将数据的逻辑结构映射成程序的执行结构的。

例如:一个正文文件由若干记录组成。每个记录是一个字符串。每个字符只能是数据或者字母或者行结束符。对于以上正文文件,要求统计每个记录中的空格数和文件中的空格总数。输出格式是每复制一行字符串后,在行末印出该行的空格数。最后印出全文空格总数。按照 Jackson 方法,实施步骤如下。

步骤 1:确定输入、输出数据结构(如图 5.8 所示)。

步骤 2:分析确定输入/输出数据结构的数据元素之间的对应关系。例如输出数据是通过对输入数据的处理而得到的,因此在输入/输出数据结构最高层次的两个单元总是有对应关系的;因为每处理输入数据中一个“字符串”之后,就可以得到输出数据中一个“串信息”。它们都是重复出现的数据单元,而且出现次序和重复次数都完全相同,因此,“字符串”和“串信息”也是一对有对应关系的单元。依次考察输入数据结构中余下的每个数据单元。在图 5.9 中用一对虚线箭头把有对应关系的数据单元连接起来,以突出表明这种对应关系。

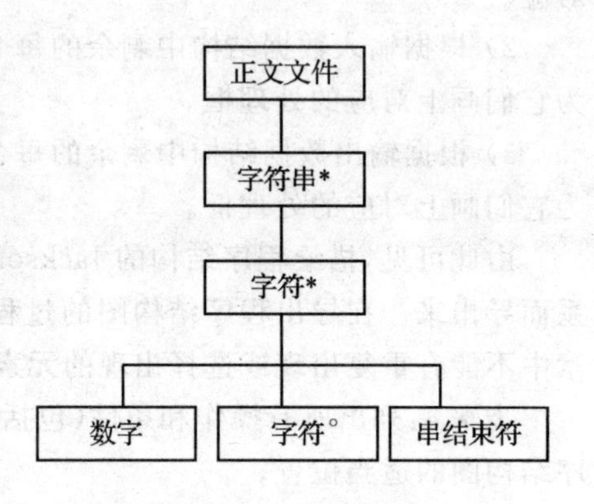

图 5.8 正文文件的 Jackson 图

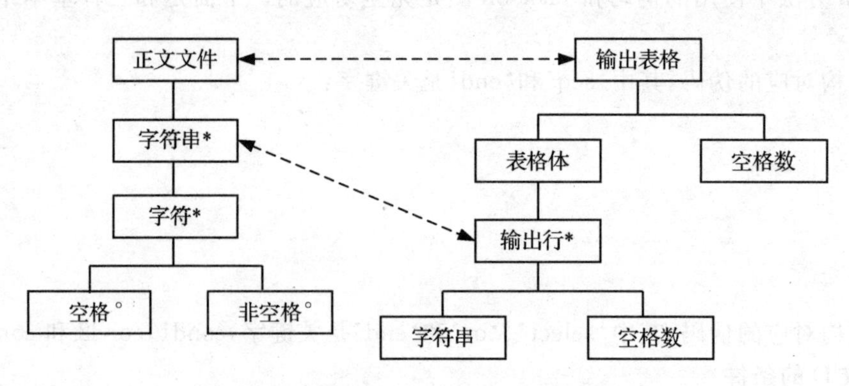

图 5.9 表示输入/输出数据结构的 Jackson 图

步骤 3:由表示输入/输出关系的数据结构导出程序结构。按照前面已经讲述过的规则,这个步骤的大致过程是:最顶层画一个处理框“统计空格”。它与“正文文件”和“输出表格”这对最顶层的数据单元相对应。第二层应该有与这两个单元对应的处理框——“程序体”和“印总数”。第三层才是与“字符串”和“串信息”相对应的处理框——“处理字符串”。第四层似乎应该是和“字符串”、“字符”及“空格数”等数据单元对应的处理框“印字符串”、“分析字符”及“印空格数”,这 3 个处理是顺序执行的。但是,“字符”是重复出现的数据单元,因此“分析字符”也应该是重复执行的处理。改进的 Jackson 图规定顺序执行的处理中不允许混有重复执行或选择执行的处理,所以在“分析字符”这个处理框上面又增加了一个处理框“分析字符串”,最后得到的程序结构图如图 5.10 所示。

步骤 4:列出所有操作和条件,并把它们分配到程序结构图的适当位置。

操作:

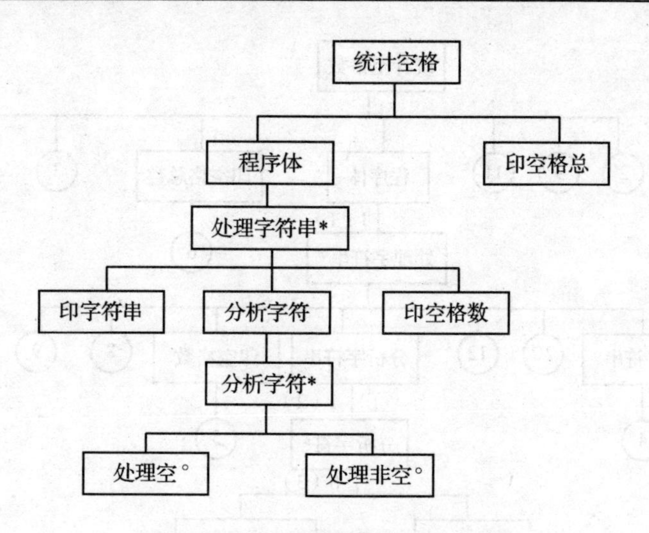

图 5.10　表示程序结构的 Jackson 图

(1) 停止。　　　　(2)打开文件。
(3) 关闭文件。　　　　(4) 印字符串。
(5) 印空格数。　　　　(6) 印空格总数。
(7) sum＝sum＋1。　　　　(8) totalsum＝totalsum ＋sum。
(9) 读入字符串。　　　　(10) sum＝0。
(11) totalsum＝0。　　　　(12) pointer＝1。
(13) pointer＝pointer＋1。

条件:I(1)文件结束。
　　I(2)字符串结束。
　　S(3)字符是空格。

在上面的操作表中,sum 是保存空格个数的变量,totalsum 是保存空格总数的变量,而 pointer 是用来指示当前分析的字符在字符串中的位置的变量。

步骤 5:把操作和条件分配到程序结构图的适当位置,如图 5.11 所示。

步骤 6:写出伪码:

```
/*统计空格*/
{
(2)打开文件;
(9)读入字符串;
(11)totalsum=0;
while not  文件结束 I(1)
/*处理字符串*/
(4)印字符串;
(10)sum=0;
(12)pointer=1;
/*分析字符串*/
while not 字符串结束 I(2)
{
```

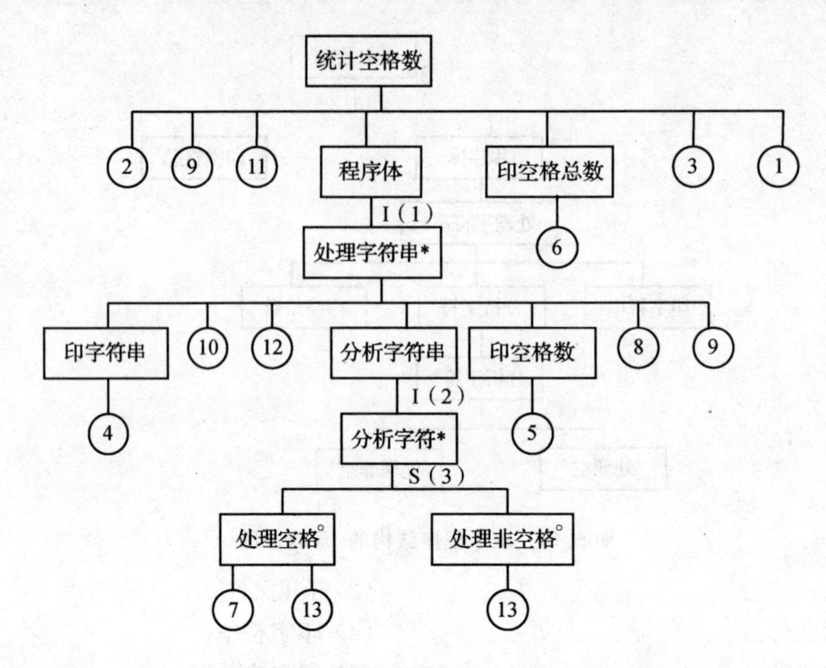

图 5.11　把操作和条件分配到程序结构图的适当位置

```
if(当前字符是空格 S(3))
{
  (7)sum=sum+1;
  (13)pointer=pointer+1;
}
else    /＊处理非空格＊/
  (13)pointer=pointer+1  ;
  }/＊分析字符串结束＊/
  (5)印出空格数目;
  (8)totalsum:=totalsum+sum;
  /＊处理字符串结束＊/
  (9)读入字符串;
  }
  (6)印出空格总数;
  (3)关闭文件;
  (1)停止;
}/＊统计空格结束＊/
```

Jackson 方法对问题分析的基本思想仍然是自顶向下，逐步求精，问题求解层次化和模块化。它与 SD 方法的区别仅仅在于主要以数据结构(而不是数据流驱动)来建立程序模块和控制结构。对于数据结构与问题结构密切相关的系统，Jackson 方法导出的系统设计易于理解。当问题发生局部变化时，也易于修改。对于规模不大的数据处理系统，如果在输入数据结构与输出数据结构之间存在清楚的对应关系，采用 Jackson 设计方法可以一举得出系统的过程性说明，而且图形直观，映射方便，容易被设计人员理解和使用。Jackson 特别适用于具有良好层次数据结构输入/输出设计。典型的如商业应用中文件表格处理。

Jackson 将解决问题的方法归纳为：利用数据结构图定义输入结构的特性；将输入数据结构的元素构造为中间数据结构；描述输出数据结构的特性；根据中间数据结构，构造输出数据结构。

5.5 程序结构复杂度的定量度量

软件质量是与所确定的功能和性能需求的一致性；与所成文的开发标准的一致性；与所有专业开发的软件所期望的隐含特性的一致性。

软件质量保证是一个复杂的系统。它采用一定的技术、方法和工具，来处理和调整软件产品满足需求时的相互关系，以确保软件产品满足或超过在该产品的开发过程中所规定的标准。

软件复杂性度量是软件度量的重要组成部分。如何使软件结构复杂性和软件质量的评价能够量化是软件工程研究的课题之一。开发规模相同、复杂性不同的软件，花费的时间和成本会有很大差异。当前，还没有比较理想、全面、系统的度量软件复杂性的模型。人们一般认为，软件复杂性度量模型应遵循下列基本原则：

1) 软件复杂性与程序大小的关系不是线性的；
2) 控制结构复杂的程序较复杂；
3) 数据结构复杂的程序较复杂；
4) 转向语句使用不当的程序较复杂；
5) 循环结构比选择结构复杂，选择结构又比顺序结构复杂；
6) 语句、数据、子程序和模块在程序中的次序对复杂性有影响；
7) 全程变量、非局部变量较多时程序复杂；
8) 参数按地址调用比按值调用复杂；
9) 函数副作用比显式参数传递难于理解；
10) 具有不同作用的变量共用一个名字时较难理解；
11) 模块间、过程间联系密切的程序比较复杂；
12) 嵌套深度越大程序越复杂。

目前比较流行的软件复杂性度量方法有两种：一是由 McCabe 提出的根据程序流程图的结构复杂度对软件复杂度和质量进行度量；二是 Halstead 提出的根据程序中包含的运算操作符和操作数个数对程序复杂性进行度量的行代码度量方法。

5.5.1 McCabe 方法

T. J. McCabe 于 1976 年提出了基于程序拓朴结构的软件复杂性度量模块型。把程序看成是有一个入口节点和一个出口节点的有向图，图中每个节点对应一个语句或一个顺序流程的程序代码块，弧对应于程序中的转移。这种图也称为程序控制结构图。假设图中每个节点都可以由入口节点到达，并且从每个节点都可以到达出口节点。McCabe 复杂性度量也称“环路度量”。其基本思想是：程序的复杂性很大程度上取决于程序控制流的复杂性，单一的顺序程序结构最简单，循环和选择所构成的环路越多，程序就越复杂。

通常称程序图中开始点后面的那个节点（例如，图 5.12 中的点 b）为入口点，称停止点前面的那个节点（例如，图 5.12 中的点 j）为出口点。

用 McCabe 方法度量得出的结果称为程序的环形复杂度。它等于强连通的程序图中线性无关的有向环的个数。

所谓强连通图是指从图中任一个节点出发都可以到达所有其他节点。程序图通常不是强连通的，因为从图中较低的(即，较靠近出口点的)节点往往不能到达较高的节点。然而，如果从出口点到入口点画一条虚弧，则程序图必然成为强连通的。

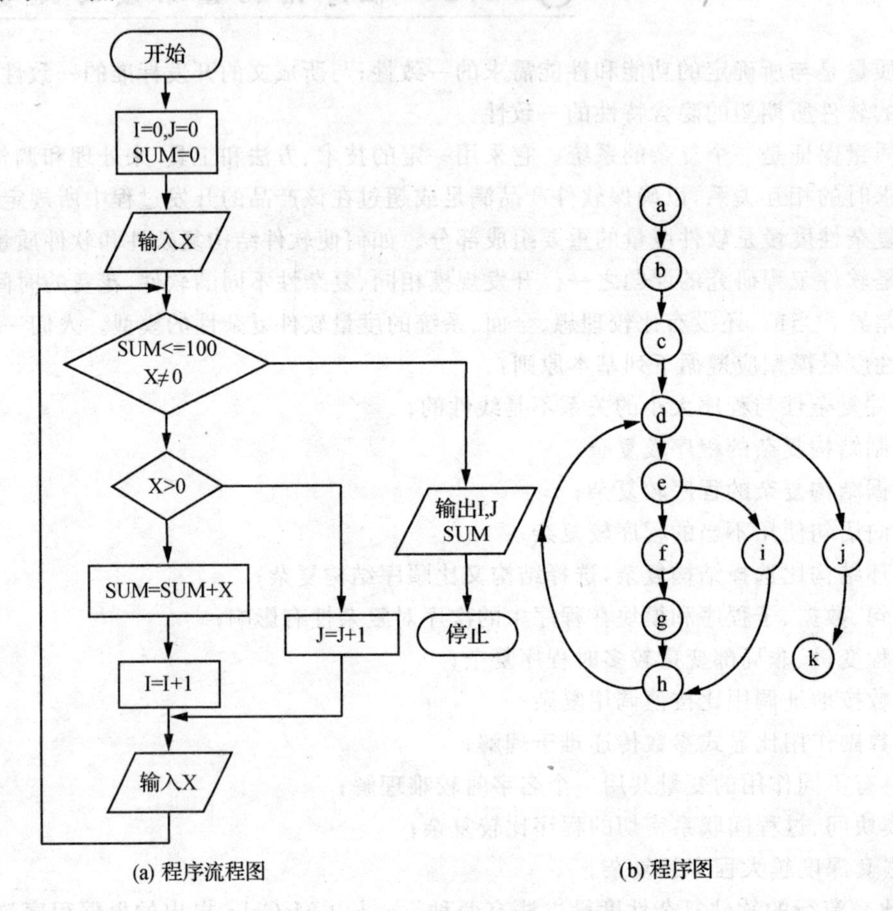

图 5.12　从程序流程图导出程序图

McCabe 方法的实施步骤是：

步骤 1:将程序流程图退化成有向图，即将程序流程图的每个处理框看作一个节点，流线看作连接各节点的有向弧。

步骤 2:在有向图中，由程序出口到入口连接一条虚有向弧。

步骤 3:计算 $V(G)=m-n+p$

其中，$V(G)$是有向图 G 中的环数，

m 是有向图 G 中的弧数，

n 是有向图 G 中的节点数，

p 是有向图 G 中分离部分的数目。

对于一个正常的程序来说，应该能够从程序图内的入口点到达图中任何一个节点(一个不能达到的节点代表永远不能执行的程序代码，显然是错误的)，因此，程序图总是连通的，也就

是说，$p=1$。

例如，图 5.12 不是强连通的，必须增加一条从出口点 j 到入口点 b 的虚弧，结果如图 5.13 所示。在这张图中节点数为 11，弧数为 13，因此环形复杂度为

$$V(G)=13-11+1=3$$

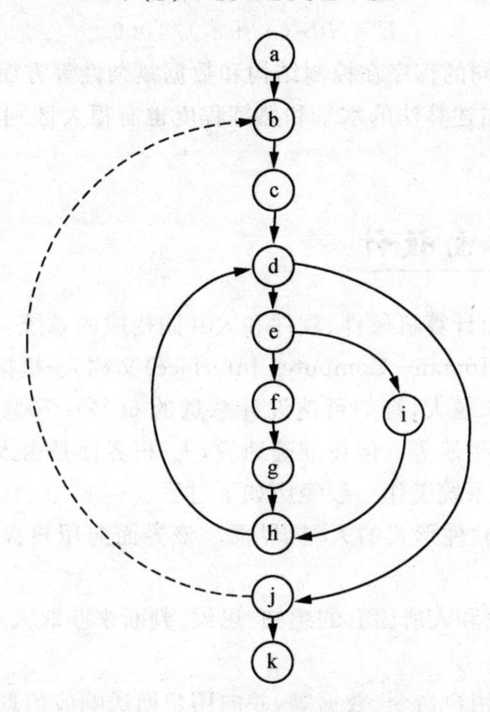

图 5.13　将程序图转换成强连通图

McCabe 的环形复杂度的度量方法非常清楚地表明了模块(或程序)的控制复杂度以及模块的规模。当程序中分支结构数和循环结构数增加时，控制结构图中的区域数就会增加，程序的结构会变得更复杂，$V(G)$的值也会相应地增大。其次，在结构化程序设计中，力求控制流从高层指向低层。如果出现从低层指向高层的流向，则会增加封闭区域的个数，于是，反方向的控制流向越多，程序结构越复杂，$V(G)$越大。

McCabe 还指出，可以把 $V(G)$作为模块规模的定量指标。他建议，一个模块 $V(G)$的值不要大于 10。当 $V(G)>10$ 时，模块内部结构就会变得复杂，给编码和测试带来困难。

5.5.2　Halstead 方法

Halstead 度量方法是 Halstead M. H 于 1977 年出的关于度量软件复杂性的一种最有效的方法。

这种方法是根据程序中可执行代码行的操作符和操作数的数量来计算程序的复杂性。程序的操作符是有限的，其最大数目不会超过关键字的数目，而操作数的数目却随程序规模的增大而增加。一般地说，操作符和操作数的量越大，程序结构就越复杂。

n_1 表示程序中出现的不同操作符的数目。

n_2 表示程序中出现的不同运算的操作数(或操作对象)的数目。

N_1 表示程序中操作符出现的总数。

N_2 表示程序中运算操作数出现的总数。

于是，程序语言符号长度 $H=N_1+N_2$ 可用下式估算：

$$H=n_1\mathrm{lb}_2 n_1+n_2\mathrm{lb}_2 n_2$$

halstead 还给出了预测程序中包含错误的个数公式如下：

$$E=N\mathrm{lb}_2(n_1+n_2)/3\,000$$

由于 n_1,n_2,N_1,N_2 相同的程序在控制结构和数据复杂性等方面可能存在相当大的差异，程序员使用程序设计语言描述算法的水平和熟练程度也有很大区别，因此 Halstead 的估算方法有一定的局限性。

5.6 人-机界面设计

计算机系统应当说是由计算机硬件、软件和人共同构成的系统。人与硬件、软件的交叉部分即构成人-机界面 HCI(Human - Computer Interface)又称人-机接口或用户界面。人-机界面在系统中所占的比重越来越大，有的可达设计总量的 60%～70%。人-机界面涉及计算机硬件、计算机软件以及用户手册等。但更准确地说，人-机界面是由人、硬件和软件三者结合而成，缺一不可。多数计算机系统工作一般经历如下过程。

1) 通过系统运行提供软件形式的人-机界面。该界面向用户提供观感形象，即显示和交互操作机制。

2) 用户应用知识、经验和人所固有的感知、思维、判断来获取人-机界面信息，并决定所进行的操作。

3) 计算机处理所接收用户命令、数据等，并向用户回送响应信息或运行结果。

总之，人-机界面是介于用户和计算机之间，是人与计算机之间传递、交换信息的媒介，是用户使用计算机系统的综合操作环境。通过人-机界面，用户向计算机系统提供命令、数据等输入信息。这些信息经计算机系统处理后，又通过人-机界面，把产生的输出信息回送给用户。可见人-机界面的核心内容包括显示风格和用户操作方式。它集中体现了计算机系统的输入、输出功能，以及用户对系统的各个部件进行操作的控制功能。

人-机界面的开发过程不仅需要计算机科学的理论和知识，而且需要认知心理学以及人-机工程学、语言学等学科的知识。只有综合考虑人的认知及行为特性等因素，合理组织分配计算机系统所完成的工作任务，充分发挥计算机硬件、软件资源的潜力，才能开发出一个功能性和可使用性俱优的计算机应用系统。

5.6.1 用户的使用需求分析

用户需求包含功能需求和使用需求。功能需求是用户要求系统所应具备的功能、性能，而使用需求则是用户要求系统所应具备的可使用性、易使用性。早期的系统较多强调功能性，而目前对大量的非计算机专业用户而言，可使用性往往是更重要的。这里以影响用户行为特性的因素为出发点，讨论用户的使用需求分析。

1. 用户对计算机系统的要求

1) 让用户灵活地使用，用户不必以严格受限的方式使用系统。为了完成人一机间的灵活对话，要求系统提供对多种交互介质的支持，提供多种界面方式，用户可以根据任务需要及用

户特性，自由选择交互方式。

2）系统能区分不同类型的用户并适应他们。要求依赖于用户类型和任务类型，系统自动调节以适应用户。

3）系统的行为及其效果对用户是透明的。

4）用户可以通过界面预测系统的行为。

5）系统能提供联机帮助功能，帮助信息的详细程度应适应用户的要求。

6）人-机交互应尽可能和人际通信相类似。要把人-机交互常用的例子、描述、分类、模拟和比较等用于人-机交互中。

7）系统设计必须考虑到人使用计算机时的身体、心理要求，包括机房环境、条件、布局等，以使用户能在没有精神压力的情况下使用计算机完成它们工作。

2. 用户技能方面的使用需求

应该让系统去适应用户，对用户使用系统不提特殊的身体、动作方面的要求，例如用户只要能使用常用的交互设备(如键盘、鼠标器、光笔)等即能工作，而不应有任何特殊要求。

1）用户只需有普通的语言通信技能就能进行简单的人-机交互。目前人-机交互中使用的是易于理解和掌握的准自然语言。

2）要求有一致性的系统设计。一致性系统的运行过程和工作方式很类似于人的思维方式和习惯，能够使用户的操作经验、知识、技能推广到新的应用中。

3）应该让用户能通过使用系统进行学习，提高技能。最好把用户操作手册做成交互系统的一部分，仅当用户需要时，有选择性进行指导性的解析。

4）系统提供演示及示例程序，为用户使用系统提供范例。

3. 用户习性方面的使用需求

1）系统应该让在终端前工作的用户有耐心。这一要求是和系统响应时间直接相关连的。对用户操作响应的良好设计将有助于提高用户的耐心和使用系统的信心。

2）系统应该很好地对付的易犯错误、健忘以及注意力不集中等习性。良好的设计应设法减少用户错误的发生，例如采用图形点取方式。此外，必要的冗余长度、可恢复操作、良好的出错信息和出错处理等也都是良好系统所必须具备的。

3）应该减轻用户使用系统的压力。系统应对不同用户提供不同的交互方式。例如，对于偶然型和生疏型用户可提供系统引导的交互方式，如问答式对话、菜单选择等。对于熟练型或专家型用户提供用户引导的交互方式，如命令语言、查询语言等。而直接操纵的图形用户界面以其直观、形象化及与人们的思维方式的一致性更为各类用户所欢迎。

4. 用户经验、知识方面的使用需求

1）系统应能让未经专门训练的用户使用。

2）系统能对不同经验知识水平的用户做出不同反应，例如不同详细程序的响应信息、提示信息、出错信息等。

3）提供同一系统，甚至不同系统间系统行为的一致性，建立起标准化的人-机界面。

4）系统必须适应用户在应用领域的知识变化，应该提供动态的自适应用户的系统设计。

总之，良好的人-机界面对用户在计算机领域及应用领域的知识、经验不应该有太高要求。相反，应该对用户在这两个领域的知识、经验变化提供适应性。

5. 用户对系统的期望方面的要求

1）用户界面应提供形象、生动、美观的布局显示和操作环境，以使整个系统对用户更具吸引力。

2）系统决不应该使用户失望，一次失败可能使用户对系统望而生畏。良好的系统功能和人-机界面会使用户乐意把计算机系统当成用户完成其任务的工具。

3）系统处理问题应尽可能简单，并提供系统学习机制，帮助用户集中精力去完成其实际工作，减少用户操作运行计算机系统的盲目性。

以上针对影响用户行为特性的人文因素为出发点，分析了与其相关的用户使用需求。它带有一般性，而不局限于某个具体的应用系统。但对不同的应用系统可能还会有特殊的使用需求，应该在应用系统的分析与设计时予以考虑。

界面分析的过程如图 5.14 所示。

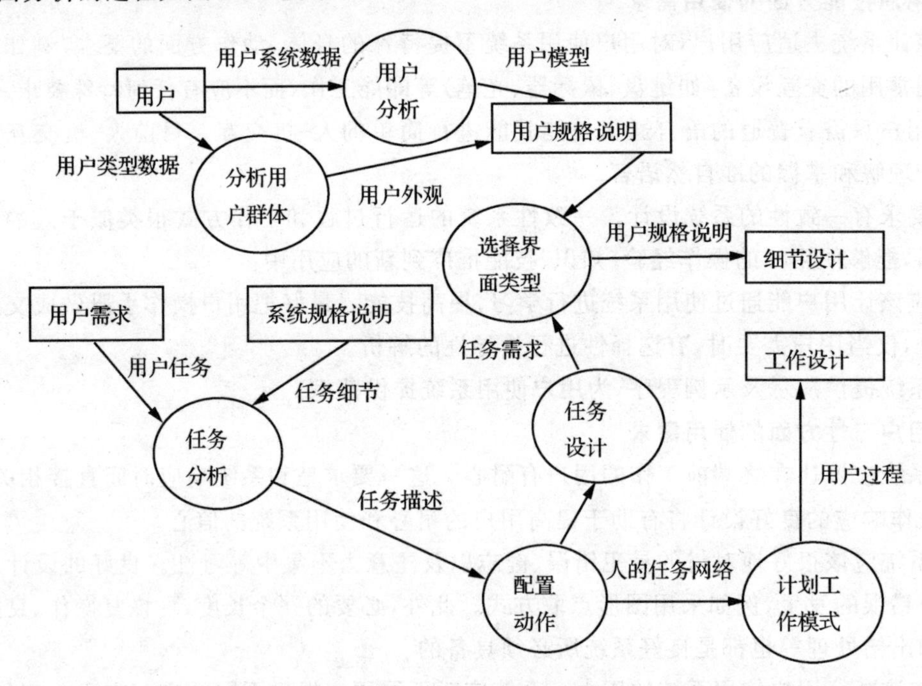

图 5.14 界面设计的数据流

5.6.2 人-机界面的设计原则

以上讨论了从用户的角度确定的一系列影响人-机交互的人文因素。人-机界面及人-机系统的设计人员要把这些人文因素概念结合到系统设计中，并转换成开发用户友好性系统的基本设计原则。

1. 确定用户

确定用户是进行系统分析和设计的第一步，也就是标识使用应用系统的用户（最终用户）的类型。

软件系统的设计者必须熟悉了解自己的用户，包括用户的年龄段、受教育程序、兴趣、工作时间、特殊要求等。“认识用户”是一个十分简单的想法，但在工程实践常常是一个困难的

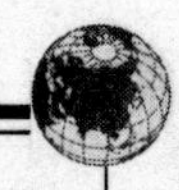

要求。

从对计算机系统或者程序熟悉程度观点，计算机用户可以分为终端用户和系统程序员两类。终端用户指计算机系统的终端操作者或者使用者。这类用户通常不要求懂得计算机和程序，系统的用户界面要求易学、易用、可靠。

对于系统程序员来说，他们熟悉系统运行环境，具有较熟练的程序设计经验，通常要求对现有系统进行运行维护，甚至二次开发。因此他们要求系统模块结构良好，程序设计界面响应速度快，可跟踪性好。

2. 尽量减少用户的工作

在设计人-计算机组成的人-机系统来完成一定的任务时，应该让计算机能积极主动，而让人尽可能地少做工作，因而使用户能更轻松、更方便地完成工作。为减少需要用户记忆的内容，用户界面设计中主要采用以下办法：

1）采用提示选择，而不是输入命令串。命令菜单是目前大量使用的为用户提供选择操作方法。这种方法为不熟悉系统的终端用户带来极大的方便。对于数据录入界面设计，常常采用表格填空形式。表格填空的好处是不要求用户记忆规定的数据输入格式，这对于终端用户是十分方便的。对于操作有一定熟练程度的用户，他们已经记忆了常用命令的语法格式。这时菜单操作可能感觉比较麻烦，因此对于使用频率较高的菜单命令还应该设置快捷键执行方式。

2）联机帮助。为减少记忆，方便用户，提供联机操作手册或求助（Help）功能是目前许多软件系统的通行方法。联机帮助文档极大地方便了用户操作。

3）增加可视化图形表示。采用图符，尽量减少文字。图形具有直观、形象及易懂的优点，是减少记忆，方便用户的有力措施。特别是图形用户界面采用图符作为选择项的标识，提高了界面的直观性，用户容易学习和记忆。

3. 一致性原则

人-机界面的一致性主要体现在输入、输出方面的一致性，具体是指在应用程序的不同部分，甚至不同应用程序之间，具有相似的界面外观、布局、相似的人-机交互方式以及相似的信息显示格式等。一致性原则有助于用户学习，减少用户的学习量和记忆量。

4. 系统要给用户提供反馈

人-机交互系统的反馈是指用户从计算机一方得到信息，表示计算机对用户的动作所做的反应。使用户操作简便，并提供清晰的提示是用户界面设计的一个主要原则。其中需要注意如下几方面：

1）快速执行的公共操作。在系统使用中，通常有若干最常用的命令或者操作。对于公共操作，系统应该尽量提供运行速度，简化操作步骤，对于经常使用的命令组合提供快捷键是简化操作的方法之一。

2）默认输入和自由格式。系统设计时应该根据用户需求提供默认情况输入。在许多情况下，默认输入处理会方便用户操作。

3）系统提示信息显示。系统为用户提示的各种信息应该十分明确、清晰，询问信息应该十分友好。当系统运行需要用户耐心等待时应该予以提示，以避免用户不知所措。

5. 应有及时的出错处理和帮助功能

系统设计应该能够对可能出现的错误进行检测和处理，而且良好的系统设计应能预防错

误的发生。

用户操作发生误动作或者系统运行环境出现故障通常是不可避免的事情。系统设计者应充分考虑用户运行中可能产生的错误，并在设计中提供错误处理的机制，以控制错误出现产生的后果。出错处理的主要设计考虑如下：

1）出错提示信息。通常，对于各种错误输入，系统应该能够识别，并且保护用户数据和程序系统本身。一旦识别出错误，系统提示的信息应该包括错误类型、出错位置、可以实施的处理策略选择。可能情况下，还可以提示用户正确的命令或者操作说明。

2）错误现场记录。应该记录错误出现的情况和发生错误的环境，形成系统运行的出错记录文件。出错记录文件是系统维护进行系统错误分析非常必要的文档。

3）系统应该提供撤销以上动作的功能。用户的错误操作，可能导致用户已经建立的数据信息的损害，例如执行错误的删除、修改操作等。许多系统在执行这类命令时通常要求用户进行命令执行确认。有些系统则采用撤销上一动作命令来恢复上一操作执行之前的用户数据。

5.6.3 人-机界面实现的原则

人机界面设计得好坏与设计者的经验有直接的关系。本节从一般可交互性、信息显示和数据输入三个方面简单介绍一些界面设计的经验。

1. 一般可交互性

提高可交互性的措施有：

1）在同一用户界面中，所有的菜单选择、命令输入、数据显示和其他功能应始终保持同一种形式和风格。

2）通过向用户提供视觉和听觉上的反馈，保持用户与界面间的双向通信。

3）对所有可能造成损害的动作，坚持要求用户确认，例如，提问“你肯定…?”。

4）对大多数动作应允许恢复(UNDO)。

5）尽量减少用户记忆上的负担。

6)提高对话、移动和思考的效率，即最大可能地减少击键次数，缩短鼠标移动的距离，避免使用户产生无所适从的感觉。

7）用户出错时采取宽容的态度。

8）按功能分类组织界面上的活动。

9）提供上下文敏感的求助系统。

10）用简短的动词和动词短语提示命令。

2. 信息显示

如果人-机界面的显示信息不完整、不明确或不具智能，应用软件就无法真正满足用户的要求。信息可用多种方式显示：用正文、图像和声音；通过定位、移动和缩放；采用色彩、变形等。以下准则集中于信息显示方面。

1）只显示当前上下文有关的信息。用户不必通过外层数据、菜单和图像以获得与某项系统功能有关的信息。

2）不要使用户置身于大量的数据中。采用一种明了的表达方式，以利于用户迅速接受信息。尽量用图像或图表代替成篇的表格。

3）使用一致的标记、标准的缩写和隐含的颜色。显示信息的含义应不依赖于外界的信息

源就能一目了然。

4）允许用户保持可视化的上下相关性。如果图像按比例放大和缩小，原始图像则一直缩小显示的屏幕角上，以使用户了解正观察的图像部分在原始图像中的相对位置。

5）生成有意义的出错信息。交互式系统应以用户可理解的术语提供出错信息，并伴随听觉和视觉效果。这类信息除报错和发警告外，还应向用户提供一些纠正错误的建议，并指明错误的潜在危害，以便用户能够进行相应检查以确信这些危害没有发生或真正发生时采取相应补救措施。

6）采用大小写、行首缩时和正文分组。人-机界面产生的大部分信息是正文的。正文的布局和格式对用户掌握信息的难易程度具有较大的影响。

7）尽可能用窗口来划分不同类型的信息

窗口能使用户很容易地查到不同种类的信息。

8）采用“模拟”显示方式。有些信息若采用“模拟”显示方式，更容易被理解。例如，用数字显示煤油厂的潜藏罐压不如采用温度计式的显示方式表示得直观。

9）合理利用显示屏的可用空间。当采用多窗口时，应保证至少显示每个窗口的一部分。另外，选择显示屏时应考虑能否容纳要显示的应用软件。

3. 数据输入

用户的大部分时间都花在选取命令、键入数据以及其他的系统输入上。在许多应用场合，键盘仍是主要的输入介质，但鼠标、数字化仪，甚至语言识别系统等高效手段正不断涌现，并迅猛发展。下面给出数据输入的一般准则。

1）尽量减少用户的输入动作。可采用鼠标选取预先定义的输入；用“滑动刻度”指定某一范围的输入数据，用“宏”来代表复杂的输入数据集合。

2）保证信息显示与数据输入的一致性。显示的视觉特征应在输入域中体现出来，并在应用程序执行过程中保证输入域与显示特征的一致性。

3）允许用户定制输入。人-机界面应允许熟练用户建立或取消带有某些警告信息和动作确认的定制命令。

4）交互方式应符合用户要求。交互方式既要灵活，又要与用户的输入要求符合。不同类型的用户有不同的输入习惯，选择交互式时要考虑到这一点。

5）屏蔽掉在当前动作的上下文中不适用的命令。这条准则可防止用户试图使用可能导致错误的动作。

6）让用户控制交互的流程。用户应可以跳过不必要的操作，改变动作次序或不退出程序就从错误状态中恢复出来。

7）为所有的输入动作提供帮助。

8）去掉画蛇添足的输入。

尽量采用默认值，不要让用户输入本可自动生成或通过计算得出的数据。

5.7 软件安全问题

随着计算机软件应用的不断扩大，大量的政治、经济、个人信息存储在计算机中，一方面给社会活动带来了方便和效益，另一方面也存在许多危险。由于机器故障、人为的错误、软件中的隐患都可能破坏或泄漏存储的数据，给社会、个人带来的损害。因此在设计软件时，必须十分重视软件系统的安全控制。

5.7.1 软件安全控制的目的

软件安全控制是为了避免由于软件存在的多重危险而造成的事故。对于不同的应用领域，防止事故的重点、要求是不同的。因此，安全控制的目的也就有所区别。从产生事故的角度来看，一般可分为三类：数据被破坏或修改；保密的数据被公开，数据和系统不能为用户服务。因此从防止上述3类事故的发生来看，安全控制的目的如下。

1. 保证数据的正确性

首先要保证输入的数据与数据描述的客观实体是一致的；其次是防止对数据的侵害，即有意或无意地破坏数据、更改数据。

2. 进行数据保密

对含有一定机密内容的数据只能对有访问权的使用者公开。安全控制就是为了防止数据非法公开，监查非访问这类数据的使用者，及时发现窃密活动。

3. 保证系统和数据的有效应用

由于系统的功能和数据是为用户服务的，所以系统的故障或数据的破坏都将导致系统的瘫痪，也就失去了为用户服务的可能。因此安全控制的目的，就是确保系统正常运行和为用户服务。

5.7.2 软件错误的典型表现

由于常驻计算机中的数据存在各种不安全因素，所以设计人员必须采取必要的技术措施，提高数据的安全性。

1. 输入错误

对准备输入的数据，在输入之间已被修改，但是作为输入的原始凭证并未修改，这就产生了输入计算机中的数据与客观实体不一致的问题。有的机密数据，在输入之前已经公开了，但是还当作机密数据输入计算机，并进行保密控制。

对这两类输入错误，计算机系统是无法控制的。这要从数据采集、管理等方面采取必要措施才能防止。

2. 数据无保护

没有保护的数据很容易被破坏和失密。所以，要在数据存放的所有场所对数据进行保护。如在磁盘、内存储器、可脱机处理的磁带、磁盘上都要进行保护，防止失密。

3. 软件错误

如果软件中含有隐患，就可能造成数据的破坏和泄密。特别是对那些编写粗糙、未经严格测试的低劣软件，很容易造成事故，要尽量避免使用这种软件。

4. 数据处理的失误

在数据处理中的误操作很可能会破坏数据。例如在复制数据文件时，将复制和被复制的文件搞反了，这就会产生严重的后果。

5.7.3 软件系统安全控制的基本方法

软件系统安全控制方法有以下几种。

1. 数据证实

数据证实就是在数据处理中对数据的正确性完整性进行检查。

(1) 检查录入数据的原始凭证

在批处理录入时,对各部门送来的原始数据进行定期汇总,核对验收。如有错误,应立即返回原单位进行改正。通常采用“批处理控制单”作为安全控制手段。也就是各部门在上交汇总数据时要分别填写“批处理控制单”。单中注明原始数据凭证的数量、批号、汇送单位、数据发生日期及其他有关控制项目。数据管理部门可按“批处理控制单”核对数据,防止数据交接中产生错误。

为了防止原始凭证的遗失或漏录,通常可采用编写流水号的方法。录入人员根据接受录入凭证清点流水号,检查有无缺漏。如有问题,可即时核对、查找。

(2) 数据录入时的安全控制

在录入数据时,常常由于录入人员的错读、漏读和误操作等原因,录错数据。为了能即时发现这类错误,一般采用各种校验方法。对重要的数据可采用双人录入、三人录入,然后进行核对查错。双人录入是指俩个录入人员录入同一凭证,然后由机器对俩人录入的数据进行核对、打印或显示,对不一致的数据进行检查、改正。

用双人录入的方法能大大减少录入的错误,提高录入的正确性,但录入的工作量增加一倍。对于在联机实时处理的环境下,数据是由终端直接输入计算机的,无法再由另一个人重新录入,为减少错误应该采用软件校验,对每个输入的数据是否合法、完整,即时提示,令输入人员改正。具体的检查方法有以下几种。

1) 数据的类别检查。数据的类别检查就是检查录入的数据项目的类型与规定的类型是否相符,其中有以下几种检查。

- 空白检查　对某些数据项目一定要输入具体数据,不允许空白。如果是空白,机器自动提示出错信息
- 数值型数据检查　这类检查是对数值型项目中如输入非数值的字符时,应提示出错信息
- 正负检查　当规定输入的数据必须是正或负时,如果输入数据的正、负号与规定的不同则提示出错信息

2) 数据的合理性检查。这种检查是用来判断录入的数据是否合理。例如,人事数据中性别一项,只能填写男、女两种取值。如输入其他取值都是不合理的。又如会计账目中日期的输入值只能是当年内的日期。

3) 数据的界限检查。数据的界限检查是用来判断录入的数据是否在规定的范围内。比如,输入日期数据时,月份最大值不能超过12,最小值不能小于1,更不能是带小数的实数。如果输入的数据超出规定的范围,系统应能提示出错信息。

4) 合计检查。合计检查是把录入数据的合计与原始凭证中给出的合计进行核对。如果不相等,说明录入数据有错。

5) 平衡检查。平衡检查多用于会计系统。因为会计系统中的金额项目设有借、贷两方。依记账方法规定了借、贷两方数据必须相等,否则数据有错。所以在会计处理时,将一个凭证的借,贷两方分别求合计,然后将两方合计进行比较。如果相等,称账目相等;否则,称为不平,账目必然有错。这种检查叫做平衡检查。

6）校验位检查。校验位检查多用于数字型代码的数据中，如会计科目码、职员代码、商品代码等重要项目。这类代码位数多，很容易录错，采用校验位可以及时发现错误。

2. 用户的同一性检查

用户的同一性检查是指用户在使用系统的数据资源时，事先检查用户是否有访问数据资源权。一般先检查用户代码是否正确，接着检查用户的通行字是否正确，两者全与机器中设置的代码相同时，才能使用系统的数据资源。

3. 用户的使用权限检查

在同一性检查之后，还要进一步检查用户的处理要求是否合法，也就是检查用户是否有权访问想访问的数据。

在设置用户对数据使用权限控制清单时，不能有模糊不清的权限，要给用户规定实际需要的最小权限。

在用户使用权限清单中通常规定，不同的用户能够使用的对象和资源，以及他的处理权限范围。

4. 加　密

加密就是将数据按某种算法变换成一种难以识别的形态。这是为了在网络通信过程中防止数据被窃取或在存储数据媒体丢失时，对数据进行保护，防止泄漏。

数据加密最重要的应用是在通信网络中传输高度机密数据，当然它必须保证不妨害通信协议的正确执行和有权使用加密数据的用户的正确使用。

在联机实时处理中，解密算法应存放在计算机内。由于频繁地使用数据，所以应在硬件系统的支持下提高使用的效率。另外对调用解密算法的用户必须进行严格的同一性的检查，并将使用解密算法的用户记录到运行日志中，及时地进行违规检查。

在设计加密保护时，应该考虑由于数据加密必然导致硬件费用的提高和处理效率的降低使得开发周期变长的问题。另外还应该建立保证保密数据所必要的控制组织、计划和各种管理手段。

近年来，以银行系统为代表的联机实时处理系统广泛使用加密，以及扩大加密处理应用范围，加强了硬件的研究和标准化加密方法的应用，所以硬件费用急速下降，并在通信领域中广泛使用了标准化的加密算法。

5.7.4　软件的安全控制设计

软件系统的安全控制设计在软件生存周期的不同阶段，有各自的设计任务和作用。在软件开发初期阶段主要是制订安全控制计划，在软件开发阶段主要是对软件安全控制进行设计。

1. 初期阶段的安全控制计划

在软件开发的初期阶段要指定一个可行的安全控制计划。不仅要找出明确的软件目标、特点和功能，还应该提出合适的安全控制目标和计划。

(1) 分析软件系统安全运行的可能性

在软件初期设计中，首要的问题是要论证软件系统能否安全运行，也就是需要从原始数据的正确性、用户的同一性检查、设备安全等方面进行分析。

(2) 不安全因素分析

在软件开发的初期阶段进行的不安全因素分析，不仅要找出必要的安全措施，还要想到由

于安全控制的失败可能带来的损失。这要对安全控制失败造成的影响进行预测。这种预测从三方面进行，即不正确数据所造成的影响；数据破坏所造成的影响；计算机设备不能使用所造成的影响。

2. 软件开发阶段的安全控制设计

在设计阶段首先要确定采用哪些安全控制的基本方法，然后结合软件的全面设计进行安全控制设计。因此，安全控制设计渗透在软件的各功能和数据库设计之中。

安全控制设计并不是采用最安全的方法都是可行的、合理的。评价设计优劣的主要标准是能否满足软件系统要求的安全水平，并且投资最小。过分复杂的安全控制设计，评论起来好像水平很高，但运行时难以维护和检查，实际上安全控制效果不一定好。因此，设计时要采用能满足软件系统安全要求的最简单方法，在运行时可能取得理想的效果。

在前面介绍的安全控制基本方法的基础上，下面将进一步说明从整体设计上应该考虑的一些项目。

1）陷阱控制。它是一种自动可控制使用权限的好办法。陷阱控制是指在业务程序中插入陷阱，这种陷阱是按照软件人员的意图设计的。当使用这个业务程序时如违背设定的规则就会“掉入陷阱”中断运行。

2）重视用户界面的友好性。在执行减少用户误操作。这是保证软件系统安全的一项重要措施。为此，软件的用户界面应该十分友好，使用户容易掌握和操作。这是安全设计中不可忽视的问题。但提供最好界面很可能导致开发费用的增加，在设计时要综合平衡这一问题。设计用户界面友好性能应考虑如下问题：设计明了的系统提示；对用户的每个界面都准备一份功能清单；要提供支持用户使用系统的功能（帮助功能）。

3）重要程序的隔离。为了容易检查和保护，对于安全上重要的程序和数据要尽可能与其他应用程序分离开，进行单独保护和控制。

4）后备和恢复。对于重要的资源（数据库和某些硬、软件设备）要有后备及自动恢复控制功能。这是在事故处理中不可缺少的措施。有了后备及恢复功能，才能快速地处理事故，减小所造成损失。

5.8 软件设计复审

为了确保文档的质量，还必须对设计文档进行复审。复审的目的在于及早发现设计中的缺陷和错误。在大型软件的开发过程中，某些错误从一个阶段传到另一阶段时呈扩大趋势，尽早发现，并纠正错误所需的代价较小。

复审包括软件总体结构、数据结构、结构之间的界面以及模块过程细节四个方面。重点考虑：软件结构能否满足需求？结构的形态是否合理？层次是否清晰？模块的划分是否遵循模型化和信息隐藏的思想？系统的人机界面、各模块的接口以及出错处理是否恰当？模块的设计能否满足功能与性能的要求？选择的算法与数据结构是否合理，能否适应编程语言，等等。

软件复审的方式有正式复审和非正式复审两种。

所谓正式复审就是在全部设计文档制作完毕后召开正式的软件设计复审确认会议。在复审会议上由设计人员对软件总体结构、性能规范、用户界面、关键模块和关键算法等进行详细报告。由独立的评审专家小组对设计文档和设计人员的报告进行全面深入的讨论审查。正式复审的结果有两种可能：一种是确认通过软件设计，这时软件开发可以进入下一阶段；另一种是设计文档未获通过。软件设计未获通过通常是软件设计存在重大缺陷或者错误，也可以是设计没有原则性错误，但是设计文档本身不规范，不能作为后续编码的依据。软件设计即使通过复审通常也不是完全正确的。复审报告中应该说明设计中仍然存在的问题或者缺陷，使得这些问题在后续编码中得以改正或者完善。

非正式复审多少有些同行切磋的性质，不拘时间，不拘形式，需求阶段使用的“走查”法同样适于设计复审。此时由一名设计人员带领到场的同事逐行审阅文档，记录发现的问题。

软件复审包括以下内容。

1）设计功能和性能的可追踪性：软件结构设计是否充分实现了软件需求规格说明？目标软件设计中实现的每个功能、性能在需求说明中是否能够找到来源？

2）软件设计中采用的技术是否成熟？如果是新技术，其技术风险系数多大，是否存在替代实现方案？

3）软件系统的所有外部接口和内部各模块接口-定义是否恰当、完整？

4）设计中对于系统的可维护性是如何体现的？设计文档本身的可理解性如何？它们易于编码实现吗？

5）在软件系统结构、关键算法和用户界面中如何保证系统质量？

习题5

1. 什么是结构化程序设计思想？

2. 软件工程把设计过程分为两步：概要设计与详细设计。试述这两个阶段各自要完成的主要任务。

3. 简述详细设计说明书的主要内容，怎样对它进行复审？

4. 简单比较本章讲解的几种详细设计表述工具的优缺点。

5. 任选一种排序（从大到小）算法，分别用流程图，N－S图、PAD图和PDL语言描述其详细过程。

6. Jackson程序设计方法包括那些步骤？

7. 结构化编程方法是以控制为中心，还是数据结构为中心？为什么？

8. 人机界面的设计应遵循什么原则？

第6章 程序编码

软件开发的最终目标，是产生能在计算机上执行的程序。作为软件工程的一个阶段，如果在编码中遇到问题，程序设计语言的特性和程序设计风格都会深刻地影响软件的质量和可维护性。本章仅介绍与编码有关的内容。重点放在对编码质量有重要影响的编码风格和语言选择两个方面。

6.1 编码的目的

编码的目的，是使用选定的程序设计语言，把模块的过程描述翻译为用该语言书写的源程序。源程序应该正确可靠，简明清晰，而且具有较高的效率。在编程的步骤中，要把软件详细设计的表达式翻译成为编程语言的构造，编译器接受作为输入的源代码，生成作为输出，并从属于机器的目标代码，然后编译器把输出目标代码进一步翻译成为机器代码，即真正的指令，它们驱动放在 CPU 中的微代码。软件工程项目对代码编写的要求，不仅仅是源程序语法上的正确性，也不只是源程序中没有各种错误，此外，还要求源程序具有良好的结构性和良好的程序设计风格。最初的编译步骤是从详细设计到编程语言。这是软件工程开发过程中的一个重要活动。对详细设计规格说明的不正确解释可能导致错误的源代码。编程语言的复杂性或限制也可能导致连环的源代码。这种源代码难于测试和维护。更难以琢磨的是编程语言的特性可以影响人们的思维方法，扩散不必要的限制，还会影响软件设计和数据结构。

目前，人们编写源程序还只能用某种程序设计语言，并且写出的源程序除送入计算机运行外，还必须让人能够容易读懂。这一点作为软件工程项目和软件产品是一个必不可少的质量要求。实践表明，一个软件产品完成开发工作，投入运行以后，如果发生了问题，很难依靠原开发人员来解决。因此，在程序编写时应考虑到，所写的程序将被别人阅读，一定要尽量使程序写得容易被人读懂。

假如人们写出的源程序便于阅读，又便于测试和排除所发现的程序故障，就能够有效地在开发期间消除绝大多数在程序中隐藏的故障，使得程序可以做到正常稳定地运行，极大地减少了运行期间软件失效的可能性，大大提高了软件的可靠性。

如果写出的源程序在运行过程中发现了问题或错误时很容易修改，而且当软件在使用过程中，能根据用户的需要很容易扩充其功能及改善其性能，则这样的程序就具有较好的可维护性。维护人员可以很方便地对它进行修改、扩充和移植。

本章以后的几节将着重从软件工程的角度讨论程序设计语言和编码风格的相关问题。

6.2 程序设计语言

编程语言是人和计算机通信的基本工具。编程语言的特性不可避免地会影响人的思维和

解决问题的方式，会影响人和计算机通信的方式和质量，也会影响其他人阅读和理解程序。所以，在编程之前必须选择一种适当的编程语言。

6.2.1 程序设计语言分类

程序设计语言发展至今，已有上千种，有不同的分类方式。本书将从程序设计语言的应用角度介绍常用语言及其特点。

1. 面向机器的程序设计语言

早期计算机中运行的程序大都是为特定的硬件系统专门设计的，称为面向机器的程序。这类程序运行速度很高，但是可读性和可移植性很差。机器语言和汇编语言就是与机器硬件紧密相关的语言。仅由硬件组成的计算机只能接受由“0”和“1”组成的二进制信息。要计算机执行一定的操作，就要编写一系列的二进制代码。这种不需翻译即由计算机直接执行的指令叫做机器指令。这些指令的集合叫做机器语言。每一条机器指令都是一个二进制代码，因此，要记住每一条指令及其含义是十分困难的。编写出来的程序难以阅读，而且由于它完全依赖于硬件系统，不同的机器有不同的指令系统，因此，它不具有兼容性。一台机器上编制的程序在另一台机器上根本无法运行。一个问题要在多个机器上求解，就必须重复地编写多个应用程序。这种程序直观性差，难以编写、调试、修改、移植和维护。由于这一问题的存在，人们期待用更接近于自然语言与数学语言的语言代替机器语言，于是汇编语言应运而生。

汇编语言是一种面向机器的程序设计语言。它用符号表示机器指令，例如用 ADD 代替机器语言中的加法运算。用这种语言编写的程序不能直接运行，要经过汇编程序翻译成机器语言才能运行。一般来说，汇编语言指令与机器语言指令之间是一一对应的。由于汇编语言一般都是为特定计算机或计算机系统设计的，因此，它虽然比机器语言好学、便于记忆，比用机器码编写程序省事了一点；但语言仍然没有解决对硬件的依赖。

2. 面向过程的程序语言

面向过程的思想是使用计算机能够理解的逻辑来描述和表达待解决的问题。数据结构、算法是面向过程问题求解的核心。其中数据结构利用计算机的离散逻辑来量化表达需要解决的问题，而算法则研究如何快捷、高效地组织解决问题的具体过程。

随着软件开发规模的扩大，面向过程的程序逐渐取代了面向机器的程序。FORTRAN, Pascal 和 C 语言程序等面向过程的程序便是其中的代表。

FORTRAN 语言开始是为解决数学问题和科学计算而提出的。多年来的应用表明：由于 FORTRAN 本身具有标准化程度高，便于程序互换，较易优化，计算速度快，因此这种高级语言目前已广泛流行。国外几乎所有的计算机厂商都能向用户提供 FORTRAN 的编译程序和应用程序的版本。

从使用的角度来看，目前 FOBTBAN 也不再是专用于科学计算（数值计算）而进行程序编制的语言了。越来越多的商业系统、企业单位也采用 FORTRAN 语言来编制商业和企业的管理程序。

FORTRAN 作为第一个电脑高级语言，是 1954 年美国的 IBM 的 IT 成果。

以纪念法国数学家而命名的 Pascal 语言是使用最广泛的计算机高级语言之一，被国际上公认为程序设计教学语言的典范。其主要特点有：严格的结构化形式；丰富完备的数据类型；运行效率高；查错能力强。正因为这些特点，Pascal 语言可以被方便地用于描述各种数据结构

和算法，编写出高质量的程序。

C 语言是一种计算机程序设计语言。它既有高级语言的特点，又具有汇编语言的特点。它可以作为系统设计语言，编写工作系统应用程序；也可以作为应用程序设计语言，编写不依赖计算机硬件的应用程序。因此，它的应用范围广泛。

对操作系统和系统使用程序以及需要对硬件进行操作的场合，用 C 语言明显优于其他解释型高级语言。有一些大型应用软件也是用 C 语言编写的。

C 语言具有绘图能力强、可移植性，并具备很强的数据处理能力，因此适于编写系统软件，如三维、二维图形和动画软件。它还是数值计算的高级语言。

3. 面向对象的程序语言

面向对象的程序设计语言支持面向对象的概念，从而是面向对象的设计到面向对象的编程不会有语义上的断层。有许多面向对象的语言都是由以前的面向过程语言发展而来的。当今比较流行的面向对象语言主要有 C＋＋，Visual Basic，Java，Delphi，PowerBuild(PB)等。

(1) C＋＋

C＋＋是一种使用非常广泛的计算机编程语言。C＋＋是一种静态数据类型检查的，支持多重编程范式的通用程序设计语言。它支持过程化程序设计、数据抽象、面向对象程序设计、制作图标等等泛型程序设计等多种程序设计风格。本贾尼·斯特劳斯特卢普(Bjarne Stroustrup)博士在 20 世纪 80 年代初期发明，并实现了 C＋＋(最初这种语言被称作“C with Classes”)。一开始 C＋＋是作为 C 语言的增强版出现的。1998 年国际标准组织(ISO)颁布了 C＋＋程序设计语言的国际标准 ISO/IEC 14882－1998。C＋＋是具有国际标准的编程语言，通常称作 ANSI/ISO C＋＋。

C＋＋作为一门混合性语言，在增加对于面向对象方法支持的同时，还继承了传统程序设计语言 C 的优点，克服了其不足之处，使得自身既适用于结构化程序设计，又能满足面向对象程序设计的要求。这就符合广大程序员逐步更新其程序设计观念和方法的要求，因而很快流行起来。总之，对于传统的财富不是完全抛弃，而是继承并发展是 C＋＋语言成功的重要原因。

(2) Visual Basic

1991 年，美国微软公司推出了 VB(Visual Basic)。Visual 意即可视的、可见的，指的是开发像 Windows 操作系统的图形用户界面 GUI(Graphic User Interface)的方法。它不需要编写大量代码去描述界面元素的外观和位置，只要把预先建立好的对象拖放到屏幕上相应的位置即可。

Visual Basic 是一种可视化的、面向对象和采用事件驱动方式的结构化高级程序设计语言，可用于开发 Windows 环境下的各类应用程序。它简单易学、效率高，且功能强大，可以与 Windows 专业开发工具 SDK 相媲美。在 Visual Basic 环境下，利用事件驱动的编程机制、新颖易用的可视化设计工具，使用 Windows 内部的广泛应用程序接口(API)函数，以用动态链接库(DLL)、对象的链接及嵌入(OLE)、开放式数据连接(ODBC)等技术，可以高效、快速地开发 Windows 环境下功能强大、图形界面丰富的应用软件系统。

(3) Java

Java 语言是一种新的面向对象的网络编程语言。它具有简单、安全、与平台无关、支持多线程的特点。Java 语言改变了 WWW 的传统模式，能够使用户访问动态的、真正交互式的页

面，因此深受 Internet 程序开发者的喜爱。Java 语言既可以独立使用，也可以嵌入 HTML 语言中使用。

Java 是由 Sun Microsystems 公司于 1995 年 5 月推出的 Java 程序设计语言（以下简称 Java 语言）和 Java 平台的总称。用 Java 实现的 HotJava 浏览器（支持 Java applet）显示了 Java 的魅力：跨平台、动态的 Web、Internet 计算。从此，Java 被广泛接受，并推动了 Web 的迅速发展，常用的浏览器现在均支持 Java applet。另一方面，Java 技术也不断更新。Java 是一种简单的、面向对象的、分布式的、解释型的、健壮安全的、结构中立的、可移植的、性能优异、多线程的动态语言。Java 语言的语法与 C 语言和 C＋＋语言很接近。另一方面，Java 丢弃了 C＋＋中很少使用的、很难理解的、令人迷惑的那些特性。Java 语言提供类、接口和继承等原语，并全面支持动态绑定。Java 的强类型机制、异常处理、废料的自动收集等是 Java 程序健壮性的重要保证。Java 通常被用在网络环境中，为此，Java 提供了一个安全机制以防恶意代码的攻击。另外，Java 还严格规定了各个基本数据类型的长度。Java 系统本身也具有很强的可移植性。

4. Web 编程语言

在因特网进入千家万户、无处不在的现代信息社会，人们已经越来越离不开因特网了。信息发布、信息浏览、文件传输、电子邮件等是因特网所提供的最基本的功能，而这些功能的实现当然也离不开程序设计语言。通常将编写因特网应用程序的语言统称为 Web 编程语言。

(1) HTML

HTML(Hyper Text Mark Language)是一种超文本标记语言，主要用来制作网页。HTML 用来描述某个事物应该如何合理地显示在计算机屏幕上。它以特殊的标记形式存储为通常的文本文件。所以，能够用文本编辑软件打开或编辑 HTML 文件。而要把 HTML 文件显示出来，必须借助 IE 等浏览器。HTML 简单，但烦琐，如在输入语句时，常常需反复出入相同的格式，浪费大量的时间和精力。

(2) ASP

Microsoft Active Server Pages 即 ASP，它是微软开发的一套服务器端脚本环境。

ASP 内含于微软的 IIS 之中，通过 ASP，可以结合 HTML 网页。ASP 指令和 ActiveX 原件建立动态、交互且高效的 Web 服务器应用程序。有了 ASP 就不必担心客户的浏览器是否能运行程序员所编写的代码，因为所有的程序都将在服务器端执行，包括所有内嵌在普通 HTML 中的脚本程序。当程序执行完毕后，服务器仅将执行的结果返回给客户浏览器。这样就减轻了客户端浏览器的负担，大大提高了交互的速度。ASP 具有以下特点：

使用 VBScript Jscript 等简单易懂的脚本语言，结合 HTML 代码，即可快速的完成网站的应用程序。

无须编译，容易编写，可在服务器端直接执行。

使用普通的文本编辑器，如 Windows 的笔记本，即可进行编程设计。

与浏览器无关，用户端只要使用可执行 HTML 的浏览器，即可浏览 ASP 所设计的网页内容。ASP 所使用的脚本语言(VBScript Jscript)均在 Web 服务器端执行，用户端的浏览器不需要也不能够执行这些脚本语言，保证了安全。

ASP 能与任何 ActiveX Scripting 语言相容。除了可使用 VBScript 或 Jscript 语言来设计外，还通过插入(Plug－In)的方式，使用第三方所提供的其他脚本语言，譬如 REXX Perl Tcl

等。脚本引擎是处理脚本程序的COM(Component Object Modle,构件对象模型)构件。

ASP的源程序不会被传到客户浏览器,因而可以避免所写的源程序被他人剽窃,也提高了程序的安全性。

ActiveX服务器元件具有无限可扩充性,可以使用Visual Basic,java,Visual C++/COBOL等程序语言来编写。

(3) JSP

JSP(Java Server Pages)是由SUN公司在Java语言上开发出来的一种动态网页制作技术,可使网页中的动态部分和静态的HTML分离。JSP与微软的ASP兼容,但是它是类似HTML的卷标以及Java程序代码而不是VBScript。可使用平常得心应手的工具,并按照平常的方式来书写HTML语句,然后将动态部分用特殊的标记嵌入即可。当所使用的网站服务器没有提供本地ASP支持,也就是Apache或Netscape服务器,可以考虑使用JSP。具体来说,JSP具有以下特点:

1) 将内容的产生和显示进行分离。使用JSP技术,Web页面开发人员可以使用HTLML或者XML标识来设计和格式化最终页面。使用JSP标识或者小脚本产生页面上的动态内容,产生内容的逻辑被封装在标识和JavaBeans群组件中,因此Web管理人员和页面设计者等能够编辑和使用JSP页面,却不影响内容的产生。在服务器端,JSP引擎解释JSP标识,产生所请求的内容(例如,通过存取JavaBeans群组件,使用JDBC技术存取数据库),并且将结果以HTML(或者XML)页面的形式发送回浏览器。这有助于作者保护自己的代码,而又保证任何基于HTML的Web浏览器的完全可用性。

2) 强调可重用的群组件。绝大多数JSP页面依赖于可重用,且跨平台的组件(如JavaBeans)来执行应用程序所要求的更为复杂的处理。开发人员能够共享和交换执行普通操作的组件,从而加速总体开发进展,或者使得这些组件为更多的使用者使用或者用户团体所使用。

3) 采用标识简化页面开发。Web页面开发人员不会都是熟悉脚本语言的程序设计人员。JSP技术封装了许多功能。这些功能是在易用的、与JSP相关的XML标识中进行动态内容产生所需要的。标准的JSP标识能够存取和实例化JavaBeans组件,设定或者检索群组件属性,下载小应用程序,以及执行用其他方法更难于编码和消耗的功能。

通过开发制定化标识库,JSP技术是可以扩展的。今后,第三方开发人员和其他人员可以为常用功能建立自己的标识库,这使得Web页面开发人员能够使用熟悉的工具和如同标识一样的执行特定功能的构件来工作。

JSP技术很容易整合到多种应用体系结构中,以利用现存的工具和技巧,并且扩展到能够支持企业级的分布式应用。作为采用Java技术家族的一部分,以及J2EE的一个成员,JSP技术能够支持高度复杂的基于Web的应用。

由于JSP页面的内置脚本语言是基于Java程序设计语言的,而且所有的JSP页面都被编译成Java小服务程序。JSP页面就具有Java技术的所有好处,包括健壮的存储管理和安全性。

作为Java平台的一部分,JSP拥有Java程序设计语言"一次编译,到处运行"的特点。随着越来越多的供货商将JSP支持加入到他们的产品中,因此客户在修改工具或服务器后并不影响目前的应用。

4) PHP是一个嵌套的缩写名称,是英文超级文本预处理语言(PHP:Hypertext Preprocessor)的缩写。PHP是一种HTML内嵌式的语言,是一种在服务器端执行的嵌入HTML文档的脚本语言。语言的风格有类似于C语言。PHP是将程序嵌入到HTML文档中去执行,执行效率比完全生成HTML标记的CGI要高得多;与同样是嵌入HTML文档的脚本语言JavaScript相比,PHP在服务器端执行,充分利用了服务器的性能;PHP执行引擎还会将用户经常访问的PHP程序驻留在内存中,其他用户再一次访问这个程序时就不需要重新编译程序了,只要直接执行内存中的代码就可以了。这也是PHP高效率的体现之一。PHP具有非常强大的功能,所有的CGI或者JavaScript的功能PHP都能实现,而且支持几乎所有流行的数据库以及操作系统。

5).Net,2000年6月22日,微软公司宣布其称之为"公司命脉"的"Window.Net"计划。比尔盖茨的讲话描述了一个完整的.Net平台的版本。从此以后,.Net就成为IT界的热门话题。.Net带来了崭新的思维,也给带来了崭新的技术。对于它很难做出一个明确的定义,它代表了一个集合、一个环境、一个编程的基础结构。其目的是将互联网本事所谓构建一代操作系统的基础,对互联网和操作系统的设计思想进行延伸。具体说,.Net技术就是要在不同的网站之间建立起协定,促使网站之间的合作,实现信息的自动交流,从而帮助用户最大限度地获取信息,并对他们的数据进行简单、高效的管理。

有了.Net框架后,开发人员便可对选用的任何编程语言一律使用统一的命令集。这些命令集都被统一封装到.Net框架提供的框架类中。这样.Net框架就成功地揉合了各种编程语言。无论是一个传统的C++程序人员,还是一个VB编程人员,都可以在.Net上使用所喜欢的语言工作,各种语言在.Net框架上一律是等同的。

微软在Microsoft.Net中推出了全新的C#语言。这种全新的面向对象的语言使得开发者可以快速地构建从底层系统级到高层商业组件的不同应用。C#在保证了强大的功能和灵活性的同时,给C和C#带来了类似于VB的快速开发,并且它还针对.Net做了特别的设计,比如C#容许XML数据直接映射为它的数据库类型等。这些特征结合起来使得C#成为优秀的下一代网络编程语言。

与此同时,Microsoft.Net对原有的VB和C++也做了很大的改进,使得他们更加适应Microsoft.Net开发框架的需求。例如在VB.Net中增加了继承等面向对象的特性、结构化的出错处理、可管理的C++扩展等,大大提高了利用C++来开发Microsoft.Net应用的效率等。

Visual Studio.Net作为微软下一代的开发工具。它和.Net开发框架紧密结合,是构建下一代互联网应用的优秀工具,目前已经有测试面板面试。Visual Studio.Net通过提供一个统一的集成开发环境集工具,大大提高了开发者的效率;它集成了多种语言;简化了服务器端的开发;提供了高效地创建和使用网络服务的方法等。.NET框架的一个主要目的是使COM开发变得更加容易。

从软件工程的观点,程序设计语言的发展至今大致可分为3个阶段,如图6.1所示。

6.2.2 程序设计语言的特征属性

在软件工程中,应该了解编程语言方面的特点,以及这些特点对软件质量的影响,以便在开发项中选择编程语言时,能够合理地进行选择。作为程序员学习,掌握一门高级语言应该从

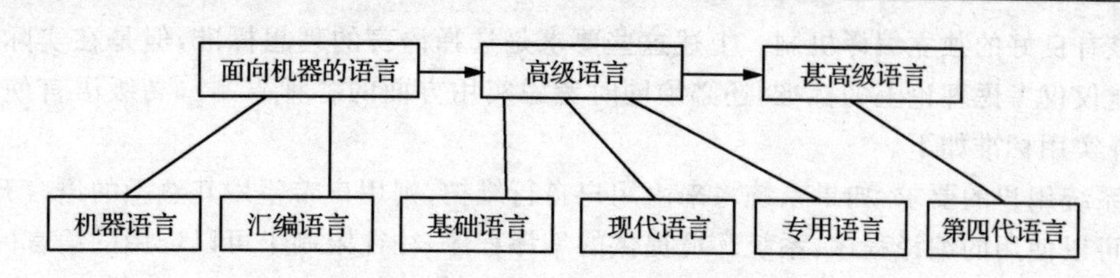

图 6.1　程序设计语言的发展和分类

以下方面入手。

1）程序的名字：预先说明程序对象的名字的好处是为编译提供了检查源程序中名字引用的合法性，从而帮助程序员发现、改正错误。变量名字在第一次使用时被认为说明。这种处理的优点是方便用户，缺点是标识符容易混淆出错。

2）程序类型：通过类型说明定义了对象的类型，从而确定了对象的使用方式。编译程序能发现某个特定类型对象使用方式不当的错误。程序设计语言中的类型说明，不仅仅是一种安全措施，它还是一种重要的抽象机制。

3）变量初始化：程序中最常见的错误是在使用变量之前没有对变量初始化。有些语言对于引用未初始化的变量将发出出错或者报警信息。

4）程序对象的局部性：根据局部性与信息隐蔽原理，一个程序对象应该只能在程序中真正需要他的那些部分才能访问。多层局部性有助于提高程序的可读性，但内外层对象同名可能引起差错。单层局部性则有助于块独立编译的实现。

5）程序模块：程序模块的块结构提供了控制程序对象名字可见性的手段。块结构语言在编程中具有如下好处：①可以构造抽象数据类型，用户可以对这种数据进行操作，而并不需要知道他们的具体表示方法。②可以把有关的操作归并为一组，并且以一种受控制的方式共享变量。③这样的模块是独立编译的方便单元。

6）环控制结构：通常的循环语句，在许多场合需要在循环体内测试条件以决定是否推出循环或者中止本次循环。如果使用了 IF—THEN—ELSE 语句和附加的布尔变量实现这个要求，则将增加程序长度，并降低程序的可读性。许多语言提供了 EXIT，LOOP 语句实现循环体内的非正常退出。

7）行程序的异常处理：大多数语言缺乏测试和响应出错等异常处理的机制，程序员只能使用普通的条件控制结构显示地测试异常。当程序中包含一系列子程序嵌套调用时，不能有效地将一个异常信息传递到指定的处理程序中。PL/1 和 ADA 语言注意了异常处理情况，提供了相应机制。

6.2.3　程序设计语言的使用准则

语言选择标准不但要考虑理论上的标准，还要考虑使用上的各种限制。

高级语言理论上的选择标准是：应该具有模块化机制；可读性好；控制结构满足结构化要求；数据类型丰富；编译效率高，且查错能力强；具有独立的编译机制。

为了使程序容易测试和维护以减少生存周期的总成本，选用的高级语言应该有理想的模块化机制，以及可读性好的控制结构和数据结构；为了便于调试和提高软件可靠性，语言特点应该使编译程序能够尽可能多地发现程序中的错误；为了降低软件开发和维护的成本，选用的

语言应该有良好的独立编译机制。上述这些要求是选择语言的理想标准,但是在实际选用语言时不能仅仅考虑理论上的标准,还必须同时考虑实用方面的各种限制。高级语言使用中重要的选择实用标准如下。

1）系统用户的要求:如果系统将来由用户自行维护,则用户希望用其熟悉的语言开发。

2）可以使用的编译程序:系统环境提供的编译程序,往往限制了可以选用的语言的范围。

3）可以得到的软件工具:某种语言如果有支持程序开发的软件工具,就使目标系统的实现和验证变得容易了。

4）工程规模:如果工程庞大,则可以选择几种语言混合实现。

5）程序员的经验和知识:在确定编程语言时,应尽可能选择程序员比较熟悉的语言。

6）软件可移植性要求:如果系统中选择的语言是在不同环境下实现或者应该具有较长的使用寿命,则应选择一种标准化程度高、可移植性强的语言。

7）软件的应用领域:编程语言实际上并不是对所有的应用领域同样适用。因此选择语言时,应该充分考虑目标系统的应用范围。

其中,项目所属的应用领域常常作为首要的标准。这主要是因为若干主要的应用领域长期以来已固定地选用了某些标准语言。例如,C语言经常用于系统软件开发,Ada,C和Modula－2对实时应用和嵌入式软件更有效;人工智能领域则更多地使用LISP,Prolog和OPS5。在一些极特殊的应用领域,或因为追求时空效率的需要,或因为对机器低级特征的描述,或因为对特殊硬件的控制,或因为没有可供选用的高级语言编译器,有时不得不采用或部分采用汇编语言编码,但一般情况下应首先考虑选择高级语言。

6.3 程序设计风格

所谓程序设计风格即书写源程序的习惯,程序代码的逻辑结构与习惯的编程技术,人们曾经认为程序是给机器执行的,所以只要逻辑正确就足够了,至于如何书写无关紧要。随着软件规模的增大,复杂性提高,在软件开发和维护过程中,程序代码的可读性是程序可维护性的前提。因此,从软件工程要求出发,程序设计风格包括下述的内容。

6.3.1 使用程序内部的文档

软件＝程序＋文档,编码的目的是产生文档,其余阶段才产生文档。但是,为了提高程序的可维护性,原代码也需要实现“文档化”。

内部文档组织包括标识符命名、内部注释和程序的视觉组织。

1. 标识符应该具有鲜明的意义

它能够提示程序对象代表的实体。标识符包括模块名、变量名、常量名、标号名、子程序名以及数据区名、缓冲区名等。这些名字应能反映它所代表的实际东西,应有一定的实际意义,使其能够见名知意,有助于对程序功能的理解。例如,表示次数的量用times,表示总量用total,表示平均值用average,表示和的量用sum等。为达此目的,不应限制名字的长度。

名字不是越长越好,过长的名字会增加工作量,给程序员或操作员造成不稳定的情绪,会使程序的逻辑流程变得模糊,给修改带来困难。所以应当选择精练的意义明确的名字,才能简化程序语句,改善对程序功能的理解。使用缩写名字时要注意缩写规则要一致,并且要给每一

个名字加注释。

2. 程序代码的视觉组织

程序模块及模块内部语句集合组织集合的组织顺序，语句书写的静态布局。

一个程序如果书写得密密麻麻，分不出层次来常常是难以看懂的。优秀的程序员在利用空格、空行和移行的技巧上显示了丰富的经验。恰当地利用空格，可以突出运算的优先性，避免发生运算的错误。自然的程序段之间可用空行隔开；移行是指程序中的各行不必都在左端对齐，都从第一格起排列。因为这样作使程序完全分不清层次关系。因此，对于选择语句和循环语句，把其中的程序段语句向右作阶梯式移行。这样可使程序的逻辑结构更加清晰，层次更加分明。

3. 程序内部的注释

对程序代码段功能的说明，程序注释可以分为序言性注释和功能性注释。

序言性注释在程序模块首部。它应当给出程序的整体说明，对于理解程序本身具有引导作用。功能性注释则出现在若干语句之间或者之后。书写功能性注释，应注意它用于描述一段程序，而不是每一个语句；用缩进和空行，使程序与注释容易区分；注释要正确。

6.3.2　数据说明原则

在设计阶段确定了数据结构的组织和复杂程度，而编写程序时则要建立数据说明，使数据更容易理解，更容易维护。一般而言，数据说明应遵循三个原则：

1）数据说明的次序应当规范化，使数据属性容易查找，也有利于测试、排错和维护。

2）当多个变量名用一个语句说明时，应当对这些变量按字母的顺序排列。

3）如果设计了一个复杂的数据结构，应当使用注释说明这个数据结构的固有特点。

6.3.3　语句构造规则

语句结构应遵从如下规则。

在一行内只写一条语句，并且采用适当的移行格式，使程序的逻辑和功能变得更加明确；程序编写首先应当考虑清晰性，不要刻意追求技巧性，使程序编写得过于紧凑；程序编写得要简单，写清楚，直截了当地说明程序员的用意；除非对效率有特殊的要求，程序编写要做到清晰第一，效率第二；首先保证程序正确，然后才要求提高速度；编译程序作简单的优化；尽可能使用库函数；避免使用临时变量而使可读性下降；尽量用公共过程或子程序去代替重复的功能代码段；使用括号清晰地表达算术表达式和逻辑表达式的运算顺序；避免不必要的转移；用逻辑表达式代替分支嵌套；避免使用空的 ELSE 语句和 IF…THEN IF…的语句；避免使用 ELSE GOTO 和 ELSE RETURN 结构；使与判定相联系的动作尽可能地紧跟着判定；避免采用过于复杂的条件测试；尽量减少使用“否定”条件的条件语句；避免过多的循环嵌套和条件嵌套；不要使 GOTO 语句相互交叉；对递归定义的数据结构尽量使用递归过程。

6.3.4　输入输出准则

输入和输出的实现方法，就决定了用户对系统性质的可接受程度。输入和输出的方式和格式应当尽可能方便用户的使用。一定要避免因设计不当给用户带来的麻烦。输入和输出的风格随着人工干预程度的不同而有所不同。不管软件的性质是批处理，还是交互式的，在设计

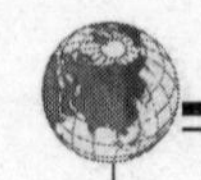

和程序编码时都应考虑下列原则：

1）对所有的输入数据都进行检验，从而识别错误的输入，以保证每个数据的有效性；

2）检查输入项的各种重要组合的合理性，必要时报告输入状态信息；

3）使得输入的步骤和操作尽可能简单，并保持简单的输入报告；

4）输入数据时，允许使用自由格式输入；

5）应允许默认值；

6）输入一批数据时，最好使用输入结束标志，而不要由用户指定的输入数据数目；

7）在以交互式输入/输出方式进行输入时，要在屏幕上使用提示符，明确提示交互输入的请求，指明可使用选择项的种类和取值范围；

8）当程序设计语言对输入/输出格式有严格要求时，应保持输入格式与输入语句的要求的一致性；

9）给所有的输出加注释，并设计输出报表格式。

6.4 提高效率的准则

程序效率主要指程序运行占用的处理机时间和存储空间。效率是一个性能要求，目标值应当在需求分析阶段给出。软件效率以需求为准，不应以人力所及为准。

好的设计可以提高效率，程序的效率与程序的简单性相关。一般来讲，任何对效率无重要改善，且对程序的简单性、可读性和正确性不利的程序设计方法都是不可取的。下面从三个方面给出提高程序效率的准则。

1．缩短程序运行时间

提高运行时间遵循的原则是：简化算术/逻辑表达式；尽量减少循环嵌套层数；少使用多维数组；少使用指针和链表；同一表达式中不要使用混合数据类型的运算；尽量使用整数运算和布尔表达式；利用编译系统优化程序；使用执行时间缩短的算术运算。

2．提高存储器效率

提高存储器效率主要是需要存储量大，占用存储单元小，要求存取的时间短。

3．提高输入/输出效率

从编程的角度来看，要提高输入/输出效率遵循的原则是：所有 I/O 操作应该采用缓冲方式，以减少用于通信的额外开销；对于磁盘/磁带设备应该考虑最简单的访问方式；与外存相关的操作应该采用的块传递方式；与低速终端或者打印机相联系的操作应该考虑设备的特性。

6.5 防止编码错误

在编码过程中，经常会产生各种各样的错误。有的程序看起来好像能正常运行，但也需要通过测试尽可能找出潜在的错误，以确保模块符合程序说明书所规定的要求。在编码中，如一个模块完成了编码工作，就可以进行编译。有些错误可以通过编译程序检查出来，因此，编码错误通常可分为编译程序能够检查的错误和编译程序不能检查的错误。

1．编译程序能够检查的错误

通常编译程序能够检查出来的错误有以下几种。

(1) 语法错误

出现的语法错误,这是由于对语法规则的误解或疏忽所致。例如,括号不匹配、变量名不正确、保留字拼错了、标点符号丢了、标号多重定义或遗漏、非法转移等。在进行模块测试之前,应校对全部的语法错误。当产生大量错误时,比较好的方法就是先简单的校正明显的错误,并重新编译。因为有些语法错误信息是假的,它是由其他语法错误引起的。因此,大量时间不应花在试图了解一个不明显的语法错误信息上。在通常情况下,语法错误是由于程序员对语言的语法误解或者由于输入错误所引起。

(2) 打字错误

打字错误是由于操作员在输入源程序时将程序中的字符打错所引起的。例如,经常将下面字符混淆打错:

I 1 | /　(字母 I,数字 1,竖线 |,斜线 /)

L <　(字母 L,小于号)

O 0 Q　(字母 O,数字 0,字母 Q)

S 5　(字母 S,数字 5);

Z E 2　(字母 Z ,字母 E,数字 2);

U　V(字母 U,字母 V);

‾　_　(上线符号,下线符号)

这些错误有时很难发现,给程序员带来困难。所以,在程序纸上,应使用标准字符,并用印刷体工整书写。

(3) 颠倒或遗漏了程序编码行

这种情况是由于清楚作废行或增添新行所造成的错误。在程序中如果丢失或顺序不正确的代码行不产生语法错误,这时很难发现其错误所在。程序的顺序编号有助于防止或发现这类错误。

(4) 多余标号与变量

当编译程序发现程序中没有使用的标号或变量名时,这时提醒你可能丢了一段程序,或者由于校正后的结构使它们余留在程序中。对这类错误即使不影响程序的正常工作也必须从程序中将他们清楚。这一方面能够保持程序的外观,同事也避免了对程序测试和维护的干扰。

2. 编译程序不能检查的错误

如果程序结构和逻辑发生错误,编译程序是不能发现的。这类错误有以下几种。

(1) 定义或算法错误

这类错误通常包括:没有考虑负值、最小值或最大值、变量未初始化、不正确的循环结束(初始值、增量、终止值),一集控制转移错等逻辑错误。这类错误虽然是属于需求分析或设计阶段的错误,但也应当将发现的问题记录下来,以便向设计者反映。

(2) 语句功能与算法所要求的事件不一致

例如,在需求出现的正号的位置却放了一个负号、用零作除数、求负数的平方根等。

(3) 数据类型错误

编译器并不能检查数据类型定义的错误,所以如果开发人员在编程过程中使用了不恰当的数据类型,编译器就发现不了。这类错误只有在程序运行的过程中才会显示出来。

(4) 输入数据错误

这类错误往往由于打字时误读、误打或输入格式不正确引起的。因此,应该在输入后立即打印出来。如果推迟了打印时间,就很难判定是在程序执行中改变了,还是输入错误。特别是接受其他程序的数据,如果接受的不正确,又不进行输出校验,错误发现前的一切工作都是费时而多余的。输入错误很容易让程序员认为是程序错误而花很长时间去查找程序问题。

(5) 由病态数据引起的逻辑错误

由于实型数是按有限的数字位存储。有时计算出的结果可能与预想的相反。例如,A=1.0/3.0,B=AX3,它们的值为别为0.333…3和0.99…9,如果用这样的数进行测试,即

IF(B=1)…

就会引起逻辑错误。因为这个条件总是不会满足的。

(6) 面向设备与传输的错误

程序中经常出现,且最难消除的是I/O出错。例如,程序中使用了非法的I/O命令,如想在打印机上输出二进制数据,在“写保护”的磁盘或磁盘上写数据等。面向传输和面向设备的错误在实时处理系统中显得特别重要,因为它中断或停止了正常的数据传输,某些数据常常会因此而丢失。

(7) 与运行环境有关的错误

除上面列出的几类错误之外,还有运行了错误的程序版本,内存分配不足,忘记了改变行式打印机的输出格式等错误。

总之,错误原因是多样的,如果将流程图或伪码转换成程序语言,这个阶段是出错率最高的阶段,对所采用的程序设计语言、操作系统、概念的误解和外部设备使用的疏忽都能引起错误。在程序输入时,由于笔误或手误同样会引起程序错误等。

习题 6

1. 以下3个表达式表示的是同一个内容:

① −3 * * D/3 * X;

② −(3 * * D/3) * X;

③ +(((3 * * D)/(−3)) * X).

1) 你认为哪一种可读性最好?哪一种最差?

2) 如果让你列出几条关于书写表达式的指导原则,对表达式中运算符的数量和圆括号的嵌套层数将作何规定?

3) 按照你的规定改写下列语句:

A:=B * C+((((3 * * D)/(−3)) * X/Y)

2. 以下是一个平方根过程的头部,用PASCAL语言书写:

PROCEDURE　SQRT(var X,Y:real;　var ok:boolen)

在参数表中,X,Y分别代表输入和输出,标志变量OK用来指示过程的操作是否正常,调用过程时,可使用下列语句:

SQRT(A,B,C);

IF B THEN WRITELN('THE　SQRT OF,A,IS',C);

ELSE　WRITELN('FAILURE　OF　SQRT　FOR ',A);

1) 写出这一过程的代码;

2) 取消形式参数 OK,在过程体内用出错处理来指示非正常操作;

3) 比较两种方法的优缺点。

3. 根据你自己的经验,总结编程应遵循的风格,并说明为什么如此即能增加代码的可读性和可理解性。

4. 按你认为的重要程度列出编程风格指南,并说明理由。

5. 研究下面给出的伪码程序,要求:

1) 画出程序流程图;

2) 判断它是否是结构化的,说明理由。

3) 改造为仅含三种基本控制结构的为码;

4) 用 PAD 图表示这个结构化程序;

5) 找出并改正程序逻辑中的错误;

```
/* This program searches for first referreces to a topic in an information */
/* retrieval system with T total entries */
{
 input N;
 input KEYWORD(S) for TOPIC;\
 I=0;
 MATCH=0;
 While(I<=T)
 {
  I++;
  If(WORD==KEYWORD) then
    {
     MATCH++;
     Store in BUFFER;
    }
  else if(MATCH==N) then goto OUTPUT;
 }
if(N==0) then print"NO MATCH";
OUTPUT: else call subotine to print information in BUFFER;
}
```

第7章 软件的测试

在软件的定义、分析、设计过程中采用不同措施来保证软件的质量，但在软件实际开发过程中难免还会存在问题。为尽早发现存在的问题，必须对软件进行充分的测试。测试是利用已选择的数据运行系统，根据运行结果判断该软件是否存在错误，所以测试阶段是查找错误阶段。它是软件的生命周期的非常重要环节，无论如何强调它的重要性都不过分。通过测试能极大地提高系统的可靠性。对于一些大规模软件，测试工作占软件开发阶段总工作量的40%以上，因此应该充分认识软件测试的重要性。软件只有经历了全面的测试，才能投入使用。本章主要介绍测试及一些相关的技术。

7.1 基本概念

软件测试就是在软件投入运行前，对软件的需求分析、设计、实现编码进行最终审查。表面上看，在软件工程的其他阶段，都是建设性的；而软件测试是摧毁性的。软件测试的最终目的是建立一个可靠性高的软件系统的一部分，是为了发现错误而执行程序的过程。

7.1.1 软件测试目标

关于软件测试目标，Myers给出三种不同的观点。

1）测试是为了发现程序中的错误而执行程序的过程。

2）好的测试用例是极有可能发现迄今尚未发现的尽可能多的错误。

3）成功的测试目标是发现迄今尚未发现的测试。

因此测试目标是：尽可能以最少的代价找出软件潜在的错误和缺陷。基于测试的目标，在设计测试方案时要设计能暴露错误的方案，而不是证明系统无错误。它是测试工作圆满完成的关键。

7.1.2 软件测试的原则

从用户的角度出发，就是希望通过软件测试能充分暴露软件中存在的问题和缺陷；从开发者的角度出发，就是希望测试能表明软件产品不存在错误，已经正确地实现了用户的需求。软件测试的原则尚没有标准的说法，大多只是经验之谈，以下可以作为测试的基本原则。

1. 所有的测试都应追溯到用户需求

软件测试的目标在于揭示错误。从用户角度来看，最严重的错误是那些导致程序无法满足需求的错误。

2. 应当把“尽早地和不断地进行软件测试”作为软件测试者的座右铭

应该在测试工作真正开始前的较长时间内就进行测试计划。测试计划可以在需求模型一完成就开始，详细的测试用例定义可以在设计模型被确定后立即开始。因此，所有测试应该在

任何代码产生前就进行计划和设计。

3. 测试发现的错误

发现错误中80%很可能起源于20%的模块中。当某个功能出问题，其对用户的影响有多大？然后根据风险大小确定测试的优先级。优先级高的测试，优先得到执行。一般来讲，针对用户最常用的20%功能(优先级高)的测试会得到完全执行；而低优先级的测试(另外用户不经常用的80%功能)就不是必要的，如果时间或经费不够，就暂时不做或少做。

4. 完全测试是不可能的，测试需要终止

测试无法显示软件潜在的缺陷，“测试只能证明软件存在错误而不能证明软件没有错误”。最初的测试通常把焦点放在单个程序模块上，进一步测试的焦点则转向在集成的模块簇中寻找错误，最后在整个系统中寻找错误。在测试中不可能运行路径的每一种组合。然而，充分覆盖程序逻辑，并确保程序设计中使用的所有条件是有可能的。

5. 应由独立的第三方来构造测试

第三方测试最大的特点在于它的专业性、独立性、客观性和公正性。对于软件开发商来说，经过第三方测试机构的测试，不仅可以通过专业化的测试手段发现软件错误，帮助开发商提升软件的品质；而且可以对软件有一个客观、科学的评价，有助于开发商认清自己产品的定位。对于行业主管部门以及软件使用者来说，由于第三方测试机构独立公正的地位，可以对被测试的软件有一个客观公正的评价，帮助用户选择合适、优秀的软件产品。

6. 充分注意测试中的群集现象

测试后程序残存的错误数目与该程序中已发现的错误数目或检错率成正比。不要在某个程序段中找到几个错误就误认为该程序段就没有错误而不再测试，相反应该对错误群集的程序段进行重点测试。

7. 尽量避免测试的随意性

测试计划应包括：所测软件的功能、输入和输出、测试内容、各项测试的进度安排、资源要求、测试资料、测试工具、测试用例的选择、测试的控制方法和过程、系统的配置方式、跟踪规则、调试规则，以及回归测试的规定等和评价标准。

8. 兼顾合理

这主要指的是兼顾合理的输入和不合理的输入数据。

9. 程序修改后要回归测试修改程序

应该重新进行测试以确认修改没有引入新的错误，或导致其他代码产生错误。

10. 应长期保留测试用例，直至系统废弃

妥善保存软件测试计划，测试用例，出错统计和最终分析报告，为维护等提供方便。

7.1.3 软件测试的方法

1. 静态分析

软件测试的方法分为静态分析和动态测试。测试用例的选择是软件测试的关键。根据设计测试用例方法的不同，软件测试分为白盒测试和黑盒测试两种方法。静态测试是采用人工检测和计算机辅助静态分析的手段对程序进行检测，方法如下：

1) 人工测试：是指不依靠计算机运行程序，而靠人工审查程序或评审软件。人工审查程序的重点是对编码质量进行检查，而软件审查除了审查编码外，还要对各阶段的软件产品(各种文档)进行复查。人工检测可以发现计算机不易发现的错误,特别是软件总体设计和详细设计阶段的错误。据统计,能有效地发现30%~70%的逻辑设计和编码错误,可以减少系统测试的总工作量。

2) 计算机辅助静态分析:指利用静态分析软件工具对被测试程序进行特性分析,从程序中提取一些信息,主要检查用错的局部变量和全程变量、不匹配参数、错误的循环嵌套、潜在的死循环及不会执行到的代码等。还可以分析各种类型的语句出现的次数、变量和常量的引用表、标识符的使用方式、过程的调用层次及违背编码规则等。静态分析中还可以用符号代替数值求得程序结果,以便对程序进行运算规律的检验。

2. 动态测试

动态测试与静态测试相反,主要是设计一组输入数据,然后通过运行程序来发现错误。在软件的设计中,出现了大量的测试用例设计方法。测试任何工程化产品,一般有两种方法。

1) 了解了产品的功能,然后构造测试,来证实所有的功能是完全可执行的。

2) 知道测试产品的内部结构及处理过程,可以构造测试用例,对所有的结构都进行测试。

前一种方法称为黑盒测试法,后一种方法称为白盒测试法。

白盒测试(white box - testing)又称结构测试:测试者必须对程序内部结构和处理过程非常清楚,根据程序的内部结构进行程序测试,检查程序中的每条通路是否能完成预定要求任务。

黑盒测试(black box - testing)又称功能测试:关注于程序的外部特征,而不考虑程序的内部结构。黑盒测试将程序看成一个黑盒子,只在接口上进行测试,主要看软件是否完成功能的要求,因此,黑盒测试也称为功能测试。

穷尽测试:对每一种可能的输入情况都进行测试,就可以得到完全正确的程序。包括所有可能输入情况的测试称为穷尽测试。对于实际程序,穷尽测试通常是无法实现的。

使用黑盒测试,为了实现穷举测试,至少必须对所有输入数据的各种可能值的组合进行测试,由此而来得到的测试数据往往大到根本无法测试的程度。例如,一个程序需要输入两个整型变量A,B,一个输出变量C。如果机器字长为32位,则每个输入数据的可能取值为2^{32}个,两个输入数据的各种可能发生的排列组合共有$2^{32} \times 2^{32} = 2^{64}$种。此程序执行大约$2^{64}$次才能达到穷尽测试。假定每执行一次程序需要1 ms,执行上述测试大约需要五亿年!上述程序测试只是针对有效的输入数据进行的。为了保证测试能发现程序中的所有错误,穷举测试不应只对有效的输入进行测试,还应对无效的输入数据进行测试;利用无效输入数据往往能发现更多的错误。因此穷举测试输入的数据量非常大,根本无法一一实现。

白盒测试法的覆盖标准有逻辑覆盖、循环覆盖和基本路径测试。其中逻辑覆盖包括语句覆盖、判定覆盖、条件覆盖、判定/条件覆盖、条件组合覆盖和路径覆盖。这6种覆盖发现错误的能力是由弱至强的变化。语句覆盖每条语句至少执行一次。判定覆盖每个判定的每个分支至少执行一次。条件覆盖每个判定的每个条件应取到各种可能的值。判定/条件覆盖同时满足判定覆盖条件覆盖。条件组合覆盖每个判定中各条件的每一种组合至少出现一次。路径覆盖使中每一条可能的路径至少执行一次。

白盒测试也称结构测试或逻辑驱动测试。它是知道产品内部工作过程,可通过测试来检测产品内部动作是否按照规格说明书的规定正常进行。按照程序内部的结构测试程序,检验程序中的每条通路是否都能按照预定要求正确工作,而不考虑它的功能。白盒测试的主要方

法有逻辑驱动、基路测试等，主要用于软件验证。

白盒测试要全面了解程序内部逻辑结构，对所有逻辑路径进行测试。白盒测试是穷举路径测试。在使用这一方案时，测试者必须检查程序的内部结构，从检查程序的逻辑着手，得出测试数据。贯穿程序的独立路径数是天文数字，但即使每条路径都测试了仍然可能有错误。第一，穷举路径测试决不能查出程序违反了设计规范，即程序本身是个错误的程序。第二，穷举路径测试不可能查出程序中因遗漏路径而出错。第三，穷举路径测试可能发现不了一些与数据相关的错误。例如使用白盒测试，为了实现穷举测试，程序中的每条可能的通路至少执行一次，对于一个规模很小程序通常也无法实现。例如：一段包含两层 IF 嵌套的循环程序，循环次数为 20 次，如图 7.1 所示。实现穷举测试有 5^{20} 条可能的通路，如果完成一个路径的测试需要 1 ms，那测试这段程序就需要 3 170 年，显然无法实现。

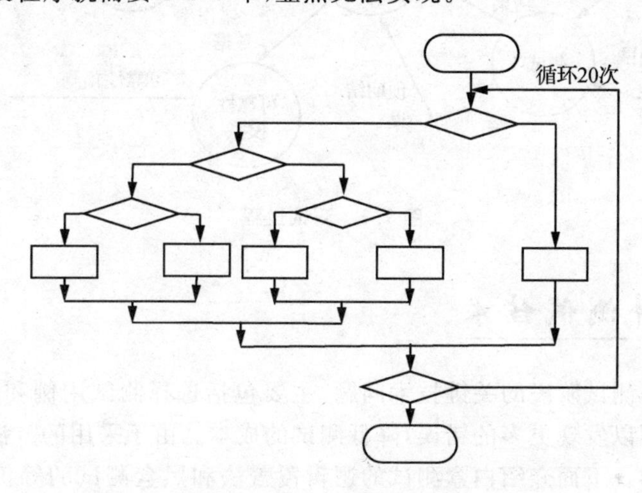

图 7.1　包含两层 IF 嵌套的循环程序的流程图

无论采用白盒测试，还是黑盒测试，只要对每一种可能的输入情况都进行测试，就可以得到完全正确的程序。包括所有可能输入情况的测试称为穷尽测试。对于实际程序，穷尽测试通常是无法实现的。为了保证程序的可靠性，必须仔细设计测试方案，用尽可能少的测试用例发现尽可能多的错误。

7.1.4 软件测试的过程

测试的过程如图 7.2 所示，测试阶段有两类输入信息。

1）软件配置：待测软件的一些文档，如软件需求规格说明书、设计说明书和程序代码等。

2）测试配置：包括测试计划、测试用例、测试结果。

测试的结果要和预期的结果相比较，这就是评价。如果不符，就意味着错误，需要改正，这就要进行纠错。这是整个测试过程中最无法预料的部分。为了诊断和纠正一个错误，可能需要一小时，一天，甚至几个月的时间。正是因为纠错所固有的不确定性，所以常常使测试日程表难以准确地安排。

通过对测试结果进行收集和评价，软件可靠性能达到的质量指标也就清楚了。如果出现一些有规律的、严重的或要求修改设计的错误，那么软件的质量和可靠性就值得怀疑，就应该进一步测试。另一种情况是，如果软件功能看起来完成得很好，遇到的错误也容易纠正，那么可以得出两种不同的结论。

1）软件质量和可靠性是可以接受的。

2）所进行的测试还不足以发现严重的错误。如果连一个错误也没有发现，那就很可能是由于测试配置考虑不周到，而且软件中确实还潜伏着一些错误。这些错误若放过去，那将最终在维护阶段为用户所发现，那时再来纠正同一个错误所耗费的代价可就太大了。

测试期间所积累的结果，也可以用形式化的方式来评价。软件可靠性模型利用错误率数据可以预测可能发生的错误，从而估算出软件的可靠性。

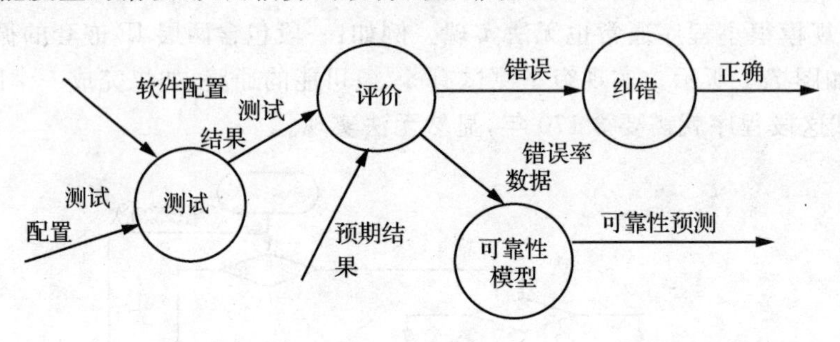

图 7.2　测试过程

7.2　软件测试技术

设计测试方案是测试阶段的关键技术问题，主要包括选择测试用例和确定预期结果。选择高效的测试数据可以发现更多的错误，降低测试的成本。由于采用的方法不同，选择测试用例技术有很大的差异。下面介绍白盒测试的逻辑覆盖法和黑盒测试的等价分类法、边界值法及错误猜测法。

7.2.1　白盒测试

1. 静态白盒分析——代码审查

静态白盒分析是在不执行的条件下有条理地仔细审查软件设计、体系结构和代码，从而找出软件缺陷的过程，有时也叫结构分析或代码审查。

结构分析的目的是尽早发现软件缺陷，以找出黑盒测试难以揭示或遇到的软件缺陷。应该说结构分析是捕捉 Bug 的第一张网，是非常重要的。它有四个要素。

1）审查准备：每个参与审查的人可能在审查中扮演不同的角色，需要了解自己的责任与任务，并积极参与审查。

2）遵守规则：审查应该遵守一套固有的规则，如审查的代码量、花费多少时间、哪些内容需要备注等。

3）审查问题：结构分析的首要任务是找出软件的问题——不仅仅是出错的项目，还应该包括遗漏的项目。

4）编写报告：审查结束后，审查小组必须做出总结审查结果的书面报告，并告知相关人员。

在进行代码审查时，首先依据代码编制的规范对代码进行先期检查，然后再审查代码本身可能存在的错误。重点从以下各方面进行。

- 数据的引用错误；
- 数据的声明错误；
- 计算错误；
- 比较错误；
- 控制流程错误；
- 子程序参数错误；
- 输入/输出错误；
- 其他检查。

2. 动态白盒测试

动态白盒测试也就是通常所说的白盒测试。由于它是动态的，所以它一定要在运行的情况下测试。白盒测试的目的有以下几方面：

1）保证一个模块中的所有独立路径至少被执行一次；

2）对所有的逻辑值均需要测试真、假两个分支；

3）在上下边界及可操作范围内运行所有循环；

4）检查内部数据结构以确保其有效性。

白盒测试的主要方法有逻辑覆盖与基本路经测试两种方法。其测试用例根据其测试方法的不同也有不同。

3. 逻辑覆盖法

所谓逻辑覆盖是通过分析被测块的内部结构，选取足够多的测试用例，对原代码实现充分的测试。根据覆盖源程序语句的详尽程度的不同，有不同的覆盖标准，即语句覆盖、判定覆盖、条件覆盖、判定/条件覆盖、条件组合覆盖、路径覆盖。现举例说明各种逻辑覆盖的实现方法。图7.3是要测试程序的流程图和程序图。

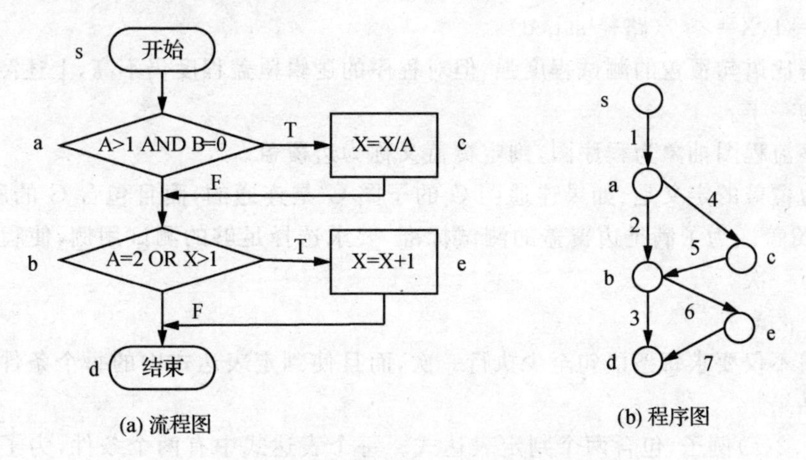

图7.3 测试程序的流程图与程序图

(1) *语句覆盖*

语句覆盖是指选择足够多的测试用例能使程序中每条语句至少执行一次。

对于图7.3(a)，为使程序中的每条语句至少执行一次，只要设计测试用例使程序的执行路径覆盖sacbed。为此可输入下面测试数据：

A= 2,B=0,X=4

上面的测试数据满足语句覆盖，但只测试两个条件均为真的情况。如条件为假处理有错，但测试不能发现。此外，语句覆盖只关心判定表达式的值，没有分别测试判定表达式中每个条件取不同值的情况，因此不能检查出判定表达式内部的错误。如果程序中的第一个判定表达式的逻辑算符“AND”错写成“OR”，或者第二个表达式中的条件“X>1”误写成“X<1”，使用上述测试数据不能检测出错误。因此语句覆盖是逻辑覆盖的最基本标准。

如果将程序流程图的每个条件判定框和处理框都退化成一个点，连接不同条件判定框和处理框的箭头变成连接不同点的有向弧，这样得到的有向图就称为程序图，在正常情况下，程序图是连通图。图7.3(b)是从图7.3(a)得到的程序图。使用图论术语，语句覆盖又称为点覆盖。

在图论中点覆盖的定义是：如果连通图G的子图G′是连通的，而且包含G的所有节点，则称G′是G的点覆盖。为了满足点覆盖的测试标准，要求选择足够的测试用例，使程序图中的每个节点至少执行一次。

(2) 判定覆盖(也称为分支覆盖)

判定覆盖是在满足每个语句至少执行一次的前提下，每个判定的每个可能的结果都至少执行一次。

对于图7.3(a)，为实现判定覆盖可设计测试用例，使程序执行路径覆盖sacbed，sabd或者覆盖sacbd，sabed。为此可输入测试数据：

A=2,B=0,X=3 (路径sacbed)

A=1,B=1,X=0 (路径sabd)

或者

A=3,B=0,X=1 (路径sacbd)

A=1,B=1,X=2 (路径sabed)

判定覆盖比语句覆盖的测试程度强，但对程序的逻辑覆盖程度仍不高，上述测试数据只覆盖全部路径的一半。

如果程序流程图抽象为程序图，判定覆盖又称为边覆盖。

图论中边覆盖的定义是：如果连通图G的子图G″是连通的，而且包含G的所有边，则称G″是G的边覆盖。为了满足边覆盖的测试标准，要求选择足够的测试用例，使程序图中的每条边至少执行一次。

(3) 条件覆盖

条件覆盖不仅要求每条语句至少执行一次，而且使判定表达式中的每个条件都至少取得各种可能的结果。

对于图7.3(a)例子，包含两个判定表达式。每个表达式中有两个条件，为了实现条件覆盖在a点有下述结果出现：

A>1,A≤1,B=0,B≠0

在b点有下述各种结果出现：

A=2,A≠2,X>1,X≤1

为了实现条件覆盖，可以选择下面两组测试数据：

A=2，B=0，X=3 （路径 sacbed）

A=1，B=1，X=0 （路径 sabd）

条件覆盖通常比判定覆盖测试程度强，因为条件覆盖使表达式中的每一个条件的两个不同的结果都获得，而判定覆盖只关心整个表达式的结果。上述测试数据满足条件覆盖的同时满足判定覆盖。但是有些情况下，满足条件覆盖，但并不满足判定覆盖。当选择如下测试数据：

A=2，B=0，X=1 （路径 sacbed）

A=1，B=1，X=2 （路径 sabed）

会出现上述现象。

(4) 判定/条件覆盖

选择足够的测试用例，使每个判定至少执行一次，同时判定中的每个条件中的各种可能取值至少取得一次。

对于图7.3(a)例子，可以选择下面两组测试数据：

A=2，B=0，X=3 （路径 sacbed）

A=1，B=1，X=0 （路径 sabd）

这两组数据也是为满足条件覆盖标准选取的测试用例，因此，有时判定/条件覆盖并不比条件覆盖测试程度强。

(5) 条件组合覆盖

判定中的每个条件都出现"真"与"假"两种结果。选择足够的测试数据，使这些结果的所有组合至少出现一次

对于图7.3(a)例子，在a点共有4种可能的条件组合，分别是：

A>1，B=0

A>1，B≠0

A≤1，B=0

A≤1，B≠0

在B点共有四种组合，分别是：

A=2，X>1

A=2，X≤1

A≠2，X>1

X≠2，X≤1

为实现条件组合覆盖，可选择四组测试数据使上述八种条件组合每种至少出现一次：

A=2，B=0，X=2 （路径 sacbed）

A=2，B=1，X=1 （路径 sabed）

A=1，B=0，X=2 （路径 sabed）

A=1，B=1，X=1 （路径 sabd）

显然，满足条件组合覆盖标准的测试数据，一定满足判定覆盖、条件覆盖和判定/条件覆盖标准，因此条件组合覆盖在上述几种覆盖标准中测试程度最强。但是满足条件组合覆盖标准的测试数据不一定使程序中的每条路径都执行到。上述四组测试数都没有检查到路径

sacbd。

(6) 路径覆盖

在图论中路径覆盖的定义是:选取足够多的测试数据,使程序中的每条可能的路径至少执行一次。如果程序图中有回路,则要求每个回路至少执行一次。

对于图 7.3(b)例子,输入下述测试数据可以实现路径覆盖:

A=3,B=0,X=1　　(路径 1—4—5—3)

A=2,B=0,X=2　　(路径 1—4—5—6—7)

A=1,B=0,X=2　　(路径 1—2—6—7)

A=1,B=1,X=1　　(路径 1—2—3)

路径覆盖是相当强的覆盖标准。它保证程序中的每条可能的路径至少执行一次,因此测试数据更具代表性,进行测试时能暴露更多的错误。但路径覆盖只考虑判定表达式的取值,并未检查表达式中各种条件的组合。如果路径覆盖与条件组合覆盖结合使用可以取得更好的测试效果。

7.2.2 黑盒测试

黑盒测试是功能性的测试。其目的是为了能发现以下几类错误:

1) 是否有遗漏或不正确的功能,性能上是否满足要求;

2) 输入能否被正确接收,能否得到预期的输出结果;

3) 能否保持外部信息的完整性,是否有数据结构错误;

4) 是否有初始化或终止性错误。

一般有三种方法来设计测试用例:等价分类法、边界值分析法和错误推测法。

1. 等价分类法

等价分类法基本思想是把输入数据划分成若干个等价类。在每个等价类中选取一组数据作为该等价类的测试用例。由于测试用例是从等价类数据中选出的,用此测试数据运行程序所得到的结果与运行该等价类中其他数据组得到的结果应该是相同的。因此当程序输入数据集合的等价类确定以后,从每个等价类中任取一组值就可以产生一个测试用例。等价分类法的关键问题是如何划分等价类,通常可以把等价类划分为有效等价类和无效等价类两大类。从有效等价类中确定测试数据可以验证系统功能是否实现,系统性能是否满足要求;从无效等价中确定测试数据可以检查系统是否能拒绝接收无效的输入数据。对于一个的软件系统,不但能对正确的输入进行处理,对于错误的输入应给予必要的提示信息。

等价分类法的关键是划分等价类。下面介绍几种划分等价类的经验。

1) 如果规定了输入值的范围,可划分出一个有效等价类(输入值在此范围之内)和两个无效等价类(输入值小于输入范围的最小值,大于输入范围的最大值)。

2) 如果规定了输入数据的个数,可将所有输入数据满足个数要求的作为有效等价类,输入数据小于个数下限和大于上限的分别作为无效等价类。

3) 如果规定数据的一组值,程序对不同的输入值给出不同的处理,则每个允许值作为一个有效等价类,不属于该组的数据作为无效等价类。

4) 如果规定输入数据必须遵循一组规则,可划一个有效等价类和分别不满足各条规则的无效等价类。

5）如规定输入数据的类型，可设置一个有效等价类和输入其他类型的无效等价类。

6）如果程序处理对象是线性表，则应该考虑存在一个记录、多个记录、空表的情况。

7）如果输出的条件确定，则应该为各种可能的输出的情况设置有效的，无效的等价类。

依据上述经验完成等价类的划分后，根据等价类设计测试用例，在选择测试用例时应遵循两条原则。

1）有效等价类的测试用例尽量公用，以期望进一步减少测试的次数；

2）无效等价类必须每类一例，以防漏掉可能发现的错误。

下面用等价分类法完成一个简单程序的测试。

假设有一个把数字串转变为整数的函数。运行程序的机器字长为 16 位，用二进制补码表示整数（最小负整数是－32 768，最大正整数是 32 767）。此函数（利用 PASCAL 语言实现）说明如下：

function strtoint(str：shortstr)：integer；其中函数参数的类型如下：

type shortstr＝array[1..6] of char；

被处理的数字串是右对齐，即如果数字串比 6 个字符短，则在它的左边补空格。如果数字串带负号，则负号与最高位数字相邻。

由于编译程序固有的查错能力，测试时不需要使用长度不等于 6 的数组做为参数，更不需要使用任何非字符数组类型的实在参数。基于上述情况等价类划分为以下几种。

有效输入等价类为：

1）1～6 个数字字符组成的数字串（最高位数字不是零）；

2）最高位数字是零的数字串；

3）最高位数字左邻是负号的数字串。

无效输入的等价类为：

4）空字符串（全是空格）；

5）左部填充的字符既不是零也不是空格；

6）最高位数字右面由数字和空格混合组成；

7）最高位数字右面由数字和其他字符混合组成；

8）负号与最高位数之间有空格。

合法输出的等价类为：

9）在计算机能表示的最小负数和零之间的负整数；

10）零；

11）在计算机能表示的最大正数之间的正整数。

非法输入的等价类为：

12）比计算机能表示的最小负整数还小的负整数；

13）比计算机能表示的最大正整数还大的正整数。

根据上面划分的等价类，设计测试用例如表 7.1 所列。

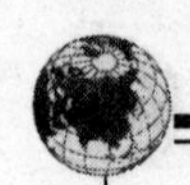

2. 边界值分析法

边界值分析法也是一种黑盒测试技术。等价分类法是在每一等价类中任意选择一组数据作为测试用例。如果选择等价类中的边界值作为测试数据往往测试效果更好。经验表明,处理边界情况时最容易发现错误。如许多程序错误出现在下标、数据结构和循环的边界附近。因此,测试用例选取在边界时,暴露程序错误的可能性更大一些。

表 7.1 测试用例举例一

测试数据	测试内容	期望结果
‘ 1’	1),11)	有效
‘000001’	2)	有效
‘－00001’	3),9)	有效
‘ ’	4)	无效
‘XXXXX1’	5)	无效
‘1 2’	6)	无效
‘1XXX2’	7)	无效
‘－ 12’	8)	无效
‘000000’	10)	无效
‘－44567’	12)	无效
‘123456’	13)	无效

为确定等价类的边界,现介绍几种常用的经验:

1) 如果输入条件说明了输入值的范围,则应该选取恰好小于、等于、大于边界值的数据作为测试用例。

2) 如果输入条件说明了输入数据的个数,则应该为最小个数、最大个数、低于最小个数、高于最大个数分别设计测试用例。

3) 规则 1,2 也适用于输出情况。

4) 如果程序的输入/输出数据是一个有序集合,则应该注意表中的第一个元素、最后一个元素,及表中只剩一个元素的情况。

5) 如果输入/输出为一个线性表,则应该考虑输入/输出有 0 个、1 个和可能的最大元素个数的情况。

基于上述经验,上面的数字串转换为整型数程序,可使用边界值法设计测试用例,作为等价分类法的补充,如表 7.2 所列。

表 7.2 测试用例举例二

测试数据	测试范围	期望结果
‘－32769’	5	无效
‘32768’	6	无效
‘－32768’	12	有效
‘32767’	13	有效

根据边界值分析法的要求,除了上述测试数据外,应该分别使用长度为 0、1 和 6 的数字串作为测试数据等价分类法的测试用例。由于等价类 1,2,3,4 和 7 已经包含了这些边界情况,故不再赘述。

3. 错误猜测法

不同类型的程序通常具有若干特殊的易出错的情况。这些情况未必可以归于某种等价类或边界情况。因此,有经验的测试者往往根据经验和直觉,设计最有可能导致程序出错的用例。所以在通常情况下错误猜测法可作为辅助手段,即首先利用其他方法设计测试用例,再用猜错法补充一些例子,实现全面测试。

7.2.3 实用综合测试策略

以上介绍了几种常用的测试方法。使用每种测试方法都能设计出一些有用的测试用例,但没有一种方法可以设计出全部的测试用例。通常的做法是,用黑盒设计基本的测试用例,再用白盒补充一些必要的测试用例。具体地说,可以使用下述策略结合各种方法。

1) 任何情况下都使用边界值分析法。应该既包括输入边界情况,又包括输出的边界情况。

2）必要时用等价分法补充测试用例。

3）必要时再使用错误猜测法补充测试用例。

4）对照程序逻辑检查已设计测试用例的逻辑覆盖标准，根据程序可靠性要求，补充测试用例使之达到规定的覆盖标准。

最后，举例说明实用综合测试的实现过程。

【例 7.1】程序 TRIANGLE 读入三个整数值。这三个整数代表三角形的三条边的长度。程序根据这三个值，判断三角形属于等边、等腰、不等边三角形的哪一种。图 7.4 是该程序的流程图和程序图。

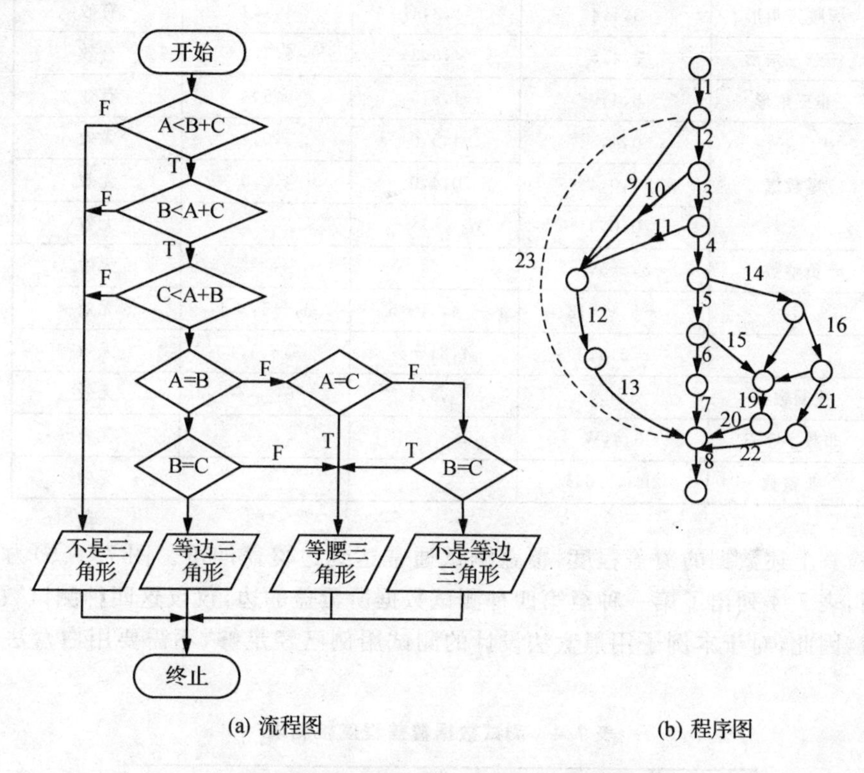

(a) 流程图　　(b) 程序图

图 7.4　三角形程序的流程图与程序图

综合使用黑盒测试的边界值分析法、等价分类法和错位猜测法，可以设计出如下测试的情况。

有效的输入情况有：

1）等边三角形；

2）等腰三角形；

3）任意三角形；

4）非三角形；

5）退化三角形。

无效的输入情况有：

6）零数据；

7）含负整数；

8）遗漏数据(少于三个数据)；

9）含非整数；

10）含非数字符。

根据上述各种情况设计测试用例，如表 7.3 所列。

表 7.3　三角形程序的测试数据

测试内容	测试数据			期望结果
	a	b	c	
等边三角形	5,5,5			有效
等腰三角形	3,4,4	4,3,4	4,4,3	有效
任意三角形	3,4,5	4,5,3	5,3,4	有效
非三角形	5,4,9	4,9,5	9,5,4	有效
零数据	0,4,5	4,5,0	5,0,4	无效
	0,0,4	0,4,0	4,0,0	无效
	0,0,0			无效
负整数	−5,−5,−5			无效
	−5,−4,3	−4,3,−5	3,−5,−4	无效
	−5,4,3	4,3,−5	3,−5,4	无效
遗漏数据	5,4,_	_,5,4	5,_, 4	无效
非数字字符	3,4,W			无效
非整数	2E3,2.5,4			无效

最后，检查上述数据的覆盖程度，覆盖测试通常达到边覆盖即可。图 7.4(b)为三角形程序的程序图，表 7.4 列出了第一种至第四种测试数据所覆盖的边，仅仅这四种测试数据已经实现了边覆盖，因此，对于本例子用黑盒法设计的测试用例已经足够，不需要用白盒法补充测试数据了。

表 7.4　测试数据覆盖程度检测表

编　号	测试数据	覆盖的边
1	5,5,,5	1,2,3,4,5,6,7,8
2a	3,4,4	1,2,3,4,14,16,17,19,20,8
2b	4,3,4	1,2,3,4,14,18,19,20,8
2c	4,4,3	1,2,3,4,5,15,19,20,8
3a	3,4,5	1,2,3,4,14,16,21,22,8
3b	4,5,3	1,2,3,4,14,16,21,22,8
3c	5,3,4	1,2,3,4,14,16,21,22,8
4a	3,4,4	1,9,12,13,8
4b	4,3,4	1,2,10,12,13,8
4c	4,4,3	1,2,3,11,12,13 ,8

7.3 软件测试策略

测试所花费的工作量经常比其他软件工程活动都多。若测试是无计划地进行，既浪费时间，又浪费不必要的劳动，甚至更糟的是，错误会依然存在。因此，为测试软件建立系统化的测试策略是合情合理的。测试策略通常是描述测试工程的总体方法和目标。描述目前在进行哪一阶段的测试（如单元测试、集成测试、验收测试、系统测试），以及每个阶段内进行的测试种类（如功能测试、性能测试、压力测试等），以确定合理的测试方案使得测试更有效。每个步骤在逻辑上是前一个步骤的继续，单元测试集中于每个独立的模块检查；集成测试集中于模块的组装；验收测试集中于检查用户所见的文档资料，包括软件需求说明书、软件设计说明及用户手册；系统测试集中于检查系统中的所有元素（包括硬件、软件等）之间协作是否合适，整个系统的性能、功能是否达到目标。其中系统测试已超出软件测试，属于计算机系统工程范畴，因此仅作简单介绍，测试与软件工程各个阶段的关系如图 7.5 所示。

下面分别介绍软件的单元测试、集成测试、验收测试、系统测试。

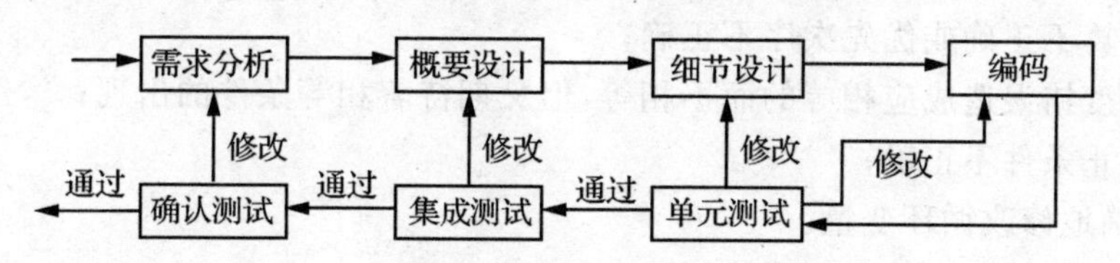

图 7.5　测试与软件工程各个阶段的关系

7.3.1 单元测试

1. 单元测试的内容

单元测试侧重于软件设计的最小单元（软件构件或模块）的验证工作。单元测试通常是与编码同时进行的，有时也称为“分调”。它以详细设计描述为指南。测试重要的控制路径以发现模块内的错误。测试的相对复杂度和这类测试发现的错误受到单元测试约束范围的限制。单元测试侧重于构件中内部处理逻辑和数据结构。可以同时对多个模块并行进行测试。

单元测试主要对模块的下述五个基本特性进行考查。

(1) *模块接口*

在其他测试开始之前，首先要对穿过模块接口的数据流进行测试。如果数据不能正确地输入和输出，那么其他的测试都无法进行。模块接口主要检查下列内容：

1) 参数的数目、属性、种类是否匹配；

2) 参数的单位是否匹配；

3) 是否修改了只做输入用的参数；

4) 全程变量的定义和用法在各个模块中是否一致；

5) 有文件输入/输出时，文件的属性、应用、格式等是否正确。

(2) *局部数据结构*

对于一个模块来说，局部数据结构是常见的错误来源，应该仔细地设计相应的测试用例，以便发现下列类型错误：

1）不正确或不一致的说明；

2）错误的初始化或错误的默认值；

3）不相容的数据类型；

4）上溢、下溢和地址异常。

除局部数据结构外，全程数据对模块的影响，如有可能，也应进行检查。

(3) 重要的执行路径

选择测试执行路径，是单元测试期间的基本任务。在设计测试用例时，一般应考虑由于不正确的计算、比较或不适当的控制流而造成的错误。它们的测试错误表现为：

1）运算符优先级误解或次序不正确；

2）混合运算中运算对象的类型彼此不相容；

3）初始化不正确；

4）精度不够；

5）表达式的符号表示不正确；

6）不同数据类型的数进行比较；

7）逻辑运算不正确或优先次序不正确；

8）因为精度错误造成应相等的而不相等，但又期待着相等条件的出现；

9）循环终止条件不正确；

10）不正确地修改循环变量。

(4) 错误处理

有意识地进行不合理输入，而使程序出错，从而检查程序的错误处理能力，并检查是否出现如下情况：

1）输出的出错信息难以理解；

2）打印的错误与实际错误不符；

3）在错误处理之前，错误条件已引起系统干预；

4）错误处理不正确；

5）错误描述提供的信息不足以帮助确定造成错误的原因和错误的位置。

(5) 边界测试

单元测试中边界测试可能是最重要的一步。因为软件通常在边界值上出现错误。例如，当处理一个 n 维数组的第 n 个元素时，或者当遇到循环的最后一次重复时，常常发生错误。也就是说，使用刚好小于、等于和大于最大值或最小值的数据结构、控制流和数据时，很有可能发现错误。

2. 单元测试方法

一般认为，单元测试和编码属于软件工程的同一阶段。在编写完源程序，并通过编译程序的语法检查以后，通常须经过人工测试和计算机测试两种类型测试。这两种测试可以互相补充。

(1) 人工审查

人工审查源程序可以由程序员自己来完成或由审查小组来完成。后者对单元测试很有效，可以查出 30％～70％的逻辑设计错误和编码错误。

审查小组由 4 人组成：组长一名（由没有参与这项工程的有能力的程序员来承担）；程序设

计者一名;编程人一名;程序测试者一名。

经过小组成员研究理解设计说明书之后,由小组成员模拟计算机和测试者,对源程序进行"执行"和测试。

此种方法速度较慢,测试用例不能过于复杂(指数据比较简单)。但是此种测试很有效。

(2) 测试软件

此种方法需要根据软件详细设计的过程来编写测试用例。每一个测试用例应有一个预期的结果。

每一个被测试的单元都不是一个独立的程序,模块自己不能运行,必须依靠其他模块来调动和驱动;同时,每一个模块在整个系统结构中的执行往往又调用一些下属模块(最低层的模块除外)。因此,在模块进行测试时,必须设计一个驱动模块和若干个支持模块。如图 7.6 所示。

1) 驱动模块:相当于被测模块的主程序。它接受测试数据,把这些数据传送给被测模块,最后输出实际结果。

2) 支持模块:用来代替被测模块所调用的子模块,支持模块可以作少量的数据操作,不需要包含子模块的所有功能。被测模块、驱动模块、支持模块共同构成一个测试环境,如图 7.6 所示。驱动模块和支持模块的编写会给测试带来额外的开销,因为在单元测试结束后它们就没有用了。但是为了单元测试,它们是必要的。因此,设计这些模块,并进行单元测试,是测试成本的一部分。

在软件系统设计时,若符合模块独立性的原则,单元测试就简单一些。

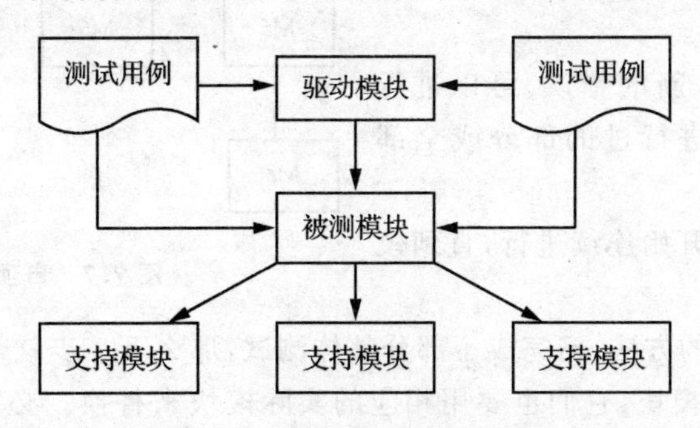

图 7.6　单元测试的测试环境

7.3.2　集成测试

集成测试是组装软件的系统技术。在装配的过程中,对组装的模块进行测试。主要的测试目标是发现与模块接口有关的问题。集成测试包括子系统测试和系统测试。

集成测试常见的接口错误有:数据通过接口时可能会丢失;一个模块可能会破坏另一个模块的功能;把子功能组合起来可能会不产生所要求的主功能;全程数据结构可能出问题等;还有误差积累问题。由上述原因,系统必须进行集成测试。

集成测试是随软件装配的同时进行的测试。根据组装模块方式的不同,集成测试可以按照下述两种方法实现。

1. 自顶向下结合

自顶向下的结合是一种渐增的装配软件结构的方法。所谓渐增装配,就是每次只增加一个模块的方法。此种方法应用得很广泛。它不用设计驱动模块,但需要设计支持模块。图 7.7 是一个程序结构图。自顶向下结合就是从主控制模块 M1 开始,沿着控制层次向下移动,从而把各个模块都结合起来。把主控模块所属的那些模块都装配起来的方法有两种。

(1) 深度优先方法

深度优先方法先是把软件结构的一条主控制路径的模块一个一个地结合装配起来。主控制路径的选择,决定于软件的应用特性。如图 7.7 选择最左边的路径为主控制路径,首先结合模块 M1,M2 和 M5,然后 M8;若 M2 的某个功能需要的话,可结合 M6。接着再结合中间和右边的路径。

(2) 广度优先方法

广度优先结合方法是沿软件结构水平地移动,把处于同一控制层上的所有模块组装起来。如图 7.7 所示,先结合 M2,M3 和 M4(图中 M4 用支持模块 S4 代替);接着结合 M5,M6 和 M7;如此继续进行下去,直到所有模块都被结合为止。

自顶向下的结合过程,可归纳为以下五个步骤。

1) 用主控模块作为测试驱动模块,用支持模块代替所有下属于测试模块的底层模块。

2) 根据选择的结合方式(先深度或先广度),每次用一个实际模块替换一个支持模块。

3) 每结合一个模块,就进行相应的测试。

4) 完成一组测试后,用实际模块替换另一个支持模块。

5) 为了保证不引入新的错误,可以进行回归测试,即重复以前进行过的部分或全部测试。

上述过程从第二步开始连续进行,直到模块都结合完为止。

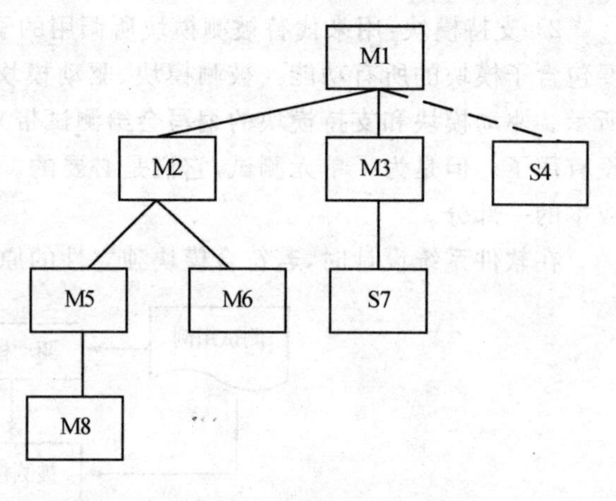

图 7.7 自顶向下结合

假如选用深度优先的方法,已完成了部分整体测试,那么下一步就是用 M7 替换支持模块 S7;M7 本身可能有支持模块,它们也要用相应的实际模块来替换。必须指出,每次替换时为了检查接口的正确性,都要进行测试。

自顶向下结合,在测试过程中,早期对较高层次模块或主控制路径进行测试,以尽早发现主控制是否有问题。如果选择深度优先的结合方法进行测试,则可以实现软件的完整功能。例如,考虑一个典型的事务处理软件,其中要求一个复杂的交互式输入序列。这由一个接收路径来完成。这条接收路径,可用自顶向下的结合方式来装配。在软件的其他元素结合之前,就能够证实所有的输入处理功能。这样,早期证实部分功能,可以增强开发人员和用户双方的信心。

自顶向下的结合,看起来比较简单,但实际上可能会发生逻辑上的问题。为了充分测试较高层次的功能,可能需要在低层次上进行处理,这类问题最常见。如果上层模块对下层模块的依赖性很大,那么在自顶向下结合的测试初期,可用支持模块作为低层次的模块。由于高层模块要比低层模块返回的信息量大、种类多,所以有可能支持模块不能传送那么多信息量。因而,这种方法有一定的局限性。如果碰到这类问题,有下述两种方法可供选择。

1）把许多测试推迟到用实际模块替换了支持模块之后再进行；这就使对一些特定的测试和装配特定的模块间的对应关系失去某些控制，从而在确定错误原因时将发生困难。

2）与自底向上结合模块的方法配合进行。

2. 自底向上结合模块

这种结合方法，由软件结构图的最底层模块开始进行装配和测试。它不需要支持模块，但需要驱动模块。

自底向上结合方法，属于非渐增式的结合方法。它是在每个模块测试的基础上，把所有模块按设计要求放在一起结合成所要的程序。

自底向上结合的步骤：

1）把低层模块组合成为实现一个特定软件子功能的模块族。如图 7.8 所示，模块族 1,2,3。

2）每一族要有一个驱动模块，作为测试的控制来协调测试用例的输入和输出。如图 7.8 所示，D1,D2 和 D3 分别是各个族的驱动模块

3）对模块族进行测试。

4）按软件结构图依次向上扩展，用实际模块替换驱动模块，将模块族与新的模块结合，再进行测试，直至全部测完。如图 7.8 所示，族 1、族 2 下属于模块 Ma；去掉 D1 和 D2，将这两个族直接与 Ma 连接，测试新的模块族。同样，在族 3 中，与 Mb 连接前将 D3 去掉，然后测试之。最后 Ma 和 Mb 与 Mc 连接。

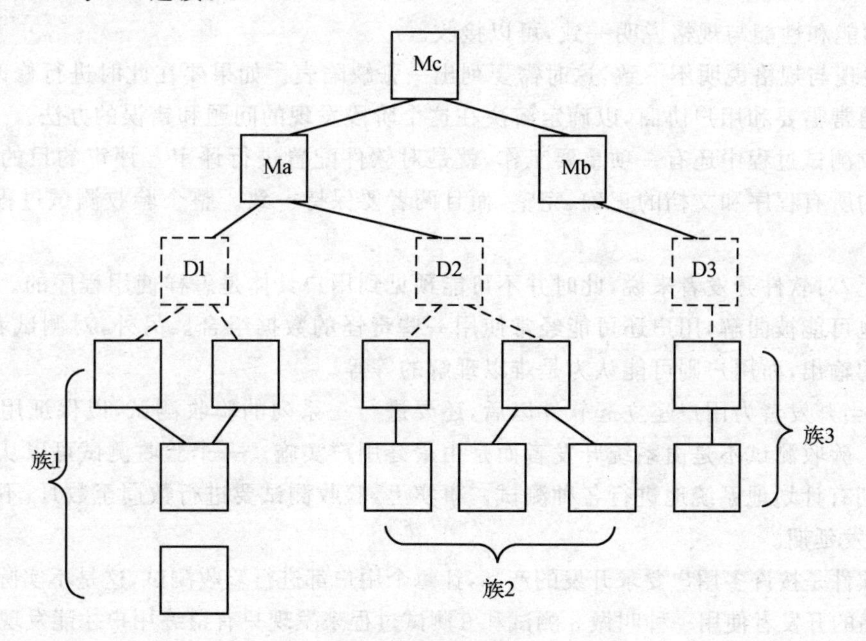

图 7.8　自底向上结合

这种方法，随着结合的向上移动，驱动模块逐渐减少。如果对软件的顶部两层用自顶向下的结合方法装配，这就可以大大减少驱动模块的数目，同时族的组合也会大大简化。

自顶向下和自底向上两种集成测试方法，各有优缺点。

自顶向下集成测试的主要优点是：不需要设计驱动模块，并且与支持模块相联系的问题可能早期测试。其主要缺点是：需要支持模块，并且与支持模块有关的测试较困难。

自底向上的集成测试方法的主要优点：不需要设计支持模块，测试用例的设计比自顶向下集成测试较容易。主要缺点：直到把最后一个模块结合进来以前，程序作为一个整体始终不存在。

在测试实际的软件系统时，选择什么样的集成测试方法，是由软件系统的特点以及工程进度安排来决定的。一般说来，工程上常采用自顶向下或自底向上两种组合方法，即对软件总体的较上层模块使用自顶向下的集成测试方法，对于下层模块使用自底向上的集成测试方法。

7.3.3 验收测试

在集成测试完成之后，软件已经装配成功，接口错误也已经发现，并纠正，这时可以开始对软件进行验收测试。

验收测试主要检查软件功能与用户的需求是否一致。在软件需求规格说明的验收标准中已经定义了用户对软件的合理要求，其中包含的信息是验收测试的基础和根据。

验收测试是通过黑盒子测试来证实软件功能与用户需求是否一致。在测试计划中概述了要进行的测试类型，测试过程定义了用于证实软件与需求一致的具体测试用例。测试计划和测试过程的设计都是为了使软件符合所有功能和性能的要求、文档的正确和完整，以及其他要求（如可移植性、兼容性、容错性和可维护性）。在所有验收测试全部完成之后，可能出现两种情况。

（1）功能和性能与规格说明一致，可以接收。

（2）发现与规格说明不一致，这时需要列出一张缺陷表。如果要在此时进行修改，工作量就大了。通常需要和用户协商，以确定解决在这个阶段发现的问题和错误的办法。

在验收测试过程中还有一项重要工作，就是对软件配置进行评审。评审的目的在于保证软件配置的所有程序和文档的正确、完整，而且两者要保持一致。整个验收测试过程如图 7.9 所示。

实际上，对软件开发者来说，此时并不可能预见到用户具体是怎样使用程序的。用户对使用的指令也可能被曲解，用户还可能经常使用一些奇怪的数据组合。另外，对测试者来说，可能是清楚的输出，而用户则可能认为是难以理解的等等。

所以，当开发者为用户建立起软件以后，还要进行一系列的验收测试，以保证用户的所有需求有效。验收测试不是由系统开发者而是由最终用户实施。一个验收测试可以从非正式的一直延伸到有计划地系统地进行各种测试。事实上，验收测试要进行数周至数月，不断暴露错误，导致开发延期。

如果软件是按许多用户要求开发的产品，让每个用户都进行验收测试，这是不实际的。大多数软件产品的开发者使用一种叫做 α 测试和 β 测试过程来发现只有最终用户才能发现的错误。

α 测试是软件开发公司组织内部人员模拟各类用户行为对即将面世的产品进行测试。开发者通过用户运行系统来观察软件，记录下发生的错误和使用问题。α 测试是用尽可能逼真的模拟环境和用户对软件的各种操作来测试系统，发现错误并加以改正。

β 测试是软件的最终用户以一个或多个用户的身份进行的。与 α 测试不同的是开发者一般不在现场。因此，β 测试是软件不在开发者控制的环境下的应用。用户记录下在 β 测试过程中遇到的所有问题，并在规定的时间间隔内把这些问题通知开发者。开发者根据 β 测试中发现的问题，必须做出相应的修改，然后才能向所有用户提供最终的软件产品。

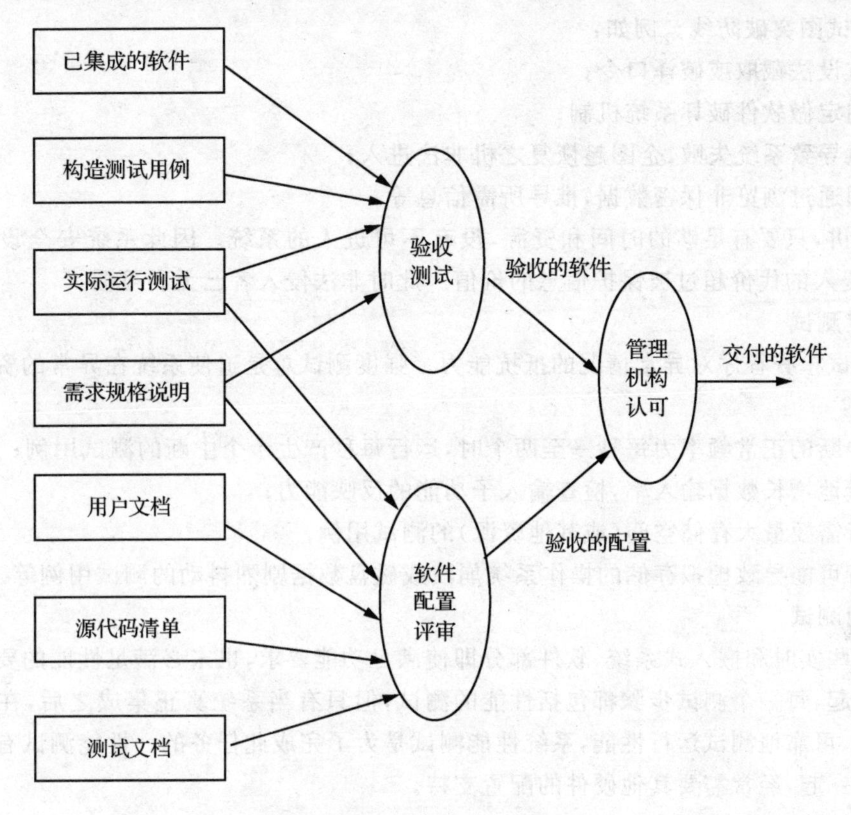

图 7.9　验收测试过程

7.3.4　系统测试

计算机软件是计算机系统的一个重要组成部分。软件开发完毕后应与系统中其他系统元素集成在一起，此时需要进行一系列系统集成和验收测试。对这些测试的详细讨论已超出软件工程的范围。这些测试也不可能仅由软件开发人员完成。在系统测试之前，软件工程师应该作下列工作：

- 为测试软件系统的输入信息设计出错处理通路；
- 设计测试用例，模拟错误数据和软件界面可能发生的错误，记录测试结果，为系统测试提供经验和帮助；
- 参与系统测试的规划和设计，保证软件测试的合理性。

系统测试应该由若干个不同测试组成，目的是充分运行系统，验证系统各部件是否都能正常工作并完成所赋予的任务。下面简单讨论几类系统测试。

1. 恢复测试

恢复测试主要检查系统的容错能力。当系统出错时，能否在指定的时间间隔内修正错误重新启动系统。恢复测试首先要采用各种办法强迫系统失败，然后验证系统是否能尽快恢复。对于自动恢复系统，需验证重新初始化、检查点、数据恢复和重新启动等机制的正确性；对于人工干预的恢复系统，需估测平均修复时间，确定其是否在可接受的范围内。

2. 安全测试

安全测试检查系统对非法侵入的防范能力。安全测试期间，测试人员假扮非法入侵者，采

用各种办法试图突破防线。例如：

1）想方设法截取或破译口令；

2）专门定做软件破坏系统机制；

3）故意导致系统失败，企图趁恢复之机非法进入；

4）试图通过浏览非保密数据，推导所需信息等。

理论上讲，只要有足够的时间和资源，没有不可进入的系统。因此系统安全设计的准则是，使非法侵入的代价超过被保护信息的价值。此时非法侵入者已无利可图。

3. 强度测试

强度测试检查程序对异常情况的抵抗能力。强度测试总是迫使系统在异常的资源配置下运行。例如：

1）当中断的正常频率为每秒一至两个时，运行每秒产生十个中断的测试用例；

2）定量地增长数据输入率，检查输入子功能的反映能力；

3）运行需要最大存储空间（或其他资源）的测试用例；

4）运行可能导致虚拟存储的操作系统崩溃或磁盘数据剧烈抖动的测试用例等。

4. 性能测试

对于那些实时和嵌入式系统，软件部分即使满足功能要求，也未必满足性能的要求。虽然从单元测试起，每一个测试步骤都包括性能的测试，但只有当系统真正集成之后，在真实环境中才能全面、可靠地测试运行性能，系统性能测试是为了完成此任务的。性能测试有时与强度测试结合在一起，经常需要其他硬件的配置支持。

7.3.5 软件测试过程

测试是指对源程序中每一个程序单元进行测试，检查各个模块是否正确实现规定的功能，从而发现模块在编码中或算法中的错误。该阶段涉及编码和详细设计的文档。各模块经过单元测试后，各模块组装起来进行集成测试，以检查与设计相关的软件体系结构的有关问题。确认测试主要检查已实现的软件是否满足需求规格说明书中确定了的各种需求。系统测试指把已确认的软件与其他系统元素（如硬件、其他支持软件、数据、人工等）结合在一起进行测试。

软件测试要经过以下 4 步测试：单元测试、集成测试、确认测试和系统测试。图 7.10 说明了软件测试经历的步骤。

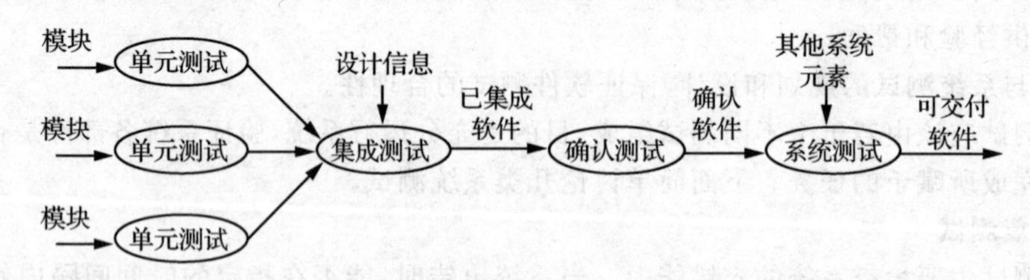

图 7.10 软件测试的历程

7.4 调试技术

调试（即排错）与成功的测试形影相随。测试成功的标志是发现了错误。根据错误迹象确

定错误的原因和准确位置,并加以改正的任务主要依靠调试技术。

7.4.1　调试过程

如图 7.11 所示,调试过程开始于一个测试用例的执行。若测试结果与期望结果不一致,即出现了错误征兆,调试过程首先要找出错误原因,然后对错误进行修正。因此调试过程有两种可能:一是找到了错误原因并纠正了错误;另一种可能是错误原因不明,调试人员只得作某种推测,然后再设计测试用例证实这种推测。若一次推测失败,再作第二次推测,直至发现,并纠正了错误。

调试是一个相当艰苦的过程,究其原因除了开发人员心理方面的障碍外,还因为隐藏在程序中的错误具有下列特殊的性质:

1) 错误的外部征兆远离引起错误的内部原因,对于高度耦合的程序结构此类现象更为严重;

2) 纠正一个错误造成了另一错误现象(暂时)的消失;

3) 一些错误征兆只是假象;

4) 因操作人员一时疏忽造成的某些错误征兆不易追踪;

5) 错误是由于分时而不是程序引起的;

6) 输入条件难于精确地再构造(例如,某些实时应用的输入次序不确定);

7) 错误征兆时有时无,此现象对嵌入式系统尤其普遍;

8) 错误是由于把任务分布在若干台不同处理机上运行而造成的;

在软件调试过程中可能遇见大大小小、形形色色的问题。随着问题的增多,调试人员的压力也随之增大,过分地紧张导致开发人员在排除一个问题的同时又引入更多的新问题。

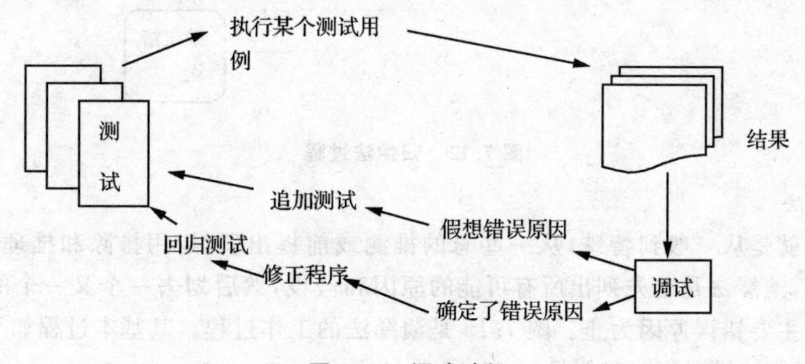

图 7.11　调试过程

7.4.2　调试技术

测试的目的是尽可能发现错误。但是,发现错误的最终目的还是为了纠正错误。纠正错误的过程就是通常所说的调试。

调试是软件开发过程中最艰巨的脑力劳动。调试包括确定错误在程序中的确切位置和性质,并改正它。而最困难的是确定错误的位置,借鉴好的调试策略对调试工作会起到事半功倍的作用。目前,常用调试技术有:静态查找、消去法和回朔法。

1. 静态查找

常见的静态查找方法是将与错误有关的信息都打印出来，然后从中分析寻找错误的位置。这种方法工作量和开销都较大。

2. 消去法

列出发生错误的所有可能的原因，逐个排除，最后找出真正的问题所在。这种方法分归纳法和演绎法。

(1) 归纳法

归纳法就是从特殊到一般，具体地说是，根据一些线索（错误迹象）着手，寻找它们之间的联系，常常可以查出错误所在。

归纳法的工作过程如图 7.12 所示，可以分为如下四步。

1）设置相应数据。

2）组织这些数据。

3）设置假设。

4）证明假设。

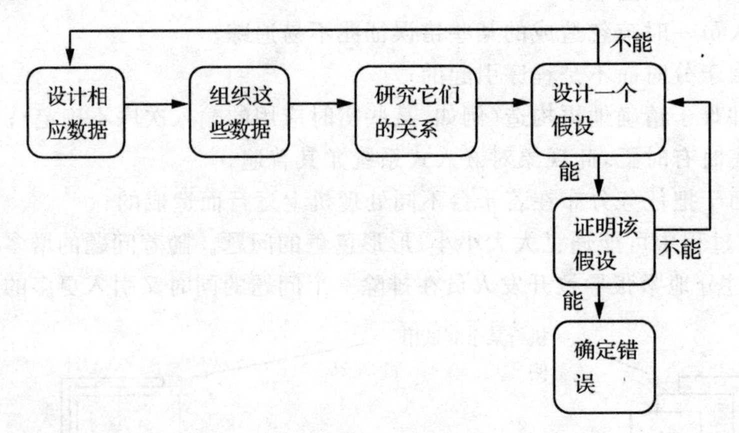

图 7.12　归纳法过程

(2) 演绎法

演绎过程就是从一般到特殊，从一些总的推测或前提出发，运用排除和推理过程作出结论。具体来说，演绎法是首先列出所有可能的原因和假设，然后划去一个又一个的特殊原因，直到留下一个主要错误原因为止。图 7.13 是演绎法的工作过程。其基本过程如下：

1）列举可能的错误原因和假设。

2）使用这些数据消去次要的原因。

3）进一步完善留下的假设。

4）证明假设的正确性。

3. 回溯法

回溯法是一种在小程序中常用的非常有效的纠错方法。回溯法是从发现错误征兆的地方开始，人工往回追溯源程序代码，直到找到错误的原因为止。但是，回溯时可能经过的路径数目将变得很大，以至实际上无法进行。

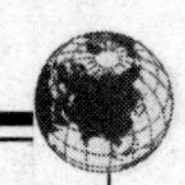

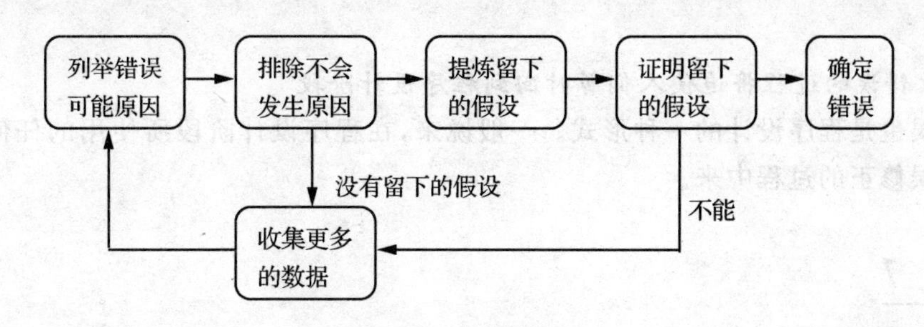

图 7.13　演绎过程

除了以上方法外，还可以使用编译程序进行检查和诊断，还可以使用一些纠错工具，如测试用例自动生成工具等。事实上，有效率的测试和调试很大程度上要依赖于计算机系统环境所提供的测试和纠错工具。

7.4.3　调试原则

由于调试是由确定错误的位置和改正错误两部分组成，所以调试原则也分成两组。

1. 确定错误的性质和位置的原则

(1) 用头脑去分析思考与错误征兆有关的信息

最有效的调试方法是用头脑分析与错误征兆有关的信息。一个能干的程序调试员应能作到不使用计算机就能够确定大部分错误。

(2) 避开死胡同

如果程序调试员走进了死胡同，或者陷入了绝境，最好暂时把问题抛开，留到第二天再去考虑，或者向其他人讲解这个问题。

(3) 调试工具当作辅助手段来使用

利用调试工具可以帮助思考，但不能代替思考。因为调试工具给你的是一种无规律的调试方法。实验证明，即使是对一个不熟悉的程序进行调试时，不用工具的人往往比使用工具的人更容易成功。

(4) 避免用试探法，最多只能把它当作最后手段

初学调试的人最常犯的一个错误是试图修改程序来解决问题。这是一种碰运气的盲目的动作。它的成功机会很小，而且还常把新的错误带到问题中来。

2. 修改错误的原则

(1) 在出现错误的地方，很可能还有别的错误

经验证明，错误有群集现象。当在某一程序段发现有错误时，在该程序段中还存在别的错误的概率也很高。因此，在修改一个错误时，还要查一下它的附近，看是否还有别的错误。

(2) 修改错误的一个常见失误

是只修改了这个错误的征兆或这个错误的表现，而没有修改错误的本身。

如果提出的修改不能解释与这个错误有关的全部线索，那就表明了只修改了错误的一部分。

(3) 当心修正一个错误的同时有可能会引入新的错误

人们不仅需要注意不正确的修改，而且还要注意看起来是正确的修改可能会带来的副作用，即引进新的错误。因此在修改了错误之后，必须进行回归测试，以确认是否引进了新的

错误。

(4) 修改错误的过程将迫使人们暂时回到程序设计阶段

修改错误也是程序设计的一种形式。一般说来，在程序设计阶段所使用的任何方法都可以应用到错误修正的过程中来。

习题7

1. 软件测试的目标是什么？
2. 黑盒测试与白盒测试有何区别？
3. 软件测试分成几个阶段？各阶段的任务是什么？
4. 什么是模块测试和集成测试？它们各有什么特点？
5. 设计下列伪码的语句覆盖、判定覆盖、条件覆盖、条件组合覆盖、路径覆盖测试用例

```
BEGIN
  INPUT(A,B,C);
  IF A>5 THEN X=10
  ELSE X=1;
  IF B>10 THEN Y=20
  ELSE Y=2;
  IF C>15 THEN Z=30
  ELSE Z=3;
  PRINT(A,B,C);
END
```

6. 假设机器字长为16位，若对第5题实现穷举测试需进行多少次测试？

第 8 章 软件实施与维护

一个软件项目经过了定义、设计、编码实现、测试等阶段后，最终都要进入软件的发布（实施）与运行维护阶段。软件的发布（实施）与运行维护阶段是软件生存周期的最后一个阶段。它处于系统投入生产性运行以后的时期，因此不属于系统开发过程。

要想充分发挥软件的作用，以产生良好的经济效益和社会效益，就必须搞好软件的发布（实施）与运行维护。一个大、中型软件系统的开发周期，一般为 1 至 3 年，运行周期则可达 5 至 10 年。在这么长的时间内，除了要改正软件中残留的错误外，还可能多次更新软件的版本，以适应改善运行环境（包括硬件与软件的改进）和加强产品性能等需要。这些活动都属于软件的发布（实施）与运行维护的范畴。能不能做好这些工作，将直接影响软件的使用寿命。

现代软件企业开发的软件产品是依靠软件实施工程师完成的。实施工程师是进行安装调试、产品客户化、用户培训、产品验收交付的主体。在产品发布前，软件企业都要对这些实施工程师进行适当的培训，使他们对产品的性能、功能、接口等有较好的掌握，熟悉产品运行的软、硬件环境，能够熟练地安装系统，不仅要能进行初始化工作，更重要的是掌握客户化的技能。

软件的发布（实施）与运行维护是生存周期中花钱最多、延续时间最长的活动。目前国外许多软件开发组织把 60％以上的人力用于维护已有的软件，竟没有余力顾及新软件的开发。典型的情况是，软件维护费用与开发费用的比例为 2∶1，一些大型软件的维护费用，甚至达到开发费用的 4～5 倍。这也是造成软件成本大幅度上升的一个重要原因。

8.1 软件维护的种类

所谓的软件维护是指在软件的运行和维护阶段由软件厂商向客户提供的服务工作。软件维护的最终目的，是满足用户对已开发产品的性能与运行环境不断提高的要求，进而达到延长软件寿命的目的。按照每次进行维护的具体目标，又可以分为以下四类。

1. 完善性维护

无论应用软件或系统软件，都要在使用期间不断改善和加强产品的功能与性能，以满足用户日益增长的需求。开发后即投入使用的版本是第一版，以后还可能有第二版、第三版……所以有些专家建议，软件生存周期应改成“开发、改进、改进……”才更为符合实际。在整个维护工作量中，完善性维护约占 50％～60％，居于第一位。

2. 适应性维护

适应性维护，是指使软件适应运行环境的改变而进行的一类维护。其中包括：

1）因硬件或支撑软件改变（例如操作系统改版、增加数据库或者通信协议等）引起的变化；

2）将软件移植到新的机种上运行；

3）软件使用对象的较小变更。

这类维护大约占整个维护的25%。

3. 纠错性维护

软件测试不可能暴露出一个大型软件系统中所有潜藏的错误,纠错性维护的目的在于,纠正在开发期间未能发现的遗留错误。对这些错误的相继发现,对它们进行诊断和改正的过程称为纠错性维护。这类维护约占总维护量的20%左右。

4. 预防性维护

预防性维护是Miller首先提出的。他主张维护人员不要单纯等待用户提出维护的请求,而应该选择那些还能使用数年,目前虽能运行但不久就须作重大修改或加强的软件,进行预先的维护。其直接目的是:改善软件的可维护性,减少今后对它们维护时所需要的工作量。

早期开发的软件,是预防性维护的重要对象。这类软件有一部分仍在使用,但开发方法陈旧,文档也不齐全。选择其中符合上述条件的软件作预防性维护,对它们的全部或部分程序重新设计、编码和调试,在经济上常常是合算的。Miller称之为"结构化的翻新",即"把今天的方法用于昨天开发的系统,支持明天的需求"。相对而言,在软件维护中这类维护是很少的。这类维护约占总维护量的4%。

从以上软件维护的内容可知:软件维护不仅仅是在运行过程中纠正软件的错误。软件维护工作量的一半左右是完善性维护。各类维护工作量的一个经验性估计如图8.1所示。

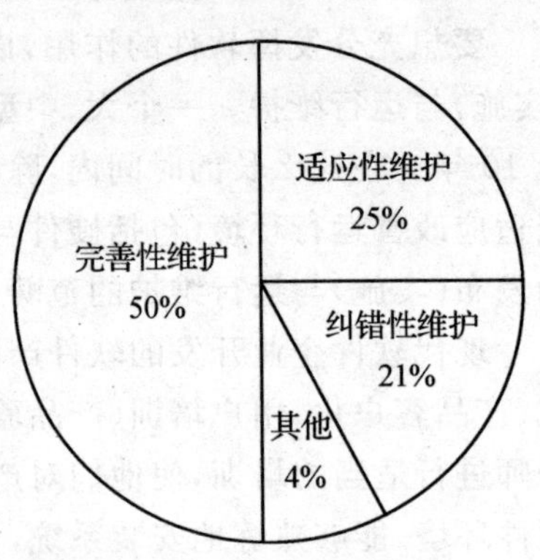

图8.1 各类维护比例

应该指出,上述四类维护活动都必须应用于整个软件配置,维护软件文档和维护软件的可执行代码是同样重要的。

8.2 软件维护的特点

8.2.1 软件工程与软件维护的关系

前面提到软件维护所需要的工作量和费用非常之大。软件工程学的一个基本目标就是为了提高软件的可维护性,减少软件的维护工作量。图8.2是基于软件工程思想设计的软件和"纯粹程序设计式"开发的软件的维护过程对比。

从图8.2可以看到,按照软件工程方法开发软件,为软件维护提供完整的软件配置的维护活动,与只提供程序代码的维护活动的过程是不一样的。前者也称为结构化维护,后者称为非结构化维护。下面对它们做个比较。

1. 结构化维护

如果按照软件工程思想设计软件,为软件维护提供的是完整的软件配置,那么维护就可以按如下步骤进行。

1) 从评价设计文档开始,根据文档来确定软件的结构、性能和接口。

2) 估计改正或修改可能带来的影响,并且计划实施的途径和方法。

3) 修改设计,并且对所做的修改进行仔细复查。

4）编写新的代码，并进行回归测试。

5）交付使用。

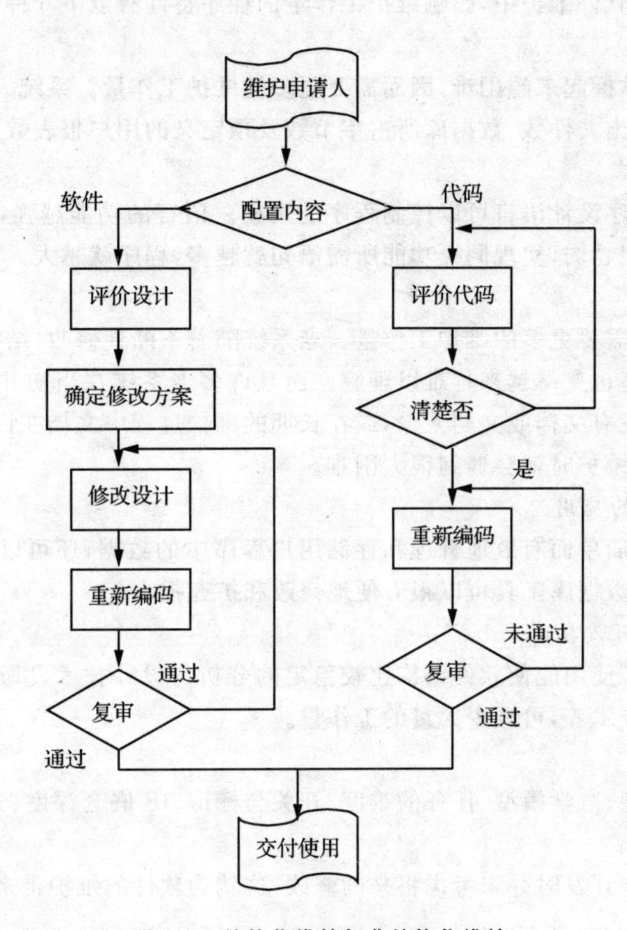

图 8.2　结构化维护与非结构化维护

2. 非结构化维护

如果提供软件维护的只是程序的代码，那么软件维护工作将会非常艰苦。维护不得不从评价程序代码开始。这样的维护活动主要困难表现为：

(1) 程序内部文档常常不足，这样使评价代码的工作更困难。如软件结构、全程数据结构、系统接口、性能和设计约束等细致特点难于弄清，甚至会被曲解。

(2) 由于没有测试文档资料，所以不可能进行回归测试。

所以，按非结构化维护方式修改程序代码所引起的后果将是难以确定的。然而，目前还有许多软件采用这样的方式维护，不仅浪费了人力物力，还使维护人员的积极性受到打击。这种维护方式是没有使用软件工程方法开发软件的必然结果。

当然，按照软件工程思想开发软件并有完整的软件配置，并不能保证维护中没有问题，但是它确实能减少维护的工作量，提高维护的总体质量。

8.2.2　影响维护工作量的因素

在软件的维护过程中，需要花费大量的工作量，从而直接影响了软件维护的成本。因此，

应当考虑有哪些因素影响软件维护的工作量，应该采取什么维护策略才能有效地维护软件，并控制维护的成本。在软件维护中，影响维护工作量的程序特性有以下 6 种。

(1) 系统规模

系统越大，理解掌握起来越困难，因而需要更多的维护工作量。系统大小可用资源程序语句数、程序数、输入输出文件数、数据库所占字节数及预定义的用户报表数来度量。

(2) 程序设计语言

使用强功能的程序设计语言可以控制程序的规模。语言的功能越强，生成程序所需的指令数就越少；语言功能越弱，实现同样功能所需语句就越多，程序就越大。

(3) 系统年限

老系统比新系统需要更多的维护工作量。老系统随着不断地修改，结构越来越乱；由于维护人员经常更新，程序也变得越来越难以理解。而且许多老系统在当初并未按照软件工程的要求进行开发，因而没有文档或文档太少，或在长期的维护过程中文档在许多地方与程序实现变得不一致。这样在维护时就会遇到很大困难。

(4) 数据库技术的应用

使用数据库可以简单而有效地管理和存储用户程序中的数据，还可以减少生存用户报表应用软件的工作量。数据库工具可以很方便地修改和扩充报表。

(5) 先进的软件开发技术

在软件开发时，若使用能使软件结构比较稳定的分析与设计技术，以及程序设计技术，如面向对象技术、复用技术等，可减少大量的工作量。

(6) 其　他

例如，应用的类型、数学模型、任务的难度、开关与标记、IF 嵌套深度、索引或下标数等，对维护工作量都有影响。

此外，许多软件在开发时并未考虑将来的修改，这就为软件的维护带来许多的问题。

8.2.3　软件维护的策略

根据影响软件维护工作量的各种因素，针对 3 种典型的维护，有人提出了一些策略，以控制维护成本。

1. 针对改正性维护

通常要生成百分之百可靠的软件并不一定合算，成本太高。通过用新技术，可大大提高可靠性，并减少改正性维护的需要。这些技术包括：数据库管理系统、软件开发环境、程序自动生成系统、较高级(第四代)语言。应用以上 4 种方法可产生更加可靠的代码。此外，还可利用以下方法：

1) 利用应用软件包。利用应用软件包可开发出比完全由用户自己开发的系统可靠性更高的软件。

2) 结构化技术。用结构化技术开发的软件易于理解和测试。

3) 防错性程序设计。把自检能力引入程序，通过非正常状态的检查，提供审查跟踪。

4) 周期性维护审查。通过周期性维护审查在形成维护问题之前就可确定质量缺陷。

2. 针对适应性维护

适应性维护不可避免，但可以控制。

1) 适应性维护在配置管理时,把硬件、操作系统和其他相关环境因素的可能变化考虑在内,可以减少某些适应性维护的工作量。

2) 把硬件、操作系统,以及其他与外围设备有关的程序归到特定的程序模块中。可能将因环境变化而必须修改的程序局限于某些程序模块之中。

3) 使用内部程序列表、外部文件,以及处理的例行程序包,可为维护时修改程序提供方便。

3. 针对完善性维护

完善性维护用前两类维护中列举的方法,也可以减少维护成本。特别是数据库管理系统、程序生成器、应用软件包,可减少系统或程序员的维护工作量。

此外,建立软件系统的原型,把它在实际系统开发之前提供给用户。用户通过研究原型,进一步完善他们的功能要求,就可以减少以后完善性维护的需要。

8.2.4 维护的成本

从历史上看,软件维护的成本一直在不断增长。20世纪70年代,一个信息系统机构用于软件维护的费用占其软件总预算的35%~40%,80年代接近60%。若维护方式没有大的改进,未来几年,许多大型软件公司可能要将其预算的80%用于软件系统的维护上。除软件维护所耗费的财力外,其他因素也已经引起人们的注意。例如,由于资源(人力、设备)优先用于维护任务,影响新软件系统的开发,可能会丧失机会。有时还要付出一些无形的代价,如某些表面合理,但实际不能满足的维护请求将引起用户不满;在软件维护过程中引入的潜在错误降低了软件的质量;从开发小组中临时抽调工程师从事维护工作影响了正在进行的开发等。

最后,维护旧程序使生产率(按每人月代码行或每人月功能点计算)大幅度下降。据报道,生产率最多可能降低40倍,即每行用25元开发的软件,维护一行的费用可能达到1 000元。

软件维护工作量分为生产性活动(用于分析与评价、修改设计和代码等)和非生产性活动(用于理解代码功能,解释数据结构、接口特征与性能约束等)两类。下面给出维护工作量的一种估算模型:

$$M=P+K\times\exp(c-d)$$

其中,M—维护所用总工作量;

P—生产性工作量;

K—经验常数;

c—复杂度,非结构化设计及缺少文档都会增加软件的复杂度;

d—对所到之处维护软件的熟悉程度。

模型表明,倘若未用好的软件开发方法(即未遵循软件工程的思想)或软件开发人员不能参与维护,则维护工作量(和成本)将成指数增长。

8.2.5 可能存在的问题

与软件维护有关的绝大多数问题,都可归因于软件定义和软件开发的方法有缺点。在软件生命周期的前两个时期没有严格而又科学的管理和规划,几乎必然会导致在最后阶段出现问题。下面列出和软件维护有关的部分问题:

1) 理解别人写的程序通常非常困难,而且困难程度随着软件配置成分的减少而迅速增加。如果仅有程序代码没有说明文档,则会出现严重的问题。

2）需要维护的软件往往没有合格的文档,或者文档资料明显不足。认识到软件必须有文档仅仅是第一步,容易理解的,并且和程序代码完全一致的文档才真正有价值。

3）当要求对软件进行维护时,不能指望由开发人员给用户仔细说明软件。由于维护阶段持续的时间很长,因此,当需要解释软件时,往往原来写程序的人已经不在附近了。

4）绝大多数软件在设计时没有考虑将来的修改。除非使用强调模块独立原理的设计方法论;否则修改软件既困难又容易发生差错。

5）软件维护不是一项吸引人的工作。形成这种观念很大程度上是因为维护工作经常遭受挫折。

上述种种问题在现有的没有采用软件工程思想开发出来的软件中,都或多或少地存在着。采用软件工程思想开发软件,并不能解决与维护有关的所有问题,但是,能部分解决与维护有关的每一个问题。

8.3 维护任务的实施

8.3.1 维护组织

虽然通常并不需要建立正式的维护组织,但是,即使对于一个小的软件开发团体而言,非正式地委托责任也是绝对必要的。每个维护要求都通过维护管理员转交给相应的系统管理员去评价。系统管理员是被指定去熟悉一小部分产品程序的技术人员。系统管理员对维护任务做出评价之后,由变化授权人决定应该进行的活动。图 8.3 描绘了上述组织方式。

在维护活动开始之前就明确维护责任是十分必要的。这样做可以大大减少维护过程中可能出现的混乱。

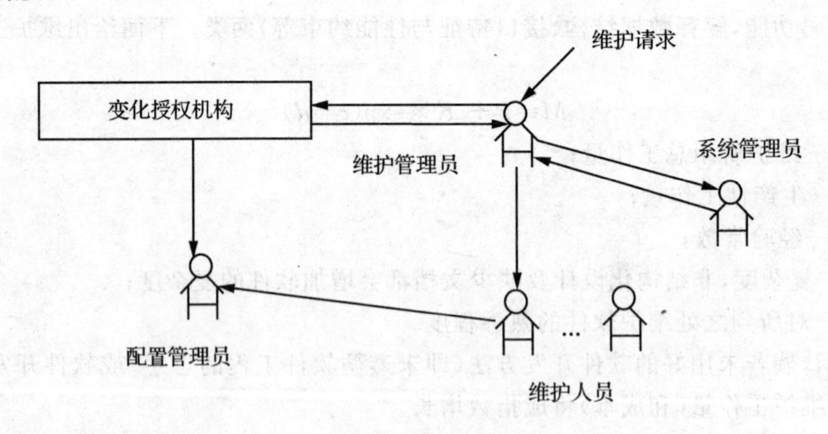

图 8.3 维护组织

8.3.2 维护报告

应该用标准化的格式表达所有软件维护要求。软件维护人员通常给用户提供空白的维护申请表(软件问题报告表)。这个表格由要求一项维护活动的用户填写。如果遇到了一个错

误，那么必须完整描述导致出现错误的环境（包括输入数据、全部输出数据，以及其他有关信息）。对于适应性或完善性的维护要求，应该提出一个简短的需求说明书。如前所述，由维护管理员和系统管理员评价用户提交的维护申请表。

维护申请表是一个外部产生的文件。它是计划维护活动的基础。软件组织内部应该制定出一个软件修改报告。它给出下述信息：

1）维护申请表中提出的要求所需要的工作量。

2）维护要求的性质。

3）这项要求的优先次序。

4）与修改有关的事后数据。

在拟订进一步的维护计划之前，把软件修改报告提交给变化授权人审查批准。

8.3.3　维护过程

图 8.4 是一种维护模型。它描绘了由一项维护要求而引起的事件流。从图 8.4 描述的模型，可以归纳维护的过程如下所述。

1）要明确维护的类型。在有些时候，用户可能将一项维护看作是改正性维护，而开发人员则可能将这项目维护看作是适应性维护或完善性维护。当存在不同意见时应该协商解决。

2）对改正性维护请求，从评价错误的严重性开始。如果存在严重错误（例如，一个关键性的系统不能正常运行），那么应在系统管理员的指导下分派人员立即进行问题分析工作；如果错误并不严重，那么将此项改正性维护同其他软件开发任务一起，统一安排时间。

3）对适应性维护请求和完善性请求按照相同的事件流推进。先确定每项请求的优先次序，安排工作时间。如果某项维护请求的优先次序非常高，就可立即开始维护工作；否则，就同其他开发任务一起，统一安排工作时间。

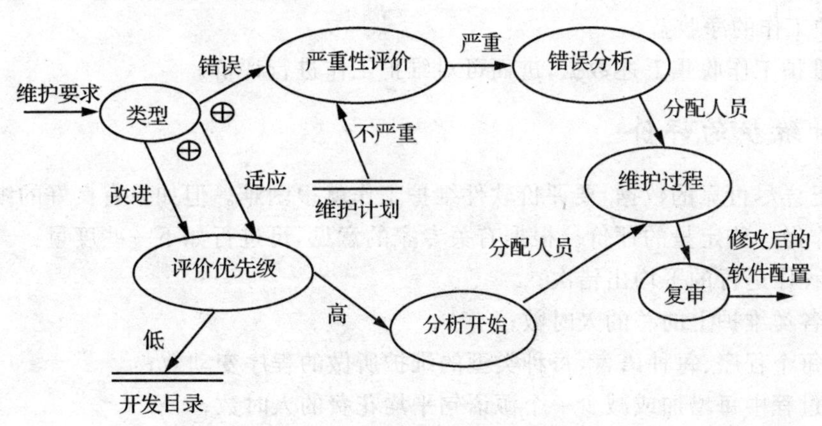

图 8.4　维护模型

当然也有不完全符合上述事件流的维护请求。当软件发生恶性问题时，就出现被称为“救火”的维护请求。这时，应立即利用所有资源来解决这个软件问题。

不管维护的类型如何，都需要进行同样的技术工作。这些工作包括以下两方面。

1）修改软件设计。

2）设计复审。

8.3.4 维护记录的保存

如果对维护的记录不进行保存，或保存不充分，那么就无法对软件使用的完好程度进行评价，也无法对维护技术的有效性进行评价。哪些维护记录值得保存下来？Swanson 提出这样一张清单：

1）程序名称；

2）源程序语句数；

3）机器指令条数；

4）所用的编程语言；

5）程序交付使用的日期；

6）已运行次数；

7）故障处理次数；

8）程序改变的级别及名称；

9）修改程序所增加的源语句数；

10）修改程序所删除的源语句数；

11）每次修改耗费的人时数；

12）程序修改日期；

13）软件工程师的姓名；

14）维护申请表的标识；

15）维护类型；

16）维护开始和结束的日期；

17）累计用于维护的人时数；

18）维护工作的净收益。

为每项维护工作收集上述数据，进而可对维护工作进行评价。

8.3.5 对维护的评价

如果缺乏详尽可靠的数据，要评价软件维护工作就很困难。但如果有良好的维护记录，就可对维护工作做一些定量的评价。根据有关专家的意见，可进行如下一些度量：

1）每次程序运行的平均出错次；

2）用在各类维护上的总的人时数；

3）平均每个程序、每种语言、每种类型的维护所做的程序变动数；

4）维护过程中每增加或减少一个源语句平均花费的人时数；

5）维护每种语言平均花费的人时数；

6）处理一张维护申请表平均所需时间；

7）各类维护申请的百分比。

在上述 7 种度量的基础上，可以做出有关开发技术、语言选择、维护工作计划、资源分配等方面的决定。

8.4　软件的可维护性

软件可维护性是一个关于软件可维护的难易程度的定性概念。维护困难的原因在于文档和源程序难以理解，且难以修改。软件开发没严格按软件工程的要求，遵循特定的软件标准或规范进行，因此造成软件维护工作量加大，成本上升，修改出错率升高。此外，许多维护要求并不是因为程序中出错而提出的，而是为适应环境变化或需求变化而提出的。由于维护工作面广，维护难度大，稍有不慎，就会在修改中给软件带来新的问题。所以，为老式的软件能够易于维护，必须考虑使软件具有可维护性。

8.4.1　软件可维护性定义

软件可维护性是指纠正软件系统出现的错误与缺陷，满足新的要求进行修改、扩充或压缩的容易程度。可维护性与可使用性、可靠性是衡量软件质量的几个主要指标。

目前广泛用如下的 7 种特性来衡量程序的可维护性。而且对于不同类型的维护，这 7 种特性的侧重点也不相同。表 8.1 显示了在各类维护中应侧重哪些特性。表中的"○"表示需要的特性。这些质量特性通常体现在软件产品的诸多方面，为使每一个质量特性都达到预定的要求，需要在软件开发的各个阶段采取相应的措施加以保证。因此，软件的可维护性是产品投入运行以前，各阶段面向上述各质量特性要求进行开发的最终结果。

表 8.1　各类维护中的侧重点

	可理解性	可测试性	可修改性	可靠性	可移植性	可使用性	效　率
改正性维护	○	○	○	○			
适应性维护			○		○	○	
完善性维护						○	○

8.4.2　影响软件可维护性的因素

原则上，软件开发工作应该严格按照软件工程要求，遵循特定的软件标准或者规范进行。但是实际工程中由于种种原因，这些要求不能完全做到。例如文档不完整、与实际运行版本有差异、开发过程不注意结构化方法、不注意源码书写风格、缺少内部注释说明等等。这些就造成了软件系统不易理解，难于修改，使得维护成本增大。因此提高软件可维护性是支配软件工程所有步骤的关键目标之一。决定软件可维护性的因素包括以下几个方面。

1）可理解性。软件结构模块化、结构化、源代码内部文档和选择适当的高级语言对软件可理解性至关重要。

2）可测试性。诊断和测试软件的难易程度主要取决于软件的易理解性。良好的文档对于测试和调试至关重要。此外，软件结构、可以得到的测试工具、调试工具以及原来测试使用的测试用例是十分宝贵的。

3）可修改性。软件可修改性与软件设计的原则（耦合、内聚、局部化、控制域、作用域）密切相关。

此外还包括软件的可靠性、可移植性、可用性和效率。而可理解、可测试、可修改、可测试与改正性维护活动相关；可修改、可移植、可使用与适应性维护相关；可用性、效率与功能性维护相关。

8.4.3 提高软件的可维护性方法

为提高软件的可维护性，应该从以下几个方面考虑。

1. 建立软件质量目标和优先级

在软件开发过程中，要求全面实现前述 7 项指标，可能需要付出极大的代价。因为其中有一些指标是相互依存的，如可理解性与可测试性、可修改性。但有些是相互抵触的，如效率和可理解性、效率和可移植性等。可维护性各项指标的相对重要性随程序系统的应用领域和运行环境不同而有所差异。例如对于通信系统的支持软件可能要求可靠性与效率；对于管理信息统则可能强调可用性和可修改性。所以应该根据用户需求和运行支持环境规定软件可维护性指标的优先级，这对于提高软件系统整体质量，降低软件费用有极大影响。

2. 使用提高软件质量的技术和工具

在软件系统设计和实现过程中采用程序系统模块化和程序设计结构化技术是获得良好系统结构，提高可理解性，保证软件可维护性的基本要求。在软件维护阶段，使用结构化程序设计技术的要点有：

1）采用备份方法。当要求修改某个程序模块时，首先对原模块进行备份，然后用新的结构良好的模块整体替换掉原有模块。这种方法只要求理解原模块的外部特性，可以不关心其内部实现逻辑。这样处理有助于减少维护产生的错误，提供了采用结构化模块逐一替换非结构化模块的途径。

2）采用自动重建结构和重新格式化工具将非结构化代码转换为结构良好的代码。再结构的步骤是：

- 对原代码进行编译以保证没有语法错误。
- 借助结构化工具重新构造非结构化代码段。
- 利用重新格式工具对程序进行缩进悬挂各分段。
- 利用编译器代码优化编译功能进行重新编译。

3）改进现有系统的不完整文档。包括补充、完善系统规格说明书、设计文档、模块设计说明、在源码文件中插人注释等。

3. 进行明确的质量保证审查

为保证软件的可维护性，有 4 种类型的软件审查。

（1）在检查点进行复审

保证软件质量的最基本点是在软件开发的最初阶段就考虑软件的质量要求，并在开发过程每个阶段设置检查点进行检查。在不同的检查点，检查的重点不同，如图 8.5 所示。

（2）验收检查

验收检查是软件交付之前的最后一次检查，是软件投入运行之前保证可维护性的最后机会。从可维护性角度出发验收检查必须遵循的最小标准是：

1）需求和规范标准。需求以可测试的术语书写，专有名词应该加以确定。严格区分必须的、可选的、将来可能的需求。明确系统运行环境、用户组织，测试工具的需求。

2）设计标准。程序系统应该按照结构化设计要求进行模块设计。每个模块应该功能独立，高内聚、低耦合。设计中应该说明可扩充的接口和可化简的归约方式。

3）源代码标准。使用的高级语言（尽量使用语言的标准版本），所有代码要求文档化，在源程序内部应该说明其输人输出的特点。

4）文档标准。本系统交付的所有文档种类、规格及引用参照列表。

（3）周期性维护审查

在软件运行期应该定期检查软件系统的运行情况，跟踪软件质量变化。

（4）对软件包的检查

软件包是一种标准化的商品软件。其开发商通常不提供源代码和程序文档。因此用户维护人员应该仔细分析、研究开发方提供的用户手册、操作手册、培训教程、版本说明、环境要求，以及开发方承诺的技术支持。在此基础上编制软件包的检验程序，以确定软件包所实现的功能是否与用户要求和条件一致。

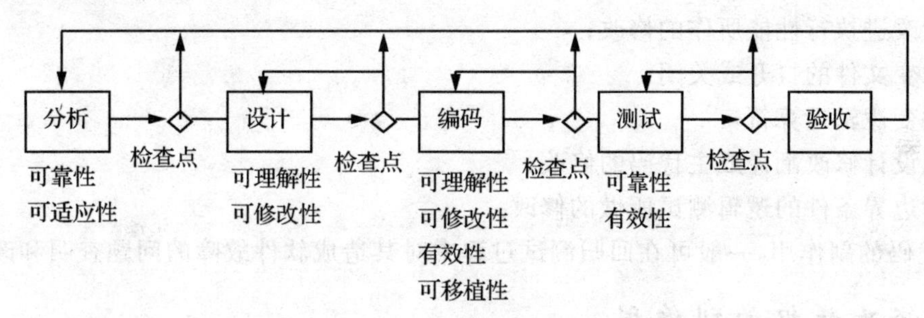

图 8.5　软件开发不同阶段的检查重

4. 选择可维护性好的程序设计语言

软件系统的实现语言对于程序的可维护性影响很大。低级语言程序难于理解，当然也难以维护。高级语言程序具有较好的可维护性。不同的高级语言具有不同的特点，其可理解性也不同。第四代语言，例如数据库查询语言、图形语言、报表生成器等都具有非过程化特征。要求程序员描述实现的任务，低层算法与代码生成程序员关心不多。因此编制的程序容易理解和修改。从维护角度看，第四代语言程序更容易维护。

5. 建立维护文档

软件维护阶段要求的文档有以下 3 种。

1）系统开发日志，它记录了软件开发的目标、优先次序、设计实现方案、使用的测试技术和工具、开发进程中出现的问题和解决办法。这些对于维护活动具有极大的参照价值。

2）运行日志，记录软件每天的运行情况，出错历史、类型、发生错误的现场及条件。运行日志是跟踪软件状态，合理评价软件质量，提出和预测维护要求的重要依据。

3）系统维护日志，即条件修改报告。

8.5 软件维护的副作用

修改软件是危险的。在复杂的逻辑过程中，每修改一次，都可能使潜在的错误增加。设计文档和细心的回归测试都有助于消除错误，但仍然可能遇到维护的副作用。

所谓维护副作用，就是指由于修改而导致的错误或其他多余动作的发生。Freedman 和 Weinberg 定义了三类主要副作用，讨论如下。

8.5.1 修改代码的副作用

对一个简单语句作一个简单的修改，有时都可能导致灾难性的结局。一个人造空间飞船的地面支持软件，由于粗心，把一个逗号写成了一个句号，又没能检查出来，几乎造成悲剧性的后果。虽然不是所有的副作用都有这样严重的后果，但修改容易招致错误，而错误经常造成各种问题。使用编程语言源代码与机器通信，产生副作用的机会很多。虽然每个代码修改都有可能引人错误，但是下述修改会比其他修改更容易引入错误：

(1) 删除或修改一个子程序；
(2) 删除或改变一个语句标号；
(3) 删除或改变一个标识符；
(4) 为改进执行性能所作的修改；
(5) 改变文件的打开或关闭；
(6) 改变逻辑运算符；
(7) 把设计修改翻译成主代码的修改；
(8) 对边界条件的逻辑测试所做的修改。

修改代码的副作用，一般可在回归测试过程中对其造成软件故障的问题查明和改正。

8.5.2 修改数据的副作用

前面讲过数据结构在软件设计中的重要性。维护时，经常要对数据结构的个别元素或结构本身进行修改。当数据改变时，原有的软件设计可能对这些数据不再适用从而产生错误。数据的副作用产生于对软件数据结构的修改。

修改数据的副作用经常发生在下述的一些数据修改中：

(1) 重新定义局部和全程量；
(2) 重新定义记录或文件格式；
(3) 增大或减小一个数组或高阶数据结构的大小；
(4) 修改全程数据；
(5) 重新初始化控制标记或指针；
(6) 重新排列 I/O 或子程序的自变量。

完善的设计文档可以限制数据的副作用。这种文档描述了数据结构，并提供了一种把数据元素、记录、文件和其他结构与软件模块联系起来的交叉对照表。

8.5.3 修改文档的副作用

维护应该着眼于整个软件配置，而不只是源代码的修改。如果源代码的修改没有反映在设计文档或用户手册中，就会发生文档的副作用。

对数据流、设计体系结构、模块过程或任何其他有关特性进行修改时，必须对其支持的技术文档进行更新。设计文档不能正确地反映软件的当前状态，可能比完全没有文档更坏。因为，在以后的维护工作中阅读这些技术文档时，将导致对软件特性的不正确评价。这样就会产

生文档的副作用。

对用户来说，软件应该与描述它的用法的文档一样好。如果对可执行软件的修改没有反映在文档上，肯定会有副作用。例如，对交互式输入或格式的修改，若没有恰当地反映在文档上，可能会引起严重的问题。新的无文档的错误信息可能导致人们的困惑。过时的内容、索引和文本会使用户受挫和不满。

在软件再次交付使用前，对整个软件配置进行评审将能大大减少文档的副作用。实际上，某些维护申请只是指出用户文档不够清楚，并不要求修改软件设计或源代码。此时只对文档进行维护即可。

8.6　逆向工程和再工程

“逆向工程”最初指软件公司对竞争方的硬件产品进行分解，了解对手产品的“隐秘”。因为要受到法律的约束，软件的逆向工程的程序常不是竞争方的。公司做逆向工程的程序有些是在多年以前开发的。这些程序没有规格说明，对它们的了解很模糊。因此，软件的逆向工程是分析程序，力图在比源代码更高抽象层次上建立程序表示的过程。逆向过程是设计恢复的过程。逆向工程工具可以从已存在程序中抽取数据结构、体系结构和程序设计信息。

再工程，也叫做复壮(修理)或再生。它不仅能从已存在的程序中重新获得设计信息，而且还能使用这些信息来改建或重构现有的系统，以改进它的综合质量。软件人员利用在工程重新实现已存在的程序，同时加进新的功能或改善它的性能。

为了执行预防性维护，软件开发单位必须选择在最近的将来可能变更的程序，做好变更他们的准备、逆向工程和再工程可用于执行这种维护任务。下面首先讨论预防性维护，然后再进一步讨论逆向工程和再工程。

8.6.1　预防性维护

以上介绍的是传统的软件维护方法。随着软件开发模型、软件开发技术、软件支持过程和软件管理过程 4 个方面技术的飞速发展，软件维护方法也随之发展。

每一个大的软件开发机构(或许多小的软件开发单位)有着上百万行的老代码。它们都是逆向工程或再工程的可能对象。如果有一类程序的“模块”规模大，且在源程序与句中有意义的注释很少，又没有其他文档，为了修改这类程序以适应用户新的或变更的需求，可以有以下几种选择。

1) 通过反复的修改，与不可见的设计及源代码“战斗”，以实现必要的变更；

2) 尽可能多地掌握程序的内部工作细节，以便更有效地做出修改；

3) 重新设计、重新编码和测试那些需要变更的软件部分，把软件工程方法应用于所有修改的部分；

4) 对程序全部重新设计、重新编码和测试，为此可以使用 CASE 工具(逆向工程和再工程程序)来帮助掌握原有的设计。

第一个选择比较盲目，通常人们希望后 3 种选择。选择何种，要视环境而定，而作为预防性维护对象的程序，可能有以下 3 种情况。

1) 预先选定多年留待使用的程序；

2）当前正在成功地使用的程序；

3）可能在最近的将来要做重大修改或增强的程序。

预防性维护的想法是“结构化翻新”。其定义为“把今天的方法学应用到昨天的系统，以支持明天的需求”。

初看起来，在一个正在工作的版本已经存在的情况下，重新开发一个大型程序似乎是一种浪费。其实不然，下列一些情况很能说明问题：

1）维持一行源代码的代价可能14～40倍于初始开发该行源代码的代价；

2）软件体系结构（程序及数据结构）的重新设计使用了现代设计概念，它对将来的维护可能有很大的帮助；

3）由于软件的原型已经存在，开发生产率应当大大高于平均水平；

4）现行用户具有较多有关该软件的经验，故新的变更需求和变更范围能够容易搞清；

5）逆向工程和再工程的工具可以使一部分作业自动化；

6）软件配置将可以在完成预防性维护的基础上建立起来。

当软件开发组织将软件当作产品卖出去之时，预防性维护的好处可在程序的“新发布”中为人们所理解。一个大型软件开发机构可能拥有800～2000个产品程序，这些程序可根据其重要性排一个优先次序，然后当作预防性维护的候选对象加以评估。

8.6.2 逆向工程的元素

逆向工程可以在一个非结构化的无文档的源代码或目标代码清单的基础上，形成计算机软件的全部文档。逆向工程可以从源代码或目标代码中提取设计信息。其中抽象的层次、文档的完全性、工具与人的交互程度，以及过程的方法都是重要的因素。

逆向工程的抽象层次和用来产生它的工具提交的设计信息是原来设计的赝品。它是从源代码或目标代码中提取出来的。理想情况是抽象层次尽可能的高，也就是说，逆向工程过程应当能够导出过程性设计的表示（最低层抽象）、程序和数据结构信息（低层抽象）、数据和控制流模型（中层抽象）和实体联系模型（高层抽象）。随着抽象层次的增加，可以给软件工程师提供更多的信息，使得理解程序更容易。

逆向工程的文档完全性给出了一个抽象层次所能提供细节的详细程度。在多数情况下，文档完全性随着抽象层次的增加而减少。例如，给出一个源代码清单，可利用它得到比较完全的过程性设计表示；可能还能得到简单的数据流表示；但要得到完全的数据流图则比较困难。

文档完全性的改善与人做逆向工程时所执行的分析量成正比；交互性是指人与自动工具“交互”建立有效的逆向工程过程的程度。在多数情况下，当抽象层次增加时，交互性也必须增加，而完全性则减少了。

如果逆向工程过程的方向只有一条路，则从源代码或目标代码中提取的所有信息都将提供给软件工程师。他们可以用来进行维护活动。如果方向有两条路，则信息将反馈给再工程工具，以便重新构造或重新生成老的程序。

习题8

1. 什么是软件的维护？分为几类？

2. 为什么软件的维护工作十分艰巨？

3. 软件的可维护性与哪些因素有关？在软件开发过程中应采取哪些措施提高软件的可维护性？

4. 简述维护管理人员的职责。

5. 软件维护可能产生哪些副作用？

6. 如果对一个已有的软件进行重大修改，只允许从下述文档中选取两份，

1）程序的规格说明书；

2）程序的详细设计结果；

3）源程序清单。

你是如何选取的？说明理由。

7. 简述维护文档的种类和组成。

8. 阐述逆向工程和再工程的内容。

第9章 软件项目管理

技术和管理,是软件生产中不可缺少的两个方面。对技术而言,管理意味这个决策和支持。只有对生产过程进行科学的管理,做到技术落实、组织落实和费用落实,才能达到提高生产率,改善产品质量的目的。

软件工程管理是通过计划、组织和控制等一系列活动,合理地配置和使用各种资源,以达到既定目标的过程。软件工程管理在项目的任何技术活动开始之前就要进行,并且贯穿于整个软件生命周期之中。

9.1 软件工程管理概述

9.1.1 软件工程管理的重要性

由于软件本身的复杂性,软件工程将软件开发划分为若干个阶段。每个阶段完成不同的任务,采取不同的方法。为此,软件工程管理需要有相应的管理策略。由于软件产品的特殊性,软件工程管理涉及很多的学科,如系统工程学、标准化、管理学、逻辑学、数学等。对软件工程的管理,人们还缺乏经验和技术。实际上,人们都在自觉或不自觉地进行管理,但管理的好坏不一样。随着软件规模的不断增大,软件开发人员日益增加,开发时间不断增长,软件工程管理的难度逐步增加。由于软件开发管理不善,造成的后果很严重。因此软件工程管理非常重要。

9.1.2 管理的目的与内容

简而言之,管理的目的是为了按照预定的时间和费用,成功地完成软件的计划、开发和维护任务。软件管理主要体现在软件的项目管理中,包括对于费用、质量、人员和进度等四个方面的管理。前已指出,在开发软件项目前,首先须制订“项目实施计划”,以便按照计划的内容组织与实施软件的工程化生产。项目管理的最终目标,就是要以合理的费用和进度,圆满完成计划所规定的软件项目。它的费用、质量、人员和进度等管理是在一个项目上的综合体现。

1. 费用管理

目的是对软件开发进行成本核算,使软件生产按照商品生产的经济规律办事。其主要任务是:①以简单实用和科学的方法估算出软件的开发费用,作为签订开发合同的根据;②管理开发费用的有效使用,用经济手段来保证产品如期按质完成。

2. 质量管理

目的在于保证软件产品(包括最终程序和文档)的质量。为了贯彻全面质量控制(TQC)的原则,每个项目都要订出“质量保证计划”,并由专设的质量保证小组负责贯彻,确保在各个阶段的开发和维护工作全都按软件工程的规范进行。

配置管理是质量管理的重要组成部分，包括对于程序、文档和数据的各种版本所进行的管理，以保证资料的完整性与一致性。对于重要的和大型的软件，需要制订单独的“配置管理计划”，并由专设的人员进行管理。

3. 项目的其他管理

除项目经费和软件质量外，项目的进度和人员也是项目管理的重要内容。为了按时完成进度，项目经理和下属的子项目负责人应制订详细的工作计划，用网络图(PERT 图)描述各部分工作进度的相互关系。对各个开发阶段所需的人力资源，也要分类做出估算，写入项目实施计划。此外，在项目计划的实施过程中，项目负责人应定期填写“项目进展(月/季)报表”，并在需要时对进度进行适合的调整。开发结束后，还应写出“项目开发总结”。报表和总结的内容请读者参阅有关的规范手册。

9.2 软件工作量估算

软件开发和任何的商业活动一样，都是希望通过投资得到更大的回报，因此对成本的估算是非常重要的，甚至关系到项目的成败。

软件开发成本主要是指软件开发过程中所要花费的工作量及相应的代价，不包括原材料和能源的消耗，主要是人的劳动的消耗。它的开发成本是以一次性开发过程所花费的代价来计算的。因此软件开发成本的估算，应是从软件计划、需求分析、设计、编码、单元测试、组装测试到确认测试，以整个软件开发过程所花费的人工代价作为依据的。

9.2.1 软件开发成本估算方法

由于软件开发的特殊性，开发成本的估算不是一件简单的事，往往不到最后的时刻，是很难得到准确的成本的。对软件成本的估算，主要靠分解和类推的手段进行。基本估算方法分为三类。

1. 自顶向下的估算方法

这种方法的思想是从项目的整体出发，进行类推，即估算人员根据以前已完成项目所耗费的总成本(或总工作量)，推算将要开发的软件的总成本(即总工作量)，然后按比例将它分配到各开发任务中去，再检验它是否满足要求。这种方法的优点是估算工作量小，速度快。缺点是对项目中的特殊困难估计不足，估算出来的成本盲目性大。

2. 自底向上的估算方法

这种方法的思想是把待开发的软件细分，直到每一个子任务都已经明确所需要的开发工作量，然后把它们加起来，得到软件开发的总工作量。这是一种常见的估算方法。它的优点是估算各个部分的准确性高。缺点是缺少各项子任务之间相互联系所需要的工作量，还缺少许多与软件开发有关的配置管理、质量管理、项目管理等工作量。所以往往估算值偏低，必须用其他方法进行检验和校正。

3. 差别估算方法

这种方法综合了上述两种方法的优点。其想法是把待开发的软件项目与过去已完成的软件项目进行类比，从其开发的各个子任务中区分出类似的部分和不同的部分。类似的部分按实际量进行计算，不同的部分则采用相应的方法进行估算。这种方法的优点是可以提高估算的准确度,缺点是"类似"0 的界限不容易划分。

9.2.2 算法模型估算

软件开发工作量是软件规模(KLOC)的函数。工作量的单位通常是人月。COCOMO Ⅱ 模型是一种软件开发工作量估算模型。

COCOMO 是英文 COnstructive COst MOdel(构造性成本模型)的缩写,是 Boehm 于 1981 年提出的。1997 年 Boehm 等人提出 COCOMO Ⅱ 模型,是 COCOMO 模型的修订版。构造性成本模型,是一种层次结构的软件估算模型,是最精确的、最易于使用的软件成本估算方法之一。

COCOMO Ⅱ 模型分为三个层次,在估算软件开发工作量时,对软件细节问题考虑的详尽程度逐层增加。这三个估算模型的层次如下:

1) 应用组装模型:在软件工程的早期阶段使用,这时,用户界面的原型开发、对软件和系统交互的考虑、性能的评估以及技术成熟度的评价是最重要的。

2) 早期设计阶段模型:在需求已经稳定,并且基本的软件体系结构已经建立时使用。

3) 体系结构后阶段模型:在软件的构造过程中使用。

COCOMo Ⅱ 模型把软件开发工作量表示成千行代码数(KLOC)的非线性函数:

$$E = \alpha^{*} KLOC^{b} {}^{*} \prod_{i=1}^{17} f_i$$

其中,E 是开发工作量(以人月为单位),α 是模型系数,KLOC 是估算的源代码行数(以千行为单位),b 是模型指数,$f_i(i=1\sim7)$是成本因素。

每个成本因素都根据其重要程度和对工作量影响的大小,被赋予一定的数值,称为工作量系数。这些成本因素对任何一个项目的开发工作都有影响,应该重视这些因素。

Boehm 把成本因素划分为产品因素、平台因素、人员因素和项目因素等四类。

为了计算模型指数 b,COCOMO2 模型使用了五个分级因素 $W_i(1\leqslant i\leqslant5)$。其中每个成本因素划分为六个级别。每个级别的分数因素 W 取值如下:甚低 W=5,低 W=4,正常 $W_i=3$,高 $W_i=2$,甚高 $W_i=1$,特高 $W_i=0$。

然后用下式计算 b 的值:

$$b = 1.01 + 0.01\sum_{i=1}^{5} W_i$$

因而,b 的取值范围为 1.01~1.26。

COCOMo2 使用的 5 个分级因素如下所述。

1) 项目先例性。这个分级因素指出,对于开发组织来说该项目的新奇程度。诸如开发类似系统的经验,需要创新体系结构和算法,以及需要并行开发硬件和软件等因素的影响,都体现在这个分级因素中。

2) 开发灵活性。这个分级因素反映出,为了实现预先确定的外部接口需求及为了及早开发出产品而需要增加的工作量。

3) 风险排除度。这个分级因素反映了重大风险已被消除的比例。在多数情况下,这个比例与指定了重要模块接口(即选定了体系结构)的比例密切相关。

4) 项目组凝聚力。这个分级因素表明了开发人员相互协作时可能存在的困难。反映了

开发人员在目标和文化背景等方面相一致的程度，以及开发人员组成一个小组工作的经验。

5）过程成熟度。这个分级因素反映了按照能力成熟度模型度量出的项目组织的过程成熟度。

在估算工作量的方程中，模型系数 α 的典型值为 3.0，应根据经验数据确定本组织所开发的项目类型的数值。

9.3　风险管理

能预见可能影响项目进度或正在开发的软件产品质量的风险，并采取行动避免这些风险，是项目管理者的一项重要任务。风险分析的结果以及对该风险发生时的后果分析都应该在项目计划中记录在案。有效的风险管理能使管理者从容面对问题，避免这些风险带来无法承受的开支或进度失控。简单说，可以把风险看作一些不利因素实际发生的可能性。风险可能危及整个项目、正在开发的软件或者开发机构。

9.3.1　风险分析

在进行风险分析时，要逐一考虑每个已经识别出的风险，并对风险出现的可能性和严重性做出判断。除此之外没有捷径可走，只能靠项目管理者的经验做主观判断。风险评估的结果一般不是精确的数字，会有一定的差别。

对风险出现的可能性进行评估，可能的结果有：风险出现的可能性非常小（＜10％）、小（10％～25％）、中等（25％～50％）、大（50％～75％）或非常大（＞75％）。

对风险的严重性进行评估，可能的结果有灾难性的、严重的、可以容忍的和可以忽略的。

9.3.2　风险识别

从宏观上说，风险可区分为项目风险、技术风险和商业风险。项目风险是指在预算、进度、人力、资源、客户及需求等方面潜在的问题。它们可能造成软件项目成本提高，时间延长等损失。技术风险是指设计、实现、接口和维护等方面的问题，以及由此造成的降低软件开发质量、延长交付时间等后果。商业风险包括市场、商业策略、推销策略等风险。这些风险会直接影响软件的生存能力。

为了正确识别风险，可以将可能发生的风险区分为若干子类。每类建立一个“风险项目检查表”来识别它们。以下是常见的风险子类与需要检查的内容：

- 产品规模风险——检查与软件总体规模相关的风险；
- 商业影响风险——检查与管理或市场的约束相关的风险；
- 与客户相关的风险——检查与客户素质及通信能力相关的风险；
- 过程风险——检查与软件过程被定义和开发相关的风险；
- 技术风险——检查与软件的复杂性及系统所包含技术成熟度相关的风险
- 开发环境风险——检查开发工具的可用性及质量相关的风险；
- 人员结构和经验风险——检查与参与工作的人员的总体技术水平及项目经验相关的风险。

对于商业影响风险来说主要有以下几种：

- 建立的软件虽然是很优秀，但不是真正所想要的（市场风险）；
- 建立的软件不适用整个软件产品战略；
- 销售部门不清楚如何推销这种软件；
- 失去上级管理部门的支持；
- 失去预算或人员的承诺（预算风险）；
- 最终用户的水平。

对于这些提问，通过判定分析或假设分析，给出确定的回答，就可以帮助管理计划人员估算风险的影响。

9.3.3 风险估算

风险估算，又叫风险预测。使用两种方法来估算每一种风险发生的可能性和概率。通常，项目计划人员与管理人员、技术人员一起，进行4种风险估算活动。

1）建立一个尺度或标准来表示一个风险的可能性；
2）描述风险的结果；
3）估算风险对项目和产品的影响；
4）确定风险估算的正确性。

可以通过检查风险表来度量各种风险。尺度可以用布尔值、定性的，或定量的方式定义。一种比较好的方法是使用定量的概率尺度。它具有下列的值：极罕见的、罕见的、普通的、可能的、极可能的，还可以将多个开发人员对某个项目的风险估计进行平均后作为评估结果。

最后，根据已掌握的风险对项目的影响，可以给风险加权，并把它们安排到一个优先队伍中。造成影响的因素有三种：风险的表现、风险的范围和风险的时间。风险的表现指出在风险出现时可能的问题。风险的范围则组合了风险的严重性（即它严重到什么程度）与其总的分布（即对项目的影响有多大，对用户的损害又有多大）。风险的时间则考虑风险的影响什么时候开始，要影响多长时间。

9.3.4 风险评估

在风险分析过程中进行风险评估的时候，用一个三元组$[r_i, l_i, x_i]$来表示这3个因素。其中r_i表示风险，l_i表示风险发生的概率，x_i则表示风险产生的影响。Charette认为，各种风险通常从成本、进度及性能等方面对软件项目产生影响。对于成本超支、进度延期和性能降低（或它们的组合），都应该有一个参考水平值，超过了某个具体值，即可视为项目的终止点，可能导致被迫终止计划开发的项目。因此在评估风险时，首先要确定风险影响的参考水平值，再建立三元组$[r_i, l_i, x_i]$与参与水平值之间的关系，然后确定项目终止点。图9.1显示了由成本超支和进度延期所构成的"项目终止"曲线。曲线右方为项目终止区域，在曲线上面的各点为临界区，项目终止或继续进行都是可以的。

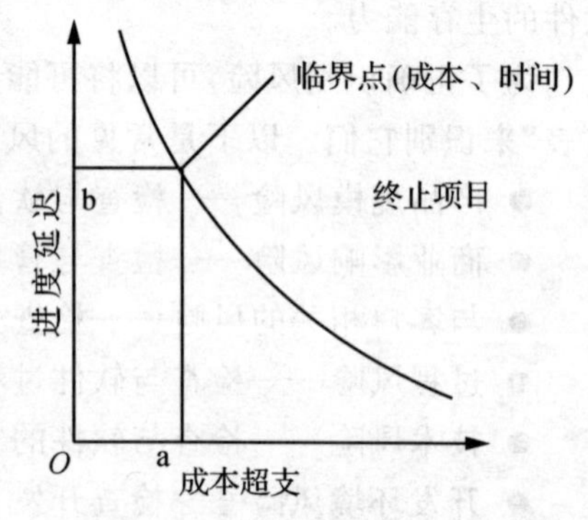

图9.1 风险参考曲线

9.3.5 风险监控

风险分析活动的目的在于建立处理风险的策略。一个有效的策略最好能规避风险；而风险规避的最好方式是把风险控制在项目启动阶段，把项目损失减小到最小程度。

在应对风险的处理过程中，一般存在被动式和主动式两种应对策略。被动策略在处理时风险很可能已经转变成危机了。而明智的策略应该是主动式的，主动策略启动超前，监控及时，评估有序，计划有备。其主要的目标是规避风险，但在风险一旦出现时就能够及时实施处理预案，使风险得到很快控制，损失降到最低限度。

能够主动出击规避风险的前提条件就是能够跟踪监控并驾驭风险。风险跟踪过程的活动主要包括监视风险状态并及时发出通知，启动风险应对预案，并实施消除行动。在这个过程中必须抓住以下环节。

1）比较阈值和状态：通过项目控制面板来获取。如果指标的值在可接受标准之外，则表明出现了不可接受的异常情况。

2）对启动风险进行及时通告：对要启动（可能出现）的风险进行预警，在每天的早会上通报给全组人员，并安排人员负责进行处理。

3）定期通报风险的情况：在定期的会议上通告相关人员目前的主要风险及状态。

分析项目风险可以采用一些有效的措施，以达到规避或减小风险的目的。具体措施如下：

1）项目经理同用户最高决策层保持畅通的交流与沟通渠道；

2）项目开发模型力求采用迭代模型，通过“增量式”的开发方式来及早发现风险，化解风险；

3）审慎运用尚处于研究阶段的分析技术与模型，选择成熟并适合的技术方法；

4）采用层次较高、关系合理的项目组织结构；

5）博采众长，多参考专家意见。

风险规避及追踪监控是一种动态跟踪项目进行的活动。大多数情况下，从项目发生的问题中总能追踪出许多风险。而风险规避与监控工作就是要把“责任”（由什么风险导致问题发生）分配到项目各个具体实施部件中去。

9.4 进度计划

项目进度计划是根据项目的目标，在项目确定的范围内，依照确定的需求和质量标准，并在项目进度及成本预算许可的情况下，制订出一个周密的项目活动安排的过程。

软件项目的进度安排是这样一种活动，它通过把工作量分配给特定的软件工程任务，并规定完成各项任务的起止日期，从而将估算出的项目工作量分布于计划好的项目持续期内。进度计划将随着时间的流逝而不断演化。在项目计划的早期，首先制订一个宏观的进度安排表，标识出主要的软件工程活动和这些活动影响到的产品功能。随着项目的进展，把宏观进度表中的每个条目都精化成一个详细进度表，从而标识出完成一个活动所必须实现的一组特定任务，并安排好实现这些任务的进度。

9.4.1 任务的确定与进度计划

制订项目开发进展计划是在对项目开发进度计划，对项目范围定义完成之后，根据工作分解结构（WBS）所划分的具体工作任务进行工作时序安排的过程。主要是规划各项任务何时开始、持续多久、何时结束，以便在时间上跟踪和控制项目的进度，确保项目能够按时完成。

正因为每个项目都可根据一定的原则将其分解为一系列活动（任务），每一活动还可以分解为一系列的子活动（子任务）。由此即可对各个工作包（任务的最小划分）制定实施的进度计划，使每项任务都能有条不紊、按时保质的完成。由于进度计划来自工作任务安排，那么其规律与需求是基本明确的，在此基础之上再进行资源的分配以及进度计划的安排将更加切实可行。

早制订进度计划时需要考虑的一个重要问题是任务的并行性问题。当参加项目开发的人数不止一个人时，为了最大限度地提高工作效率必须采取软件开发并行工作的方式。由于并行任务是同时发生的，所以进度计划应该体现和决定任务之间的从属关系，确定各个任务的先后次序和衔接条件，明确各个任务完成的持续时间与制约关系。另外还应注意处于关键路径上的任务，这样才能确保在项目进度安排中抓住重点，稳步推进。

当项目进度计划的任务信息确定以及相互关系明确后，还要对所有环节进行整合分析、评估，考察各个任务开工和完工之间有无冲突、整个进度计划是否与原始目标的定义相吻合、当工期拖延时采取什么调控方案、阶段性任务完工日期的控制任务等，权衡全局使之达到合理可行的状况。

Gantt 图和工程网络是制订进度计划时，常用的两个图形工具。

9.4.2 Gantt 图

在具体的制订软件项目的进度安排时，有很多的方法，甚至可以将任何一个多重任务的安排方法直接应用到软件项目的进度安排上。常用的有表格法和图形法。采用图示的方法比使用语言叙述在表现各项任务之间进度的相互依赖关系上更清楚。在图示法中，必须明确标明各个任务的计划开始时间、完成时间；各个任务完成的标志（即○——文档编写；△——评审）；各个任务与参与工作的人数、各个任务与工作量之间的衔接情况；完成各个任务所需的物理资源和数据资源。

甘特图（Gantt Chart）是常用的多任务安排工具。用水平线表示任务的工作阶段，用垂直线表示当前的执行情况；线段的起点和终点分别是对应着任务的开工时间和完成时间；线段的长度表示完成任务所需的时间。

在甘特图中，任务完成的标准是以应交付的文档与通过评审为标准。因此在甘特图中，文档编制与评审是软件开发进展的里程碑。甘特图的优点是标明了各任务的计划进度和当前进度，能动态地反映软件开发进展情况。缺点是难以反映多个任务之间存在的复杂的逻辑关系。

在实际工作中，每个任务完成的标准，并不能以甘特图中该阶段任务结束或下一任务开始为依据，而必须是在交付的阶段性文档通过评审后才决定能否继续往下进行。因此在甘特图中，文档编制与评审是软件开发进度的里程碑和基线（指一个，或一组配置项在项目生命周期的不同时间点上通过正式评审而进入正式受控的一种状态）。甘特图只能表达工作进度与时间的关系，而不能凭此强行实施下阶段的工作，如图 9.2 所示。

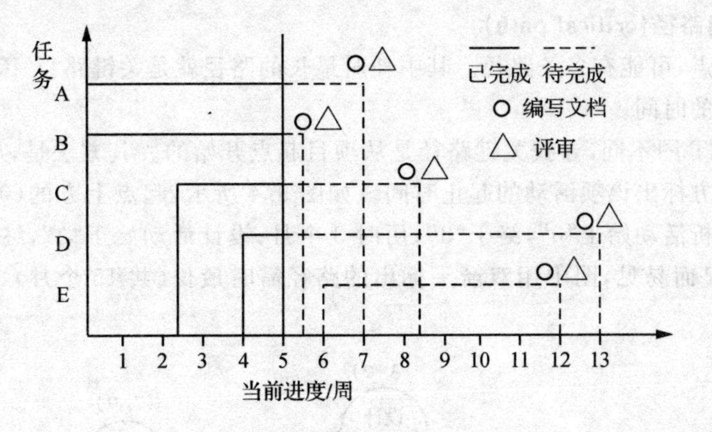

图 9.2 甘特图

9.4.3 工程网络技术

计划评审技术 PERT(Program Evaluation and Review Technique)。20 世纪 50 年代后期,美国海军和洛克希德公司首次提出这一技术,并把它成功地应用于北极星导弹的研究和开发。40 余年来,它在许多工程领域得了广泛的应用,所以有时 PERT 技术也称为工程网络技术。下面将结合一个简单的例子,说明怎样用这一技术来制订软件的进度计划。

1. 建立 PERT 图

这是运用 PERT 技术的第一步。图 9.3 是一个简单软件项目的 PERT 图(又称网络图)。图中的每一圆框,都代表一项开发活动。框内的数字表示完成这一活动所需要的时间,框间的箭头代表活动发生的先后顺序。例如在图 9.3 中,完成分析要 3 个月,完成设计要 4 个月,设计发生在分析之后,即只有在分析结束后,才能开始设计等。

经验表明,采取从后向前建立 PERT 图的方法,常常比较容易。也就是说,首先画出终点,然后逐步前推,画出每个活动,直至项目的起点。

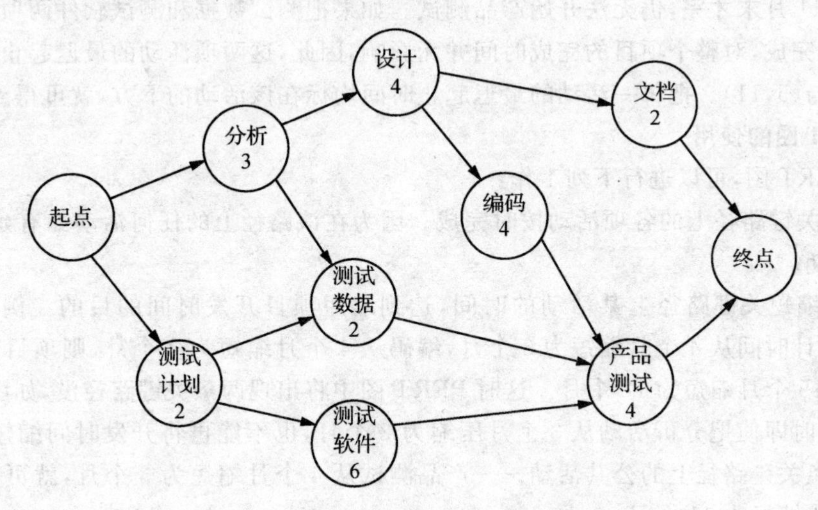

图 9.3 一个简单软件开发项目的 PERT 图

2. 找出关键路径(critical path)

从起点到终点，可能有多条路径。其中耗时最长的路径就是关键路径，因为它决定了完成整个工程所需要的时间。

与建立 PERT 图不同，寻找关键路径是从项目起点开始的。其方法是，从起点到终点，在每个活动框的上方标出该项活动的起止时间。如图 9.4 所示，起点上方的(0,0)表示其起、止时间都是“0”；分析活动始于“0”，终于“3”，历时 3 个月；设计活动始于“3”，终于“7”，历时 4 个月；依次类推。显而易见，图中用双箭头标出的路径需时最长(共 15 个月)，是本例中的关键路径。

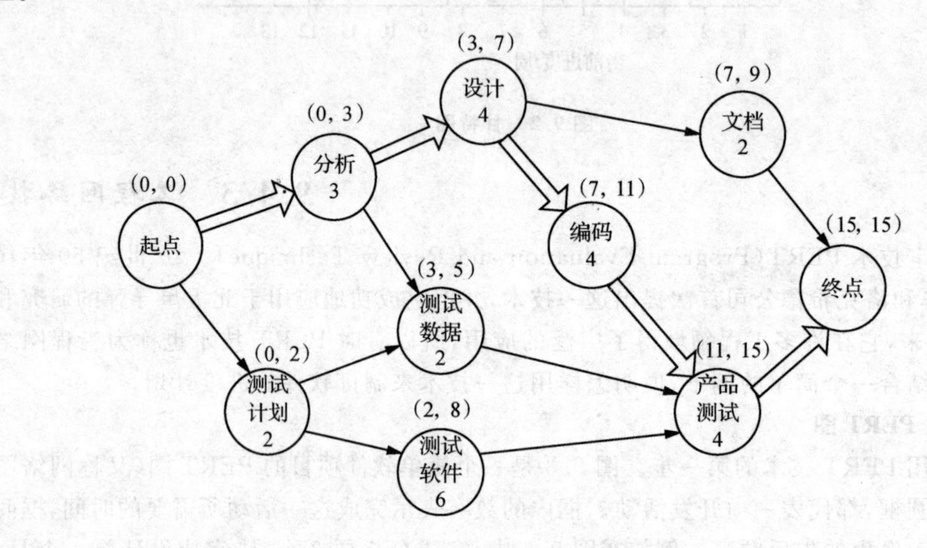

图 9.4 某软件开发项目的关键路径

3. 标出最迟开始时间

以图 9.4 为例，测试数据和测试软件两项任务分别在第 5 月末和第 8 月末就可完成，但因为编码要在 11 月末才完，仍无法开始产品测试。如果把测试数据和测试软件两项活动均推迟到第 11 月末完成，对整个项目的完成时间并无影响，因此，这两项活动的最迟起止时间可分别记为(9,11)与(5,11)。把每一活动的最迟起止时间均标在该活动的下方，就可得到图 9.5。

4. PERT 图的使用

利用 PERT 图，可以进行下列工作：

1）确保关键路径上的各项活动按时完成。因为在该路径上的任何活动如有延期，整个项目将随之延期。

2）通过缩短关键路径上某活动的时间，达到缩短项目开发时间的目的。例如在图 9.5 中，如果把设计时间从 4 个月缩短为 3 个月，编码从 4 个月缩短为 2 个月，则项目开发时间要将从原来的 15 个月缩短为 12 个月。这时 PERT 图中将出现两条关键路径没，如图 9.6 所示。

显然，此时即使把分析活动从 3 个月压缩为 2 个月，也不能再将开发时间缩短。但是，如果把处于两条关键路径上的公共活动——产品测试从 4 个月缩短为 3 个月，就可以把项目开发时间进一步缩短为 11 个月。

对于不处在关键路径上的活动，可根据需要或者调整其起止时间，或者延缓活动的进度。例如在图 9.5 中，可以把“测试数据”活动的起止时间调整为(8,10)，使测试软件和测试数据两

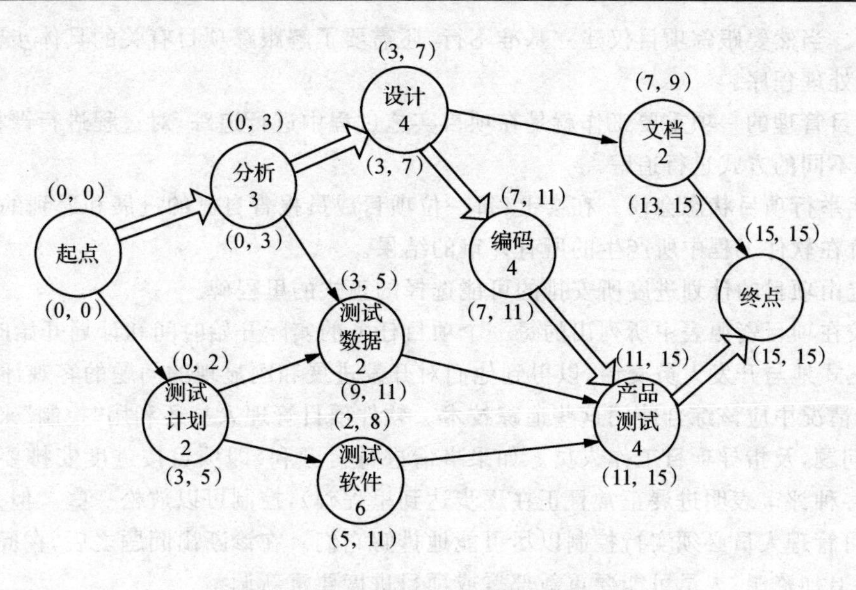

图 9.5　注有最迟开始时间的 PERT 图

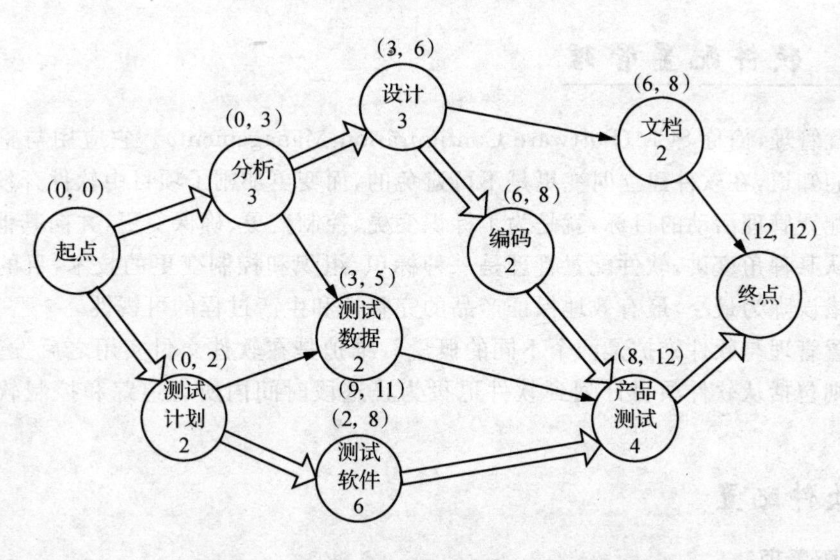

图 9.6　原关键路径缩短后，出现两条关键路径

项活动可以交给同一个人去完成。又如文档活动的起止时间可调整为(7,13)，即将其完成期限从 2 个月放宽到半年，这样，参加这一任务的人员就可以适当减少。

9.4.4　项目的追踪和控制

项目计划执行过程中，经常会出现一些预先无法想到的情况而使项目的进度早于或晚于计划进度或使项目的实际成本低于或高于计划成本。这时需要对项目计划做相应的调整，并对近期内即将发生的活动加强控制，以便积极纠正，并挽回时间和成本造成的偏差或损失。

项目跟踪指的是在项目运行过程中把实际发生的情况与原来估计的情况进行比较，以检查项目开发是否按照计划正常进行。

实施跟踪需要在项目计划制订结束评审通过时，把这一原始计划保存下来。该原始计划

又称为基线。当然要跟踪项目仅建立基准不行,还需要了解跟踪项目有关的具体步骤,并建立有效的跟踪处理程序。

软件项目管理的一项重要工作就是在项目实施过程中进行追踪,对过程进行严格的控制。可以用以下不同的方式进行追踪。

1）定期举行项目状态会议。在会上,每一位项目成员报告自己的进展和遇到的问题。

2）评价在软件工程中所产生的所有评审的结果。

3）确定由项目的计划进度所安排的可能选择的正式的里程碑。

4）比较在项目资源表中所列出的每一个项目任务的实际开始时间和计划开始时间。

5）非正式地与开发人员交谈,以得到他们对开发进展和刚显现的问题的客观评价。

在实际情况中应该综合使用这些追踪技术。软件项目管理人员还利用"控制"来管理项目资源、覆盖问题,及指导项目工作人员。如果事情进行得顺利(即项目按进度安排要求且在预算内实施,各种评审表明进展正常且正在逐步达到里程碑),控制可以放松一些。但是,当问题出现时,项目管理人员必须实行控制以尽可能地排解它们。在诊断出问题之后,在问题领域可能需要一些追加资源;人员可能要重新部署或项目进度要重新调整。

9.5 软件配置管理

软件配置管理,简称 SCM(Software Configuration Management)。它应用与整个软件工程过程。我们知道,在软件建立时变更是不可避免的,而变更加剧了项目中软件开发者之间的混乱。软件配置管理活动的目标,就是为了标识变更、控制变更、确保变更,并向其他有关人员报告变更。从某种角度讲,软件配置管理是一种标识、组织和控制变更的技术,目的是使由变更而引起的错误降为最小,最有效地保证产品的完整性和生产过程的可视性。

软件配置管理与软件维护是两个不同的概念。维护是在软件交付实用之后发生的活动,而配置管理则包括从软件项目计划到软件退役为止这段时间内所有追踪和控制软件变动的活动。

9.5.1 软件配置

1. 软件配置项

软件开发过程的最终结果包括如下三类信息:

1）计算机程序(包括源程序和目标程序);

2）描述计算机程序的文档(包括面向技术人员和面向用户两类);

3）数据结构(包括程序内部和外部定义两部分)。

组成上述信息的所有项目构成一个软件配置。其中每一个项称为一个软件配置项 SCI(Sortware Configuration Item)。它是配置管理的基本单位。一个 SC 中最早的 SCI 是系统规格说明书,随后是软件项目规划和软件需求规格说明书。随着软件开发过程的不断深入,SCI 也迅速增加起来。

怎样保证各 SCI 协调一致,特别是当某个 SCI 发生变化时,怎样管理和控制因 SCI 变化带来的影响,以保证软件的质量是软件配置管理要解决的主要问题。因此,配置管理首先要注意配置项之间的关系。例如,某配置项是由另一配置项采用某种方法或工具导出,某子系统由

哪些配置项组成，等，而对每一配置项内部的细节则不过分关注。

2. 基　线

在软件开发过程中，由于各种原因，可能需要变动需求、预算、进度和设计方案等，尽管这些变动请求中绝大部分是合理的，但在不同的时机做不同的变动，难易程度和造成的影响差别甚大。为了有效地控制变动，软件配置管理引入基线(baseline)的概念。

IEEE 把基线定义为：已经通过了正式复审的规格说明或中间产品。它可以作为进一步开发的基础，并且只有通过正式的变化控制过程才能改变它。

简而言之，基线就是通过了正式复审的软件配置项。在软件配置项变成基线之下，也就是说，把特定版本的编辑器、编译器和其他 CASE 工具，作为软件配置的一部分“固定”下来。因为当修改软件配置项时必然要用到这些工具，为防止不同版本的工具产生的结果不同，应该把软件工具也基线化，并且列入到综合的配置管理过程之中。

9.5.2　软件配置管理任务

软件配置管理是软件质量保证的重要一环。它的主要任务是控制变化，同时也负责各个软件配置项和软件各种版本的标识、软件配置审计以及对软件配置发生的任何变化的报告。

具体来说，软件配置管理主要有 5 项任务：标识、版本控制、变化控制、配置审计和报告。

1. 标识软件配置中的对象

为了控制和管理软件配置项，必须单独命名每个配置项，然后用面向对象方法组织它们。可以标识出两类对象：基本对象和聚集对象(可以把聚集对象作为代表软件配置完整版本的一种机制)。基本对象是软件工程师在分析、设计、编码或测试过程中创建出来的“文本单元”，例如，需求规格说明的一个段落、一个模块的源程序清单或一组测试用例。聚集对象是基本对象和其他聚集对象的集合。

每个对象都有一组能唯一地标识它的特征：名字、描述、资源表和“实现”。其中，对象名是无二义性地标识该对象的一个字符串。

在设计标识软件对象的模式时，必须认识到对象在整个生命周期中一直都在演化。因此，所设计的标识模式必须能无歧义地标识每个对象的不同版本。

2. 版本控制

版本控制联合使用规程和工具，以管理在软件工程过程中所创建的配置对象的不同版本。借助于版本控制技术，用户能够通过需选择适当的版本来指定软件系统的配置。实现这个目标的方法是，把属性和软件的每个版本关联起来，然后通过描述一组所期望的属性来指定和构造所需要的配置。

上面提到的“属性”，既可以简单到仅是赋给每一配置对象的具体版本号，也可以复杂到是一个布尔变量串，其指明了施加到系统上的功能变化的具体类型。

3. 变化控制

对于大型软件开发项目来说，无控制的变化将迅速导致混乱。变化控制把人的规程和自动工具结合起来，以提供一个控制变化的机制。典型的变化控制过程如下：接到变化请求之后，首先评估该变化在技术方面的得失、可能产生的副作用、对其他配置对象和系统功能的整体影响以及估算出的修改成本。评估的结果形成“变化报告”。该报告供“变化控制审批者”审阅。所谓变化控制审批者既可以是一个人也可以由一组人组成。其对变化的状态和优先级做最终决策，为每个被批注的变化都生成一个“工程变化命令”。其描述将要实现的变化，必须遵守的约束以及复审和审计的标准。把要修改的对象从项目数据库中“提取(check out)”出来，进行修改，并应用适当的SQA活动。最后，把修改后的对象“提交(check in)”进数据库，并用适当的版本控制机制创建该软件的下一版本。

“提交”和“提取”过程实现了变化控制的两个主要功能——访问控制和同步控制。访问控制决定哪个软件工程师有权访问和修改一个特定的配置对象；同步控制有助于保证由两名不同的软件工程师完成的并行修改不会相互覆盖。

在一个软件配置项变成基线之前，仅需应用非正式的变化控制。该配置对象的开发者可以对它进行任何合理的修改(只要修改不会影响到开发者工作范围之外的系统需求)。一旦该对象经过了正式技术复审并获得批准，就创建了一个基线。而一旦一个软件配置项变成了基线，就开始实施项目级的变化控制。现在，为了进行修改开发者必须获得项目管理者的批准(如果变化是“局部的”)，如果变化影响到其他软件配置项，还必须得到变化控制审批者的批准。在某种情况下，可以省略正式的变化请求、变化报告和工程变化命令，但是，必须评估每个变化，并且跟踪和复审所有变化。

4. 配置审计

为了确保适当地实现了所需要的变化，通常从下述两方面采取措施：①正式的技术复审；②软件配置审计。

正式的技术复审关注被修改后的配置对象的技术正确性。复审者审查该对象以确定它与其他软件配置项的一致性，并检查是否有遗漏或副作用。

软件配置审计通过评估配置对象的那些通常不在复审过程中考虑的特征(例如，修改时是否遵循了软件过程标准，是否在该配置项中显著地标明了所做的修改，是否注明了修改日期和修改者，是否适当地更新了所有相关的软件配置项，是否遵循了标注变化、记录变化和报告变化的规程)，而成为对正式技术复审的补充。

5. 状态报告

书写配置状态报告是软件配置管理的一项任务。它回答下述问题：①发生了什么事？②谁做的这件事？③这件事是什么时候发生的④它将影响哪些其他事物？

配置状态报告对大型软件开发项目的成功有重大贡献。当大量人员在一起工作时，可能一个人并不知道另一个人在做什么。两名开发人员可能试图按照相互冲突的想法去修改统一个软件配置项；软件工程师队伍可能耗费几个月的工作量根据过时的硬件规格说明开发软件；察觉到所建议的修改有严重副作用的人可能还不知道该项修改正在进行。配置状态报告通过改善所有相关人员之间的通信，帮助消除这些问题。

9.6 软件质量保证与CMM

软件质量作为软件工程学科的一部分，处于软件的生存周期中，应该有计划地、系统地应用软件工程的方法进行处理。软件质量保证系统是一个完整的工作过程，是开发过程中所有的各种开发技术和验证方法的最终体现，包括制定策略，选用各种方法、工具、人员和技术资源，对软件生存周期的各项活动进行调整，以确保和证明软件产品及其他维护支持的质量。

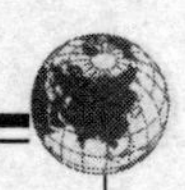

9.6.1　软件质量

1. 软件质量的定义

许多国际标准或国家标准提出了有关软件质量的定义。其中包括：ANSI 的标准把软件质量定义为："软件质量是软件产品或服务的特性和特征的整体。它取决于满足给定需求的能力。"IEEE 在 ANSI 的软件基础上，对有关软件质量标准进行了进一步的定义：

1）软件产品具备满足给定需求的特性及特征的总体的能力。

2）软件拥有所期望的各种属性组合的程度。

3）用户认为软件满足它们综合期望的程度。

4）软件组合特性可以满足用户预期需求的程度。

我国公布的"计算机软件工程规范国家标准汇编"中关于软件质量的概念与 IEEE 的软件质量的概念相同。

2. 软件质量特性

软件质量特性由下面六各方面来衡量。

（1）功能性

功能性指软件的功能达到它的设计规范和能满足用户需求的程度。如软件产品的准确性（包括计算的精度）、两个或两个以上系统可相互操作的能力、安全性等。

（2）可靠性

可靠性指在规定的时间和规定的条件下，软件能够实现所要求的功能的能力以及不引起系统失效的概率。

（3）易使用性

易使用性指用户学习、操作、准备输入和理解输出的难易程度。

（4）效率

效率指软件实现某种功能所需计算机资源的多少及执行其功能时使用资源的持续时间的多少。

（5）可维护性

可维护性指进行必要修改的难易程度。

（6）可移植性

可移植性指软件从一个计算机环境转移到另一个计算机环境下的运行能力。

9.6.2　软件指令保证措施

为保证软件能充分满足用户要求，而进行的有计划、有组织的活动，称为软件质量保证。软件质量保证是一个复杂的系统。它采用一定的技术、方法和工具，以确保软件产品满足或超过在该产品的开发过程中所规定的标准。若软件没有规定具体的标准，应保证产品满足或超过工业的或经济上能够接受的水平。

软件质量保证是软件工程管理的重要内容。软件质量保证包括以下措施：

1. 应用好的技术方法

质量控制活动要自始自终贯穿于开发过程中，软件开发人员应该依靠适当的技术方法和工具，形成高质量的规格说明和高质量的设计，还要选择合适的软件开发环境来进行软件

开发。

2. 测试软件

软件测试是质量保证的重要手段，通过测试可以发现软件中大多数潜在的错误。应当采用多种测试策略，设计高效地检测错误的测试用例进行软件测试。但是软件测试并不能保证发现所有的错误。

3. 进行正式的技术评审

在软件开发的每个阶段结束时，都要组织正式的技术评审。由技术人员按照规格说明和设计，对软件产品进行严格的评审、审查。多数情况，审查能有效地发现软件中的缺陷和错误。国家标准要求开发单位必须采用审查、文档评审、设计评审、审计和测试等具体手段来控制质量。

4. 标准的实施

用户可以根据需要，参照国家标准、国际标准或行业标准，制定软件工程实施的规范。一旦形成软件质量标准，就必须确保遵循它们。在进行技术审查时，应评估软件是否与所制定的标准相一致。

5. 控制变更

在软件开发或维护阶段，对软件的每次变动都有引入错误的危险。如修改代码可能引入潜在的错误；修改数据结构可能使软件设计与数据不相符合；修改软件时文档没有准确及时地反映出来等都是维护的副作用。因而必须严格控制软件的修改和变更。

控制变更是通过对变更的正式申请、评审变更的特征和控制变更的影响等直接地提高软件质量。

6. 程序正确性证明

程序正确性证明的准则是，证明程序能完成预定的功能。

7. 记录、保存和报告软件过程信息

在软件开发过程中，要跟踪程序变动对软件质量的影响程度。记录、保存和报告软件过程的信息，是为软件质量保证收集信息和传播信息。评审、检查、控制变更、测试和其他软件质量保证活动的结果必须记录、报告给开发人员，并保存为项目历史记录的一部分。

只有在软件开发的全过程中始终重视软件质量问题，采取正确的质量保证措施，才能开发出满足用户需求的高质量的软件。

9.6.3　能力成熟度模型 CMM

1. CMM 的基本概念

CMM 是软件过程能力成熟度模型(Capability Maturity Model)的简称。20 世纪 80 年代后期，卡内基－梅隆大学软件工程研究学院(CMU/SEL)根据美国联邦政府的要求开始研究这一模型，用于评估软件供应商的开发能力。1991 年正式公布了 CMM1.0 版，标志着软件质量管理向质量认证迈出了重要的一步。1993 年接着推出了 SEL CMM1.1，目前已经发展到 CMML(Capability Modle Integration，能力成熟度模型集成)阶段。

对于软件企业而言，CMM 既是一把度量当前软件过程完善成度的尺子，也是软件机构提供了改进软件过程的指南。有些学者认为，它是 20 世纪 80 年代软件工程最重要的发展之一。迄今为止，这个模型已在许多国家和地区得到了广泛应用，业已成为衡量软件公司软件开发管

理水平的重要参考和改进软件过程的事实上的工业标准。

多年来，软件危机一直困扰着许多软件开发机构。不少人试图通过采用新的软件开发技术来解决在软件生产率和软件质量等方面存在的问题，但效果并不令人十分满意。上述事实促使人们进一步考察软件过程，从而发现关键问题在于对软件过程的管理不尽人意。事实证明，在无规则和混乱的管理之下，先进的技术和工具不能发挥出应有的作用。人们逐渐认识到，改进对软件过程的管理是消除软件危机的突破口，再也不能忽视在软件过程中管理的关键作用了。

能力成熟度模型的基本思想是，由于问题是由管理软件过程的方法不当引起的，所以新软件技术的运用并不会自动提高软件的生产率和质量。能力成熟度模型有助于软件开发机构建立一个有规律的、成熟的软件过程。

2. 软件能力成熟度等级

软件能力成熟度等级是软件开发组织在走向成熟途中的几个具有明确定义的、表征软件过程能力成熟度的平台。下面分别介绍 CMM 的 5 个成熟度等级的特性，以说明软件过程在每个等级上的变化。

等级 1——初始级(initial)

在初始级上，软件过程是无序的，有时甚至是混乱的。软件开发组织不能提供开发和维护软件的稳定环境，对软件过程几乎没有定义，进度、预算、功能性和产品质量等都不可预测。实施情况依赖于个人的能力，且随个人固有的技能、知识和动机的不同而变化。所以处于等级 1 的软件开发组织几乎没有稳定的软件过程，只能依靠个人的能力而不是组织的能力去预测软件开发活动的结果。

等级 2——可重复级(repeatable)

在可重复级上，软件开发组织已建立管理软件项目的方针和实施这些方针的规程。基于在类似项目上的经验对新项目进行策划和管理。达到等级 2 的目的是使软件项目的有效管理过程制度化，使软件开发组织能重复以前开发项目时的成功实践。有效过程应具如下特征：实用、已文档化、曾实施、已培训、可测量和能改进。

等级 2 的软件开发组织中的项目已设置基本的软件管理和控制。项目制定的约定均根据以前项目的关系的结果和当前项目的需求，因而切实可行。项目的软件管理者跟踪软件成本、进度和功能，一旦出现问题能及时识别。对软件需求和实现需求所开发的工作产品建立基线，并控制其完整性。软件项目的标准均已确定，并且组织能保证准确地执行这些标准。处于等级 2 的软件开发组织的过程能力，可概括为"可重复的"。因为软件项目的计划和跟踪是稳定的，能重复以前的成功。

等级 3——已定义级(defined)

在已定义级上，全部组织的软件开发和维护的标准过程均已文档化，包括软件工程过程和软件管理过程，且这些过程被集成为一个有机的整体，称为组织的标准软件过程。用这个标准软件过程来帮助软件管理者和技术人员工作得更有效。组织在使其软件过程标准化时，利用有效的软件工程实践。组织中有专门负责全组织软件过程的组，例如软件工程过程组(SEPG)。软件开发组织制定并实施全部组织的培训计划，以保证职工和管理者均具有履行其职责所需的知识和技能。

项目根据其特征裁剪组织的标准软件过程，从而建立起自定义的软件过程，称为项目定义

软件过程。一个已定义软件过程包含一组协调的、集成的、妥善定义的软件工程过程和管理过程。妥善定义的过程具有如下特征：具有关于准备就绪的判断、输入、标准、进行工作的规程、验证机制（例如同行专家评审）、输出以及关于完成的判据。因为软件过程已妥协定义，管理者就能洞察所有项目的技术进展情况。

达到等级 3 组织的能力可概括为“标准的和一致的”。因为无论软件工程活动还是管理活动，过程都是稳定的且可重复的。在所建立的产品生产线内，成本、进度和功能性均受控制、对软件质量也进行了跟踪。

等级 4——定量管理级（managed）

在定量管理级上，软件开发组织对软件产品和过程都设置了定量质量目标。对所有项目都测量其重要软件过程活动的生产率和质量。利用全组织的软件过程数据库收集和分析从项目定义软件过程中得到数据。在等级 4 上的软件过程均必须具有明确定义的和一致的测量方法和手段，使得定量地评价项目的软件过程和产品质量成为可能。项目通过将其过程的实际变化限制在定量的可接受范围之内，从而实现对其产品和过程的控制。

处于等级 4 的软件开发组织的过程能力，可概括为“定量地可预测的”。该等级的过程能力使软件开发组织能在定量限制的范围内预测过程和产品质量方面的趋势。当超过限制范围时，采取措施予以纠正，使软件产品具有可预测的高质量。

等级 5——优化级（optimizing）

在优化级上，整个软件开发组织集中精力进行不断的过程改进。为了预防缺陷出现，组织能有效地识别出软件过程的弱点，并预先加强防范。在采用新技术，并建议更改全组织的软件标准过程之前，必须进行费用效益分析。组织应能不断地识别出最好的软件工程实践和技术创新，并在整个组织内推广。各软件项目经分析有软件过程存在的缺陷，并确定其发生的原因，使经验教训在全组织内共享。

处于等级 5 的软件开发组织的软件过程能力的基本特征可概括为“不断改进的”。因为这些组织为完善其软件过程能力进行着不懈的努力，因而能够不断地改善其项目的过程实效。为了能够不断改进，既采用在现有过程中增量式前进的办法，也采用借助新技术、新方法进行革新的办法。

CMM 中的各成熟度等级描述了在这个成熟度等级上软件开发组织的特征。每一等级均为后继的等级奠定基础，为有效地实施软件过程提供支持。软件能力成熟度等级的提高是一个循序渐进的过程，每个等级形成一个必要的基础，从此基础出发才能达到下一个等级。

表 9.1 给出了 CMM 模型概要。表中的 5 个等级各有其不同的次年改为特征。要通过描述不同等级组织的行为特征：即一个组织为建立或改进软件过程所进行的活动，对每个项目所进行的活动和所产生的横跨各项目的过程能力。

通过表 9.1，可以知道每个成熟度等级的关键过程域以及每个关键过程域包括一系列相关活动，只有全部完成这些活动，才能达到过程能力目标。为了达到这些相关目标，必须实施相应的关键实践。

表 9.1　CMM 成熟度级别

过程能力等级	特　点	关键过程域
1. 初始级	软件过程是无序的，有时甚至是混乱的，对过程几乎没有定义，成功取决于个人努力。管理是反应式(消防式)的	
2. 可重复级	建立了基本的项目管理过程来跟踪费用、进度和功能特效。制定了必要的过程纪律，能重复早先类似应用项目取得成功	需求管理 软件项目计划 软件项目跟踪和监督 软件子合同管理 软件质量保证 软件配置管理
3. 已定义级	已将软件管理和工程文档化、标准化，并综合该组织的标准软件过程。所有项目均使用经批准、裁剪的标准软件过程来开发和维护软件	组织过程定义 组织过程焦点 培训大纲 集成软件管理 软件产品工程 组织协调 同行专家评审
4. 已定量管理级	收集对软件过程和产品质量的详细度量，对软件过程和产品都有定量的理解与控制	定量的过程管理 软件质量管理
5. 优化级	过程的量化反馈和先进的新思想、新技术促进过程不断改进	缺陷预防 技术变更管理 过程变更管理

9.6.4　能力成熟度模式整合(CMMI)

CMM 的成功促使其他科学也相继开发类似的过程改进模型。如系统工程、需求工程、人力资源、集成产品开发、软件采购等，从 CMM 衍生出了一些改善模型。不过，在同一个组织中存在多个改进模型可能会引起冲突和混淆。CMMI 的产生就是为了解决怎么保持这些模式之间的协调。

CMMI 为改进一个组织的各种过程提供了一个单一的集成化框架。新的集成模型框架消除了各个模型的不一致性，减少了模型间的重复，增加透明度和理解，建立了一个自动的、可扩展的框架，因而能够从总体上改进组织的质量和效率。CMMI 的产生主要关注点是成本效益、明确重点、过程几种和灵活性四个方面。

1. CMMI 的原则

1）强调高层管理者的支持。过程改进往往也是由高层管理者认识和提出的，大力度的、一致的支持是过程改进的关键。

2）仔细确定改进目标，首先应该对给定时间内的所能完成后的改进目标进行正确的估计和定义，并指定计划；选择能够达到的目标和能够看到对组织的效益。

3）选择最佳实践，应该基于组织现有的软件活动和过程财富，参考其他标准模型，取其精华去其糟粕，得到新的实践活动模型。

4）过程改进要与组织的商务目标一致，与发展战略紧密结合。

2. CMMI 的目标

1）为提高组织过程和管理产品开发、发布和维护能力的提供保障。

2）帮主组织各管评价自身能力成熟度和过程域能力，为过程改进建立优先级以及执行过程改进

3. CMMI 的方法

1）决定哪个 CMMI 模型等级最适合组织过程改进需要。

2）选择模型的表示法是连续式还是阶段式。

3）巨鼎组织需要用到的模型中的知识领域。

4）类似 CMM 提出的过程改进 6 步，集成化过程改进分成：开始集成过程改进，建造集成改善平台，集成传统过程，启动新过程，进行改进评估。

4. CMMI 内容

CMMI(capality Maturity model Integration，能力成熟度模型组成）内容分为“要求”、“期望”、“提供信息”三个级别，来衡量模型包括的质量重要性和作用。最重要的是“要求”级别，是模型和过程改进的基础。第二级别“期望”在过程改进中起到主要作用，但是某些情况不是必须的，可能不会出现在成功的组织模型中。“提供的信息”构成了模型的主要成分，为过程改进提供了有用的指导，在许多情况下他们对需要和期望的构件做了进一步说明。

(1) 要　求

“要求”的模型构件是目标，代表了过程改进想要达到的最终状态。它的实现代表项目和过程控制已经达到了某种水平。当一个目标对应一个关键过程域时，就称之为“特定目标”；对应整个关键过程域都对应了 1～4 个特定目标。每个目标的描述都是非常简洁的，为了充分理解要求的目标就需要扩展“期望”的构件。

(2) 期　望

“期望”的构件是方法，代表了达到目标的实践手段和补充认识。每个方法都能映射到一个目标上。当一个方法对一个目标是唯一时，它就是“特定方法”；而能适用于所有目标时，就是“公用方法”CMMI 模型包括了 186 个特定方法。每个目标有 2～7 个方法对应。

(3) 提供的信息

CMMI 包括了 10 种“提供的信息”：

- 目的，概括和总结了关键过程域的特定目标；
- 介绍说明，介绍关键过程域的范围、性质和实际方法和影响等特征；
- 引用，关键过程域之间的指向是通过引用；
- 名字，表示关键过程域的构件；
- 方法和目标关系，关键过程域中方法映射到目标的关系表；
- 注释，注释关键过程域的其他模型构件的信息来源；
- 典型工作产品集，定义关键过程域中执行方法时候产生的工作产品；
- 子方法，通过方法活动的分解和详细描述；
- 学科扩充，CMMI 对应学科是独立的，这里提供了对应特定学科的扩展；
- 公用方法的详细描述，关键过程域中公用方法应用时间的详细描述。

5. CMMI 表示方法

CMMI 提供了阶段式和连续式两种表示方法，但是这两种表示发在逻辑上是等价的，我们熟悉的软件能力成熟模型(SW－CMM)就是阶段式的模型；系统工程能力成熟度模型(SE－CMM)是连续式模型；而集成产品开发能力成熟度模型(IPD－CMM)结合了阶段式和连续式两者的特点。

阶段式方法将模型表示为一系列"成熟度等级"阶段。每个阶段都有一组 KPA(Key Procedure Area，关键过程域)指出一个组织应集中与何处以改善其组织过程。每个 KPA 用满足其标准的方法来描述，过程改进通过在一个特定的成熟度等级中满足所有 KPA 的目标而实现的。

连续式模型没有像阶段式那样的分散阶段，模型 KPA 中的方法是 KPA 的外部形式，并可应用于所有的 KPA 中，通过实现公用方法来改进过程。连续性模型不专门指出目标，而是强调方法。组织可以根据自身情况适当裁剪连续模型并以确定的 KPA 为改进目标。

两种表示法的差异反映了为每个能力和成熟度等级描述过程而使用的方法。它们虽然描述的机制可能不同，但是两种表示方法通过采用公用的目标和方法作为需要的和期望的模型元素，而达到了相同的改善目的。

6. CMMI 与 CMM 的联系

CMMI 模型的前身是 SW－CMM 和 SE－CMM。前者就是指的 CMM。CMMI 与 SW－CMM 的主要区别就是覆盖了许多领域。CMM 的基于活动的度量方法和瀑布过程的有次序的、基于活动的管理规范有非常密切的联系，更适合瀑布型的开发过程。而 CMMI 相对 CMM 更一步支持迭代开发过程和经济动机推动组织采用基于结果的方法：开发业务案例、构想和原型方案；细化后纳入基线结构、可用发布，最后定为现场版本的发布。虽然 CMMI 保留了基于活动的方法，它的确集成了软件产业内很多现代的最好的实践，因此它很大程度上淡化了和瀑布思想的联系。

在 CMMI 模型中在保留了 CMM 阶段式模型的基础上，出现了连续式模型。这样可以帮助一个组织及这个组织的客户更加客观和全面地了解它的过程和成熟度。同时，连续模型的采用可以给一个组织在进行过程改进的时候带来更大的自主性，不用再像 CMM 中一样，受到等级的严格限制。这种改进的好处是灵活性和客观性强；弱点在于由于缺乏指导。一个组织可能缺乏对关键过程域之间依赖关系的正确理解而片面地实施过程，造成一些过程成为空中楼阁，缺少其他过程的支撑。两种表现方式(连续的和阶段的)从它们所涵盖的过程区域上来说并没有不同，不同的是过程区域的组织方式以及对成熟度(能力)级别的判断方式。

CMMI 模型中比 CMM 进一步强化了对需求的重视。在 CMM 中，关于需求只有需求管理这一个关键过程域，也就是说，强调对有质量的需求进行管理，而如何获取需求则没有提出明确的要求。在 CMMI 的阶段模型中，3 级有一个独立的关键过程域叫做需求开发，提出了对如何获取优秀的需求的要求和方法。CMMI 模型对工程活动进行了一定的强化。在 CMM 中，只有 3 级中的软件产品工程和同行评审两个关键过程域是与工程密切相关的，而在 CMMI 中，则将需求开发、验证、确认、技术解决方案、产品集成这些工程过程活动都作为单独的关键过程域进行了要求，从而在实践上提出了对工程的更高要求和更具体的指导。CMMI 中还强调了风险管理。不像在 CMM 中把风险的管理分散在项目计划和项目跟踪与监控中进行要求，CMMI 3 级中单独提出了一个独立的关键过程域叫做风险管理。

SEI并没有废除CMM模型，而是以CMMI的SCAMPI评估方法取代CMM的CBA－IPI的评估方法。当然很多业内人士认为，随着软件行业的发展，CMMI的模型将最终取代CMM模型。表9.2为CMMI、CMM模型的等级名称的对应关系。

表9.2　CMMI，CMM模型的等级名称对应关系

等　级	CMM	CMMI(分级式)	CMMI(连续式)
5	优化中	优化中	优化中
4	已管理	定量管理	定量管理
3	已定义	已定义	已定义
2	可重复	已管理	已管理
1	初始级	初始级	已执行
0			未完成

习题9

1. 软件项目管理包括哪些内容？
2. 软件配置管理需要解决哪些问题，如何实施？
3. 软件开发成本估算方法有哪些？
4. 试说明软件工程标准化的重要性。
5. 说明软件工程管理的重要性。
6. 文档的作用是什么？
7. 软件配置管理有哪些内容？
8. 软件项目的估算方法有哪几种？
9. 如何用Cantt图和工程网络来表示软件项目的进度计划？它们的特点是什么？
10. 阐述CMM/CMMI的工作过程？
11. 比较CMM/CMMI的差异？

第 10 章 面向对象方法学与建模

尽管传统的生命周期方法学曾经给软件产业带来了巨大的进步，极大地缓解了“软件危机”；但是，这种方法学仍然存在比较明显的缺点，不能胜任所有的软件开发任务。尤其是将这种方法学应用到大型软件产品的开发时，似乎很少取得成功。因此，人们在软件开发的实践中逐渐创造出新的软件开发方法——面向对象方法学。

10.1 面向对象方法学的基本概念

软件工程学问世以来，已出现过多种分析方法。传统软件工程方法，即结构化分析方法是其他软件技术的基础，曾经是主要使用的系统分析设计方法。结构化分析方法将结构化分析和结构化设计人为地分离成两个独立的部分，将描述数据对象和描述作用于数据上的操作分别进行处理。实际上数据和对数据的处理是密切相关、不可分割的，分别处理会增加软件开发和维护的难度。与传统方法相反，面向对象方法是一种以数据或信息为主线，把数据和处理相结合的方法。面向对象方法把对象作为由数据及可以施加在这些数据上的操作所构成的统一体。对象与传统的数据有本质区别。它不是被动地等待外界对它施加操作；相反，它是进行处理的主体。必须发信息请求对象主动地执行它的某些操作，处理它的私有数据；而不能从外界直接对它的私有数据进行操作。

面向对象简称为 OO(Objected Oriented)方法，是 20 世纪 80 年代发展起来的，是当前软件方法学的主要方向，也是目前最有效、最实用和最流行的软件开发方法之一。面向对象方法是在汲取结构化思想和优点的基础上发展起来的，是对结构化方法的进一步发展和扩充。

面向对象方法学的出发点和基本原则，是尽可能模拟人类习惯的思维方式，使开发软件的方法与过程尽可能接近人类认识世界，解决问题的方法与过程，也就是使描述问题的问题空间(也称为问题域)与实现解法的解空间(也称为求解域)在结构上尽可能一致。

客观世界的问题都是由客观世界中的实体及实体相互间的关系构成的。把客观世界中的实体抽象为问题域中的对象(object)。因为所要解决的问题具有特殊性，因此，对象是不固定的。一个雇员可以作为一个对象，一家公司也可以作为一个对象，到底应该把什么抽象为对象，由所要解决的问题决定。

面向对象设计方法和传统设计方法一样，也分为面向对象分析和面向对象设计两个步骤。但面向对象设计方法把两个步骤结合在一起，不强调分析与设计之间的严格区分，不同的阶段可以交错、回溯；不过，分析和设计仍然有不同的分工和侧重点。

面向对象的分析 OOA(Object Oriented Analysis)阶段考虑问题域和系统责任，建立一个独立于系统实现的 OOA 模型。分析阶段通常建立三种模型：对象模型、动态模型和功能模型。首先定义对象及其属性，建立对象模型。这里的对象和传统方法中的数据对象(实体)不同，需要根据问题域中的操作规则和内在性质定义对象的行为特征(服务)，建立动态模型，用

动态模型描述对象的生命周期。分析对象之间的关系采用封装、继承、信息通信等原则使问题域的复杂性得到控制。最后根据对象及其生命周期定义处理过程，建立功能模型。

面向对象的设计 OOD(Object Oriented Design)阶段考虑与实现有关的因素，对 OOA 模型进行调整，并补充与实现有关的部分，形成面向对象设计模型。OOA 和 OOD 两个环节之间有较为明确的职责划分。在建立映射问题域的 OOA 模型过程中，不考虑与系统的具体实现有关的因素(如采用什么编程语言、图形用户界面、数据库等)，从而使 OOA 模型独立于具体实现。OOD 模型则是针对系统的一个具体实现。运用面向对象方法包括两个方面的工作，一是不做转换地直接利用 OOA 模型，仅做某些必要的修改和调整，将其做为 OOD 的一个部分；另外是针对具体实现中的人机界面、任务管理、数据存储等因素补充一些与现实有关的部分。这些部分与 OOA 采用相同的表示法和模型结构。

面向对象方法考虑问题的基本原则是，尽可能模拟人类习惯的思维方式，使描述问题的问题空间(也称为问题域)与实现解法的解空间(也称为求解域)在概念和表示方法上尽可能一致。面向对象方法的要素是对象、类、继承和用信息通信。面向对象方法有许多优点，是目前广泛使用的软件开发方法之一。

10.1.1 传统方法学存在的问题

传统的生命周期法是在具体软件开发工作开始之前，通过需求分析，预先定义软件的需求，然后一个阶段接一个阶段有条不紊地开发用户所需要软件，实现预先定义的软件需求。生命周期采用结构分析和结构设计技术。它的本质是功能分解，即从目标系统整体功能着手，自顶向下不断把复杂功能分解为子功能，直到每个子功能都容易实现为止。在这些方法中，把功能看做是主动的，而数据只是被功能影响而被动的信息载体。系统被分成许多函数，而数据在函数之间被传来传去。在结构化设计方法的设计原则中，所谓好的系统设计要求在不同部件中不能传送控制信息；要求把所有的控制都集中在高层的模块，以保证影响范围处于控制范围之中。这种设计下的系统在 20 世纪 70 年代或 80 年代早期还可以适应。但在越来越复杂的非数值计算类型的软件开发中，在广泛应用图形界面的交互式应用中，在控制要求非常突出的系统中，在需求经常变动的条件下，用传统的软件设计方法来进行设计往往暴露出了严重的不适应性。其不适应性表现为如下几方面。

1）功能与数据分离的软件设计结构与现实世界环境很不一样，和人的自然思维不一致。因此对现实世界的认识与编程之间存在着一道很深的理解上的鸿沟。

2）系统是围绕着如何实现一定的功能来进行的。当系统功能易变，需要经常修改时，修改极为困难。因为这类系统结构是基于上层模块必须掌握和控制下层模块工作的前提，因此在底层模块发生变动时，常常会对上层模块进行一系列的改变；同样，在需要变动上层模块时，新的上层模块也必须了解它的所有下层。编写这样的上层模块当然是极为困难的。所以软件可修改性比较差。

3）在以控制关系为重要特性的系统，当实际的控制信息来源于分散的各个模块时，由于在“好的不可变模块”之间的控制作用只能通过上下之间的调用关系来进行，造成信息传递路径过长，效率低，易受干扰，甚至出错。如果允许模块间为进行控制而直接通信，结果是系统总体结构混乱，也将难于维护，难于控制，出错概率高。

4）用这种方法开发出来的系统往往难于维护，主要因为所有的函数都必须知道数据结

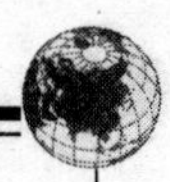

构。虽然许多数据类型的数据结构差别细微,但函数也必须分别处理,以满足数据结构的要求,结果使程序变得非常难读。

5) 自顶向下功能分解的分析方法极大地限制了软件的可重用性,导致对同样对象的大量重复性工作,大大降低了开发人员的生产率,减少了他们用于创造性劳动的时间。

10.1.2　面向对象方法学的发展状况

在 20 世纪 60 年代后期出现的面向对象编程语言 Simula－67 中首次引入了类和对象的概念。自 20 世纪 80 年代中期起,人们开始注重面向对象分析和设计的研究,逐步形成了面向对象方法学。到了 20 世纪 90 年代,面向对象方法学已经成为人们在开发软件时首选的范型。面向对象技术已成为当前最好的软件开发技术。

面向对象方法起源于面向对象的编程语言。在编程语言这个领域,它的诞生与发展经历了下述主要阶段。

面向对象方法的某些概念,可以追溯到 20 世纪 50 年代人工智能的早期研究。但是人们一般把 20 世纪 60 年代由挪威计算中心开发的 Simula－67 语言看做是面向对象语言发展史上的第一个里程碑。但是直到 20 世纪 80 年代后期,SmallTalk 的应用尚不够广泛。20 世纪 80 年代中期到 90 年代,是面向对象语言走向繁荣的阶段。其主要表现是大批比较实用的面向对象编程语言 OOPL 的涌现,例如 C＋＋,Objective－C, Object Pascal,CLOS(Common Lisp Object System),Eiffel,Actor 等。不断有 OOPL 问世。许多非 OO 语言增加了 OO 概念与机制而发展为 OO 语言。这表明 OOPL 的繁荣仍在继续,也表明面向对象是大势所趋。

从 20 世纪 80 年代后期开始,国际上有一批论述面向对象的分析与设计(或面向对象的建模与设计)的专著相继问世。这些著作的共同点是把面向对象的方法在分析与设计阶段的运用提升到理论和工程的高度,而不仅仅是一些可供参考的指导思想,各自提出了一套较为完善的系统模型、表示法和实施策略。同时,在模型、表示法和策略等方面,彼此又各有差异。

10.1.3　面向对象方法学的要素和优点

1. 面向对象方法的要素

面向对象方法的要素有:对象、类、继承和信息传递。

(1) 对象(object)

认为客观世界是由各种对象组成的,任何事物都是对象,复杂的对象可以由比较简单的对象以某种方式组合而成。按照这种观点,可以认为整个世界就是一个最复杂的对象。因此,面向对象的软件系统是由对象组成的,软件中的任何元素都是对象,复杂的软件对象由比较简单的对象组合而成。

由此可见,面向对象方法用对象分解取代了传统方法的功能分解。

(2) 类(class)

把所有对象都划分成各种对象类。每个对象类都定义了一组数据和一组方法。其中,数据用于表示对象的静态属性,是对象的状态信息。方法是允许施加于该类对象上的操作,是该类所有对象共享的,并不需要为每个对象都复制操作的代码。例如,荧光屏上不同位置显示的半径不同的几个圆,虽然都是 Circle 类的对象,但是,各自都有自己专用的数据,以便记录各自的圆心位置、半径等等。

(3) 继承(inheritance)

按照父类(或称为基类)与子类(或称为派生类)的关系,把若干个对象类组成一个层次结构的系统(也称为类等级)。

在层次结构中,下层的派生类具有和上层的基类相同的特性(包括数据和方法)。这种现象称为继承。也就是说,在层次结构中,子类具有父类的特性(数据和方法),称为继承。

例如,学校的学生是一个类,学生类可以分为本科生、研究生两个子类。根据学生入学条件不同、在校学习的学制不同、学习的课程不同等,分别属于不同的子类,但都是学生,凡是学生类定义的数据和方法,本科生和研究生都自动拥有。

(4) 信息传递(communication with messages)

对象与传统的数据有本质区别,它不是被动地等待外界对它施加操作;相反,它是进行处理的主体,必须发信息请求它执行它的某个操作,处理它的私有数据,而不能从外界直接对它的私有数据进行操作。也就是说,一切局部于该对象的私有信息,都被封装在该对象类的定义中,就好像装在一个不透明的黑盒子中一样,在外界是看不见的,更不能直接使用,这就是"封装性"。

综上所述,面向对象就是使用对象、类和继承机制,并且对象之间仅能通过传递信息实现彼此通信。可以用下列方程来概括:

OO=Objects+Classes+Inheritance+Communication with messages

面向对象=对象+类+继承+用信息通信

仅使用对象和信息的方法,称为基于对象的方法(object - based),不能称为面向对象方法。使用对象、信息和类的方法,称为基于类的方法(class - based),也不是面向对象方法。只有同时使用对象、类、继承和信息的方法,才是面向对象的方法。

2. 面向对象方法学的主要优点:

(1) 与人类习惯的思维方法一致

传统的程序设计技术是面向过程的设计方法,以算法为核心,把数据和过程作为相互独立的部分,数据代表问题空间中的客体,程序代码用于处理数据。这样,忽略了数据和操作之间的内在联系,问题空间和解空间并不一致。

面向对象的设计方法与传统的面向过程的方法有本质不同。这种方法的基本原理是,使用现实世界的概念抽象地思考问题从而自然地解决问题。它强调模拟现实世界中的概念而不强调算法,它鼓励开发者在软件开发的绝大部分过程中都用应用领域的概念去思考。在面向对象的设计方法中,计算机的观点是不重要的,现实世界的模型才是最重要的。面向对象的软件开发过程从始至终都围绕着建立问题领域的对象模型来进行:对问题领域进行自然的分解,确定需要使用的对象和类,建立适当的类等级,在对象之间传递信息实现必要的联系,从而按照人们习惯的思维方式建立起问题领域的模型,模拟客观世界。

(2) 稳定性好

面向对象方法用对象模拟问题域中的实体,以对象间的联系刻画实体间的联系。当系统的功能需求变化时不会引起软件结构的整体变化,只须进行局部的修改。由于现实世界中的实体是相对稳定的,因而,以对象为中心构造的软件系统也比较稳定。例如,从已有类派生出一些新的子类以实现功能扩充或修改,增加或删除某些对象等。总之,由于现实世界中的实体是相对稳定的,因此,以对象为中心构造的软件系统也是比较稳定的。

(3) 可重用性好

面向对象的软件技术在利用可重用的软件成分构造新的软件系统时,有很大的灵活性。有两种方法可以重复使用一个对象类:一种方法是创建该类的实例,从而直接使用它;另一种方法是从它派生出一个满足当前需要的新类。继承性机制使得子类不仅可以重用其父类的数据结构和程序代码,而且可以在父类代码的基础上方便修改和扩充。这种修改并不影响对原有类的使用。

(4) 较易开发大型软件产品

当开发大型软件产品时,组织开发人员的方法不恰当往往是出现问题的主要原因。用面向对象技术开发软件时,可以把一个大型产品看做是一系列本质上相互独立的小产品来处理,这就不仅降低了开发的技术难度,而且也使得对开发工作的管理变得容易多了。这就是为什么对于大型软件产品来说,面向对象范型优于结构化范型的原因之一。许多软件开发公司的经验都表明,当把面向对象技术用于大型软件开发时,软件成本明显地降低了,软件的整体质量也提高了。

(5) 可维护性好

由于面向对象的软件稳定性好、容易修改、容易理解、易于测试和调试,因而软件的可维护性好。

10.2　统一建模语言

10.2.1　模型的建立

模型就是一个系统的抽象表现。由于一个真实的系统可能太庞大,也可能含有很多细节,常常超过人类智力可能认知的范围,所以人们必须从系统中"抽离"出重要的现象,让人们能够理解系统的重要性,包括系统各组件的静态与动态合作关系。模型包含一组明确定义的基础概念,以及这些概念之间的关系,即这些基础概念根据明确定义的规则来组合成为较高层次的概念或系统。简单而言,模型的基础元素包括一组基本概念以及一组关系或规则。借助这些元素来表达出系统的架构的描述(即系统的模型),也就成为人与人之间可以认知和理解的东西。因此,人与人之间采用共同模型时,就易于沟通、易于互相合作了。现实系统模型(简称模型)可分为物理模型和数字模型两大类。物理模型由物理元素构成,故称形象模型。数学模型由数学符号、逻辑符号、数字、图表、图形等组成,故称抽象模型。随着计算机图形学、图像学及多媒体技术的发展与应用,在基于计算机的系统上不仅可以处理抽象模型,而且还可以模拟和展示形象模型。从时间的角度看,模型可分为静态模型和动态模型。静态模型与时间参数无关,动态模型依赖于时间参数。从系统参数的随机性来看,模型分为确定模型和随机模型。确定模型中的参数不含随机变量,而随机模型中的参数包括随机变量。线性规则模型、动态规划模型等是确定模型。确定模型的一组输入量经模型处理得到一组唯一确定的输出结果。排队模型、计算机中断处理模型等是随机模型。随机模型的输入含一个或多个随机变量,经模型处理后得到的输出结果是随机的。从系统参数的连续性来看,模型又分为连续模型和离散模型两类。

复杂的系统不能直接了解,需要模型的抽象概括。建立模型是软件开发过程中的重要一环,模型是系统早期抽象的重要结构,做出模型之后,就可以做各种仿真和推演,以免设计出系统成品之后,造成系统成本的浪费和错误的发生。软件开发需要模型解决以下问题。

(1) 了解问题

设计软件首先要了解问题,因此建立模型是为了解决问题。

(2) 参与的工作者相互沟通

参与的工作者是指在做出模型以后介入的操作人员,其中包括公司的软件开发人员、客户、领域专家、委托开发人以及外界和内部的相关人员。

(3) 找出错误

找出错误的含义是指在建立模型之后,越早发现这些错误,越不会造成事后为了补救这些错误而浪费时间。

(4) 规划和设计

模型做出来之后还可以做很多修改,但不需要做大修改,比整个系统建立完成后再修改要容易得多。简而言之,在做设计时就已经有了规划的理念。

(5) 产生程序代码

模型不像一张纸或一个图那样简单,事实上可以根据这个图或这张纸上所做的记号来写程序,这对很多写程序的人是最大的帮助。

10.2.2 UML 概述

1. UML 的发展背景

统一建模语言 UML(Unified Modeling Language)是由世界著名的面向对象技术专家 Grady Booch,Jim Rumbaugh 和 Ivar Jacobson 发起,在面向对象的 Booch 方法、对象建模技术 OMT(Object Modeling Technique)和面向对象软件工程 OOSE(Object Oriented Software Engineering)的基础上,不断进行完善和发展起来的。

UML 是一种用于描述、构造可视化和文档化软件系统的语言,由 Rationnal Software 公司及合作伙伴开发。许多公司正在把 UML 作为一种标准整合到其开发过程和产品当中,包括商务建模、需求管理、分析、设计、编程、测试等。

2. UML 的内容

UML 是一种基于面向对象的可视化建模语言。它提供了丰富的用图形符号表示的模型元素。这些标准的图形符号隐含了 UML 的语法,而由这些图形符号组成的各种模型,则给出了 UML 的语义。它的简单、一致、通用的定义,使开发者能在语义上取得一致,消除了因人而异的表达方法所造成的影响。

(1) UML 语义

UML 语义是定义在一个建立模型的框架中的。建模框架有四个抽象级别。

① UML 的基本元素层:基本元素层是由基本元素(thing)组成,代表要定义的所有事物。

② 元模型层:元模型层是由 UML 的基本元素组成,包括面向对象和面向构件的概念。每个概念都是基本元素的实例。为建模者和使用者提供了简单、一致、通用的表示符号和说明。

③ 静态模型层:静态模型层由 UML 静态模型组成。静态模型描述系统的元素及元素间的关系,常称为类模型。

④ 用例模型层:用例模型层由用例模型组成。用例模型从用户的角度描述系统需求,它

是所有开发活动的指南。

(2) UML 的模型元素

图中使用的概念，例如，用例、类、对象、信息和关系，统称为模型元素。模型元素在图中用相应的图形符号表示。

一个模型元素可以在多个不同的图中出现，但它的含义和符号是相同的。

(3) 图与视图

UML 是用来描述模型的。它用模型来描述系统的结构或静态特征以及行为或动态特征。它从不同的视角为系统建模，形成不同的视图(view)，每个视图代表完整系统描述中的一个抽象，显示这个系统中的一个特定的方面；每个视图由一组图(diagram)构成，图中包含了强调系统中某一方面的信息。UML 中包括两类图和 5 种视图。

- 静态图　静态图(static diagram)包括用例图、类图、对象图、构件图和部署图。其中用例图描述系统功能；类图描述系统的静态结构；对象图描述系统在某个时刻的静态结构；构件图描述实现系统的元素的组织；部署图描述系统环境元素的配置。
- 动态图　动态图(dynamic diagram)包括状态图、时序图、协作图和活动图。其中状态图描述系统元素的状态条件和响应；时序图按时间顺序描述系统元素间的交互；协作图按时间和空间的顺序描述系统元素间的交互和关系；活动图描述系统元素的活动。

可用下列 5 种视图来观察系统。

① 用例视图

作用：描述系统的功能需求，找出用例和执行者。

适用对象：客户、分析者、设计者、开发者和测试者。

描述用图：用例图和活动图。

重要性：系统的中心决定了其他视图的开发，用于确认和最终验证系统。

② 逻辑视图

作用：描述如何实现系统内部的功能。

适用对象：分析者、设计者、开发者。

描述用图：类图和对象图、状态图、顺序图、合作图和活动图。

重要性：描述了系统的静态结构和因发送信息而出现的动态协作关系。

③ 构件视图

作用：描述系统代码构件组织和实现模块以及它们之间的依赖关系。

适用对象：设计者、开发者。

描述用图：构件图。

重要性：描述系统如何划分软件构件，如何进行编程。

④ 进程视图

作用：描述系统的并发性，并处理这些线程间的通信和同步。

适用对象：开发者和系统集成者。

描述用图：状态图、顺序图、合作图、活动图、构件图和配置图。

重要性：将系统分割成并发执行的控制线程，处理这些线程的通信和同步。

⑤ 配置视图

作用：描述系统的物理设备配置，如计算机、硬件设备以及它们相互间的连接。

适用对象：开发者、系统集成者和测试者。

描述用图：配置图。

重要性：描述硬件设备的连接和哪个程序或对象驻留在哪台计算机上执行。

(4) 通用机制

UML 为所有元素在语义和语法上提供了简单、一致、通用的定义性说明。UML 利用通用机制为图附加一些额外信息。

通用机制的表示方法如下：

- 字符串：用于表示有关模型的信息。
- 名字：用于表示模型元素。
- 标号：用于表示附属于图形符号的字符。
- 特定字符串：用于表示附属于模型元素的特性。
- 类型表达式：用于声明属性变量和参数。

(5) 扩展机制

UML 的扩展机制使它能够适应一些特殊方法或用户的某些特殊需要。扩展机制有标签(用{}表示)、约束(用{}表示)、版型(用《》表示)三种。

(6) UML 模型

UML 可以建立系统的用例模型、静态模型、动态模型和实现模型。每种模型由适当的 UML 图组成。

- 用例模型描述用户所理解的系统功能。用例模型用用例图描述。
- 静态模型描述系统内的对象、类、包以及类与类、包与包之间的相互关系等。静态模型用类图、对象图、包、构件图、部署图等描述。
- 动态模型描述系统的行为，描述系统中的对象通过通信相互协作的方式及对象在系统中改变状态的方式等。动态模型用状态图、顺序图、活动图、协作图等描述。
- 实现模型包括构件图和部署图。它们描述了系统实现时的一些特性。

10.2.3 UML 的特点与应用

1. UML 的特点

有人认为，标准建模语言 UML 的出现，是 OO 软件工程在 20 世纪 90 年代中期所取得的最重要的成果。其主要特点可以归结为以下 5 点。

1) 统一标准。UML 统一了 OOAD(面向对象分析与设计)，OMT(对象模型技术)和 OOSE(面向对象软件工程)等方法中的基本概念，已经成为 OMG(对象管理组织)的正式标准，提供了标准的面向对象的模型元素的定义和表示。

2) 面向对象。UML 还吸收了面向对象技术领域中其他流派的长处。UML 符号表示考虑了各种方法的图像表示，删掉了大量易引起混乱的、多余的和极少用的符号，也添加了一些新符号。

3) 可视化、表达能力强。系统的逻辑模型或实现模型都能用 UML 模型清晰表示，可用于复杂软件系统的建模。

4) 独立于过程。UML 是系统建模语言，不依赖特定的程序设计语言，独立于开发过程。

5) 易掌握，易用。由于 UML 的概念明确，建模表示法简洁明了，图形结构清晰，易于掌

握使用。

需要说明的是:①UML 是一种可视化的建模语言,而不是可视化程序设计语言。它不能代替其他的程序设计语言;②UML 只是一种工具和程序设计的基础。

2. UML 的应用

标准建模语言 UML 适用于以面向对象技术来描述任何类型的系统,而且适用于系统开发的不同阶段,从需求规格描述直至系统完成后的测试和维护。其主要作用可以归结为:

1) 通过对问题进行说明和可视化描述,帮助理解问题,并建立文档;

2) 获取和交流有关应用问题求解的知识;

3) 对解决方案进行说明和可视化描述,辅助构建系统,并建立文档。

当采用面向对象技术设计系统时,首先是描述需求;其次根据需求建立系统的静态模型,以构造系统的结构;第三步是描述系统的行为。其中在第一步与第二步所建立的模型都是静态的,包括用例图、类图(包含包)、对象图、构件图和配置图等 5 种图形,是标准建模语言 UML 的静态建模机制。其中第三步中所建立的模型或者可以执行,或者表示执行时的时序状态或交互关系。它包括状态图、活动图、顺序图和合作图等 4 种图形,是标准建模语言 UML 的动态建模机制。因此,标准建模语言 UML 的主要内容也可以归纳为静态建模机制和动态建模机制两大类。

UML 模型还可作为测试阶段的依据。OO 系统通常也需要经过单元测试、集成测试、系统测试和验收测试。不同的测试小组使用不同的 UML 图作为测试依据:单元测试使用类图和类规格说明;集成测试使用部件图和合作图;系统测试按照用例图来验证系统的行为;验收测试由用户进行,以验证系统测试的结果是否满足在分析阶段的确定的需求。

10.3　面向对象分析

分析是提取和整理用户需求,并建立问题域精确模型的过程。设计则是把分析阶段得到的需求转变成符合成本和质量要求的、抽象的系统实现方案的过程。从面向对象分析到面向对象设计(OOD),是一个逐渐扩充模型的过程。或者说,面向对象设计就是用面向对象观点建立求解或模型的过程。

尽管分析和设计的定义有明显区别,但是在实际的软件开发过程中二者的界限是模糊的。许多分析结果可以直接映射成设计结果,而在设计过程中又往往会加深和补充对系统需求的理解,从而进一步完善分析结果。因此,分析和设计活动是一个多次反复迭代的过程。面向对象方法学在概念和表示方法上的一致性,保证了在各项开发活动之间的平滑过渡,领域专家和开发人员能够比较容易地跟踪整个系统开发过程。这是面向对象方法与传统方法比较起来所具有的一大优势。

但面向对象的分析和设计仍然有不同的侧重点。分析阶段建立一个独立于系统实现的 OOA 模型;设计阶段考虑与实现有关的因素,对 OOA 模型进行调整,并补充与实现有关的部分,形成面向对象设计 OOD。OOD 结束后要进行面向对象的系统实现。

在面向对象软件分析设计过程中,应用 UML 建立模型时,会产生以下几种主要模型:用例模型、静态模型、动态模型和实现模型。有时,可以从特定的角度观察系统,构成系统的一个视图(view),说明系统的一个特殊侧面。

10.3.1 面向对象分析

面向对象分析(OOA)的关键是识别出问题域内的类与对象,并分析它们相互间关系,最终建立起问题域的简洁、精确、可理解的正确模型。

面向对象分析的目的是对客观世界的系统建立对象模型、动态模型和功能模型。在用面向对象观点建立起的三种模型中,对象模型是最基本、最重要、最核心的。

在建立模型之前必须进行调查研究,分析系统需求,在理解系统需求的基础上,建立模型,还要对模型进行验证。复杂问题的建模工作,需要反复迭代构造模型,先构造子集、后构造整体模型。

1. 面向对象分析概述

面向对象分析阶段要抽取和整理用户需求,并建立问题域精确模型的过程。分析工作主要包括理解、表达和验证系统的过程。

面向对象分析,就是抽取和整理用户需求,并建立问题域精确模型的过程。

通常,面向对象分析过程从分析陈述用户需求的文件开始。可能由用户单方面写出需求陈述,也可能由系统分析员配合用户,共同写出需求陈述。当软件项目采用招标方式确定开发单位时,"标书"往往可以作为初步的需求陈述。

需求陈述通常是不完整、不准确的,而且往往是非正式的。通过分析,可以发现和改正原始陈述中的二义性和不一致性,补充遗漏的内容,从而使需求陈述更完整、更准确。因此,不应该认为需求陈述是一成不变的,而应该把它作为细化和完善实际需求的基础。在分析需求陈述的过程中,系统分析员需要反复多次地与用户协商、讨论、交流信息,还应该通过调研了解现有的类似系统。正如以前多次讲过的,快速建立起一个可在计算机上运行的原型系统,非常有助于分析员和用户之间的交流和理解,从而能更正确地提炼出用户的需求。

接下来,系统分析员应该深入理解用户需求,抽象出目标系统的本质属性,并用模型准确地表示出来。用自然语言书写的需求陈述通常是有二义性的,内容往往不完整、不一致。分析模型应该成为对问题的精确而又简洁的表示。后继的设计阶段将以分析模型为基础。更重要的是,通过建立分析模型能够纠正在开发早期对问题域的误解。

在面向对象建模的过程中,系统分析员必须认真地向领域专家学习。尤其是建模过程中的分类工作往往有很大难度。继承关系的建立实质上是知识抽取过程。它必须反映出一定深度的领域知识,这不是系统分析员单方面努力所能做到的,必须有领域专家的密切配合才能完成。

在面向对象建模的过程中,还应该仔细研究以前针对相同的或类似的问题域进行面向对象分析所得到的结果。由于面向对象分析结果的稳定性和可重用性,这些结果在当前项目中往往有许多是可以重用的。

2. 面向对象分析准则

通常,需求陈述的内容包括:问题范围、功能需求、性能需求、应用环境及假设条件等。总之,需求陈述应该说明"做什么"而不是"怎样做"。它应该描述用户的需求而不是提出解决问题的方法。应该指出哪些是系统必要的性质,哪些是任选的性质。应该避免对设计策略施加过多的约束,也不要描述系统的内部结构,因为这样做将限制实现的灵活性。对系统性能及系统与外界环境交互协议的描述,是合适的需求。此外,对采用的软件工程标准、模块构造准则、

将来可能做的扩充以及可维护性要求等方面的描述,也都是适当的需求。

书写需求陈述时,要尽力做到语法正确,而且应该慎重选用名词、动词、形容词和同义词。不少用户书写的需求陈述,都把实际需求和设计决策混为一谈。系统分析员必须把需求与实现策略区分开,后者是一类伪需求,分析员至少应该认识到它们不是问题域的本质性质。

需求陈述可简可繁。对人们熟悉的传统问题的陈述,可能相当详细,相反,对陌生领域项目的需求,开始时可能写不出具体细节。

绝大多数需求陈述都是有二义性的、不完整的,甚至不一致的。某些需求有明显错误,还有一些需求虽然表述得很准确,但它们对系统行为存在不良影响或者实现起来造价太高。另外一些需求初看起来很合理,但却并没有真正反映用户的需要。应该看到,需求陈述仅仅是理解用户需求的出发点,它并不是一成不变的文档。不能指望没有经过全面、深入地理解问题域和用户的真实需求,建立起问题域的精确模型。

系统分析员必须有与用户及领域专家密切配合协同工作,共同提炼和整理用户需求。在这个过程中,很可能需要快速建立起原型系统,以便与用户更有效地交流。

面向对象分析的基础是对象模型。对象模型由问题领域中的对象及其相互的关系组成。首先根据系统功能、目的对事物抽象其相似性,抽象时可根据对象的属性、服务表达,也可根据对象之间的关系来表达。

面向对象分析的原则如下。

(1) 抽 象

OOA 中的类就是通过抽象得到的。例如,系统中的对象是对现实世界中事物的抽象,类是对对象的抽象,一般类是对特殊类的进一步抽象,属性是对事物静态特征的抽象,方法是对事物动态特征的抽象。

(2) 分 类

分类就是把具有相同属性和服务的对象划分为一类,用类作为这些对象的抽象描述。分类原则实际上是抽象原则运用于对象描述时的一种表现形式。在 OOA 中,所有的对象都是通过类来描述的。对属于同一类的多个对象并不进行重复的描述,而是以类为核心来描述它所代表的全部对象。运用分类原则也意味着通过不同程度的抽象形成一般——特殊结构(又称为分类结构)。一般类比特殊类的抽象程度更高。

(3) 聚 合

聚合的原则是把一个复杂的事物看成若干比较简单的事物的组装体,从而简化对复杂事物的描述。在 OOA 中运用聚合原则就是要区分事物的整体和它的组成部分,分别用整体对象和部分对象来进行描述,形成一个整体-部分结构,以清晰地表达它们之间的组成关系。

(4) 关 联

关联又称为组装。它是人类思考问题时经常运用的思想方法,通过一个事物联想到另外一个事物。能使人发生联想的原因是事物之间确实存在着某种联系。在 OOA 中运用关联原则就是在系统模型中明确地表示对象之间的静态联系。例如,一个运输公司的汽车和司机之间存在着这样一种关联:某司机驾驶某辆汽车(或者说某辆汽车允许某些司机驾驶)。如果这种联系信息是系统责任需要的,则要求在 OOA 模型中通过实例连接明确地表示这种联系。

(5) 信息通信

这一原则要求对象之间只能通过信息进行通信,而不允许在对象之外直接存取对象内部

的属性。通过信息进行通信是由封装原则引起的。在OOA中,要求用信息连接表示出对象之间的动态联系。

(6) 粒度控制

人们在研究一个问题域时,即要微观地思考,也要宏观地思考。一般来讲,人在面对复杂的问题域时,不可能在同一时刻即能纵观全局,又能明察秋毫,因此需要控制自己的视野。考虑全局时,注重其他的组成部分,暂时不详查每一部分的具体细节。考虑某一部分的具体细节时,则暂时撇开其余的部分。这就是粒度控制原则。

(7) 行为分析

在现实世界中,事物的行为是复杂的,由大量事物构成的问题域中的各种行为往往相互依赖、相互交织。控制行为复杂性的原则有以下几点:

- 确定行为的归属和作用范围;
- 认识事物之间行为的依赖关系;
- 认识行为的起因,区分主动行为和被动行为;
- 认识系统的并发行为;
- 认识对象状态对行为的影响。

10.3.2 建立对象模型

传统的结构化方法学适合需求比较确定的应用领域。这一点已成为软件工程界大多数学者和实践者的共识。实际上,系统的需求却往往是变的,而且用户对系统到底要求些什么也不是很清楚,而这些在面向对象方法中不再成为问题。面向对象技术发展十分迅速,成为20世纪90年代十分流行的软件开发技术。

对象模型是面向对象分析过程中,三个模型中最关键的一个模型。对象模型表示静态的、结构化的系统的"数据"性质。它是客观世界实体中对象及其相互之间关系的映射,描述了系统的静态结构。

建立对象模型时,首先确定对象、类,然后分析对象的类及其相互关系。对象类与对象之间的关系可分为一般-特殊(继承或归纳)关系、聚集(组合)关系及关联关系。对象模型用类符号、类实例符号、类的继承关系、聚集关系等表示。有些对象具有主动服务功能,称为主动对象。系统较复杂时,可以划分主题,画出主题图,有利于对问题的理解。

1. 建立对象模型的方法

面向对象分析首要的工作,是建立问题域的对象模型。这个模型描述了现实世界中的"类与对象"以及它们之间的关系,表示了目标系统的静态数据结构。静态数据结构相对来说比较稳定。因此,用面向对象方法开发绝大多数软件时,都首先建立对象模型。

(1) 建造对象类静态结构模型

对象类静态结构模型描述了系统的静态结构,包括构成系统的类和对象、它们的属性和操作以及这些对象之间的联系。面向对象方法是通过继承、合成机制来组织对象结构。建立对象类的静态结构模型,主要是将对象间的关系标注在关联线上,使对象之间的关联关系更加明了。建立对象类静态结构模型的开发过程是一个不断反复精炼的过程,并需要对对象类静态结构模型做整体性和一致性的检查。因此,对象类静态结构模型是系统开发模型的核心模型,实质上是定义系统"对谁做"的问题。

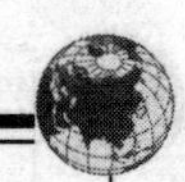

(2) 建造对象动态结构模型

对象动态结构模型包括:对象状态模型和对象交互行为模型。建模步骤如下:

1) 建造对象状态模型。

2) 建造对象之间交互行为模型。

3) 复审对象动态结构模型,以验证其准确性和一致性。

4) 编制相应的文档资料

(3) 建造系统功能处理模型

系统功能处理模型建模的步骤如下:

1) 确认功能需求。建立系统用例模型,与业务用例模型一起组成完整的客户需求用例模型,并确认是否真正符合用户的需求。

2) 建活动流程图。对系统用例模型中的某些关键用例采用活动图进行进一步详细的描述,说明系统环境中的对象交互关系,及数据处理的同步、并行、选择与反复处理的顺序等。

3) 以上内容都要确认是否真正符合用户的需求。

(4) 编制相应的文档资料

系统说明文档用以补充对象模型,更完善有效地描述问题。系统说明文档有以下几种:

1) 对象说明文档。对象说明文档的内容:信息模型中每个对象的名称、属性、属性的值域、属性的作用、服务、服务所需的请求、状态及其转换等都应详细描述。

2) 关系说明文档。关系说明文档内容为对象之间关系的条件、继承的内容、信息传递的内容等详细说明。关系说明文档和东西文档有时可合并在一起。

3) 概要说明文档。概要说明文档以简短的形式将对象的区域、表格、属性及关系等综合在一起做说明,供系统设计人员参考。

2. 确定类与对象

(1) 对　象

现实世界中的任何事物都可以称作对象,是大量的、无处不在的。不过,人们在开发一个系统时,通常只是在一定的范围(问题域)内考虑和认识与系统目标有关的事物,并用系统中的对象来抽象地表示它们。所以面向对象方法在提到“对象”这个术语时,既可能泛指现实世界中的某些事物,也可能专指它们在系统中的抽象表示,即系统中的对象。一个对象由一组属性和对这组属性进行操作的一组服务构成。

属性和服务,是构成对象的两个主动要因素。其中属性是用来描述对象静态特征的一个数据项;服务是用来描述对象动态特征(行为)的一个操列,也可称为操作或方法。

一个对象可以有多项属性和多项服务。一个对象的属性和服务被结合成一些个整体,对象的属性值只能由这个对象的服务存取。

根据以上的说明,可以给出如下对象定义。

对象是系统中用来描述客观事物的一些个实体,它是构成系统的一个基本单位。一个对象由一组属性和对这组属性进行操作的一组服务构成。

附属定义如下。

属性:是用来描述对象静态特征的一个数据项。

服务:是用来描述对象动态特征(行为)的一个操作序列。

(2) 类

类是具有相同属性和服务的一组对象的集合。类为属于它的全部对象提供了统一的抽象描述(属性和服务)类的图形符号是一个矩形框,由两条横线把矩形分为三部分,上面是类的名称,中间是类的属性,下面列出类提供的服务(方法)。

人类在认识客观世界时经常采用的思维方法,就是把众多的事物归纳、划分成一些类。依据抽象的原则进行分类,即忽略事物的非本质特征,只注意那些与当前目标有关的本质特征,从而找出事物的共性;把具有共同性质的事物划分为一类,得出一个抽象的概念。

例如:张三、李四、王五、……,虽说每个人职业、性格、爱好、特长等各有不同,但是,他们的基本特征是相似的,都是黄皮肤、黑头发、黑眼睛,于是人们把他们统称为"中国人"。人类习惯于相似特征的事物归为类。分类是人类认识客观世界的基本方法。

在面向对象方法中,类的定义是:

类型是具有相同属性和服务的一组对象的集合。它为属于该类的全部对象提供了统一的抽象描述,其内部包括属性和服务两个主要部分。

类与对象的关系如同一个模具与用这个模具铸造出来的铸件之间的关系。类给出了属于该类的全部对象的抽象定义,而对象则是符合这种定义的一个实体。所以,一个对象又称作类的一个实例(instance),也有的把类称作对象的模板(template)

类与对象是在问题域中客观存在的。系统分析员的主动要任务就是通过分析找出这些类与对象。首先找出所有候选的类与对象,然后从候选的类与对象中筛选掉不正确的或不必要的。

筛选时主要依据下列标准:

- 冗余;
- 无关;
- 笼统;
- 属性;
- 操作;
- 实现。

3. 确定类的相互关系

如前所述,类图由类及类与类之间的关系组成,定义了类之后就可以定义类与类之间的各种关系了。类与类之间通常有关联、泛化(继承)、依赖和细化等4种关系。

(1) 关　联

关联用于描述类与类之间的连接。由于对象是类的实例,因此,类与类之间的关联也就是其对象之间的关联。类与类之间有多种连接方式,每种连接的含义各不相同(语义的连接),但外部表示形式相似,故统称为关联。关联关系一般都是双向的,即关联的对象双方彼此都能与对方通信。反过来说,如果某两类的对象之间存在可以相互通信的关系,或者说对象双方能够感知另一方,那么这两个类之间就存在关联关系。描述这种关系常用的字句是"彼此知道"、"互相连接"等。

通常把两个对象类之间的二元关系再细分为一对一(1:1)、一对多(1:M)和多对多(M:N)等三种基本类型。类型的划分依据参与关联的对象的数目。

用连线表示两个对象类之间的关联关系。例如,学生学习课程,学生与课程之间存在关联

关系，如图10.1所示的类的关联关系。

根据不同的含义，关联又分为普通关联、递归关联、限定关联、或关联、有序关联、三元关联和聚合等7种。比较常用的关联有普通关联、递归关联和聚合。

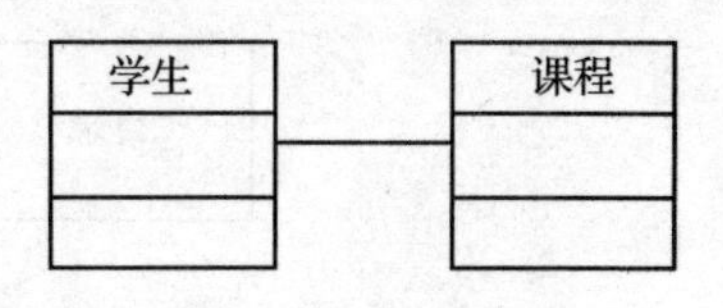

图10.1　关联关系示例

1）普通关联：普通关联是最常见的一种关联。只要类与类之间存在连接关系就可以用普通关联表示。比如，作家使用计算机，计算机会将处理结果等信息返回给作家，那么，在其各自所对应的类之间就存在普通关联关系。普通关联的图示是连接两个类之间的直线，如图10.2所示。

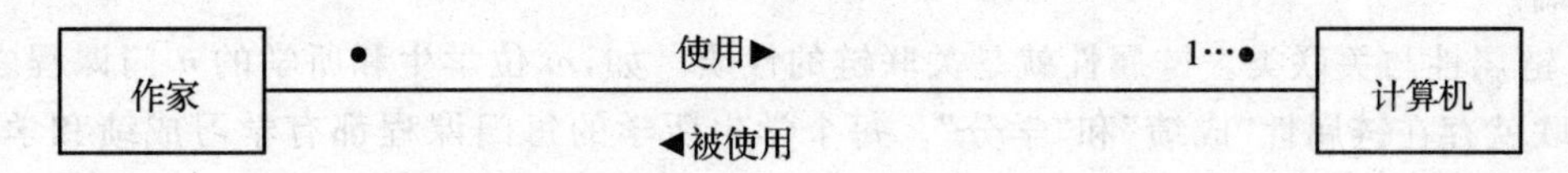

图10.2　普通关联示例

通常，关联是双向的可在一个方向上为关联起一个名字，在别一个方向上起另一个名字（也可不起名字）。为避免混淆，在名字前面（或后面）加一个表示关联方向的黑三角。

如果类与类之间的关联是单向的，则称为导航关联。导航关联采用实线箭头连接两个类。只有箭头所指的方向上才有这种关联关系，如图10.3所示，图中只表示某人可以拥有汽车，但汽车被人拥有的情况没有表示出来。其实，双向普通关联可以看作导航关联的特例，只不过省略了表示两个关联方向的箭头罢了。

在表示关联的直线两端可以写上重数（multiplicity）。它表示该类有多少个对象与对方的一个对象连接。重数的表示方法通常有：

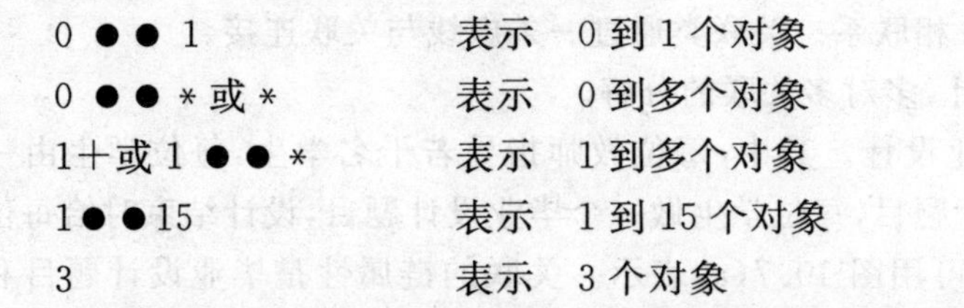

0 ●● 1	表示	0到1个对象
0 ●● * 或 *	表示	0到多个对象
1＋或1 ●● *	表示	1到多个对象
1●●15	表示	1到15个对象
3	表示	3个对象

如果图中未明确标出关联的重数，则默认重数是1，如图10.4所示。

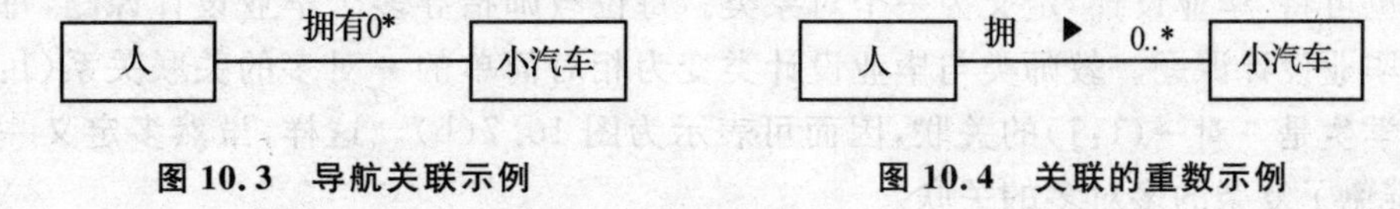

图10.3　导航关联示例　　　图10.4　关联的重数示例

任何关联关系中都涉及与此关联有关的角色，也就是于此关联相连的类中的对象所扮演的角色。

2）递归关联。如果一个类与他本身有关联关系，那么这种关联称为递归关联。

3）限定关联。限定关联通常用在一对多或多对多的关联关系中，可以把模型中的重数从一对多变成一对一，或从多对多简化成多对一。在类图中把限定词放在关联关系末端的一个不上方框内。

例如，某操作系统中一个目录下有许多文件，一个文件仅属于一个目录，在一个目录内文件名确定了唯一一个文件。图10.5利用限定词“文件名”表示了目录与文件之间的关系，可

见，利用限定词把一对多关系简化成了一对一关系。

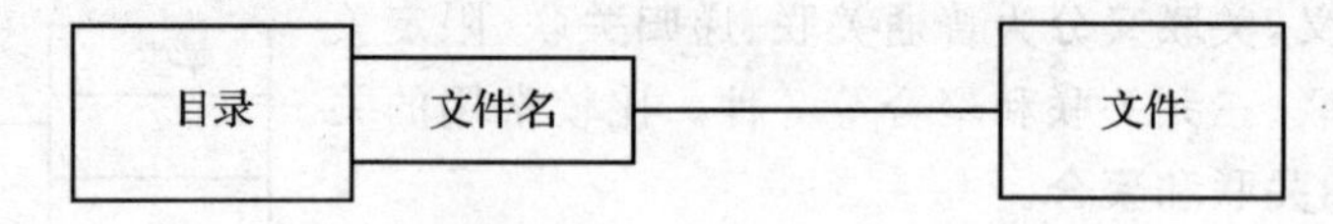

图 10.5　一个受限的关联

限定提高了语义精确性，增强了查询能力。在图 10.4 中，限定的语法表明，文件名在其目录内是唯一的。因此，查找一个文件的方法就是，首先定下目录，然后在该目录内查找指定的文件名。由于目录加文件名可唯一地确定一个文件，因此，限定词“文件名”应该放在靠近目录的那一端。

4）链属性与关联类。链属性就是关联链的性质。如，m 位学生和所学的 n 门课程之间存在的关联就存在链属性“成绩”和“学分”。每个学生所学的每门课程都有学习成绩和学分，关联的链属性如图 10.6 所示，链属性与关联之间用虚线连接。

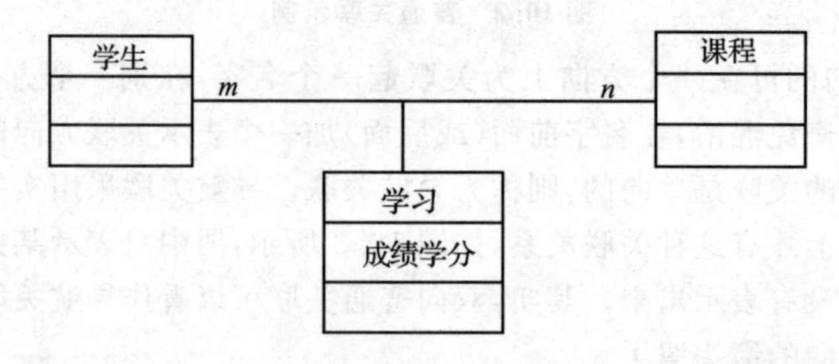

图 10.6　关联关系和链属性

为了说明关联的性质可能需要一些附加信息。可以引入一个关联类来记录这些信息。关联中的每个连接与关联类的一个对象相联系。关联类通过一条虚线与关联连接。

【例 10.1】教师指导学生毕业设计，多对多关联的分解。

M 位教师指导 n 名学生进行毕业设计。其中，每位教师指导若干名学生，每位学生由一位教师指导。教师给学生出毕业设计题目，每位学生做一个毕业设计题目，设计结束时给每位学生评定成绩。这是多对多的关联，可用图 10.7(a)表示。关联的链属性是毕业设计题目和成绩。

本例也可将“毕业设计”定义为一个对象类。每位教师指导多个毕业设计课题，每个学生完成一个毕业设计课题。教师类与毕业设计类变为相对简单的一对多的关联关系(1:k)。毕业设计与学生是一对一(1:1)的关联，因而可表示为图 10.7(b)。这样，虽然多定义一个对象类，但可避免了复杂的多对多的关联。

(2) 聚　集

聚集关系就是“整体-部分”关系，也称组合关系。它反映了对象之间的构成关系。聚集关系也称组合为关系。聚集关系最重要的性质是传递性。

图 10.8 是表示类的聚集关系的图形符号。图 10.8 的左部是一个整体类，图 10.8 的右部是组成整体类的部分类，相互之间用菱形框和直线连接。菱形的顶点指向整体对象，菱形的另一端画出的线连到部分对象。边线端点可以标出数值(或值的范围)，表示该端对象的数量，当值为 1 时可以默认。

除了一般的聚集外，还有两种特殊聚集：共享聚集和组合聚集。在 UML 中，共享聚集表

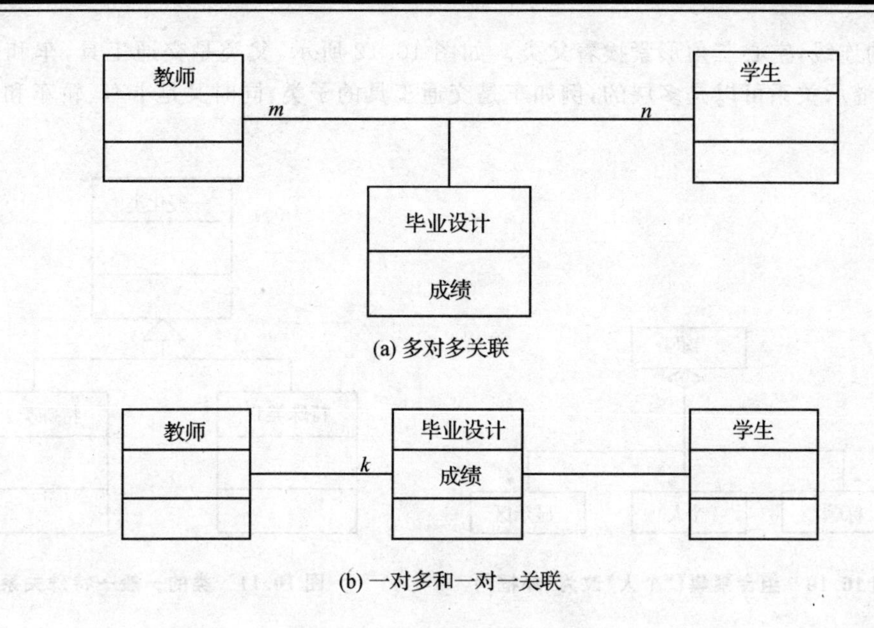

图 10.7　教师与学生的关联关系

示为空心菱形，组合聚集表示为实心菱形。

1）共享聚集。共享聚集（shared aggregation）的特征是，它的“部分”对象可以是多个任意“整体”对象的一部分。例如，课题组包含许多人，但是每个人又可以是别一个课题组的成员，即部分可以参加多个整体。图 10.9 表示课题组类和个子人类间的共享聚集。

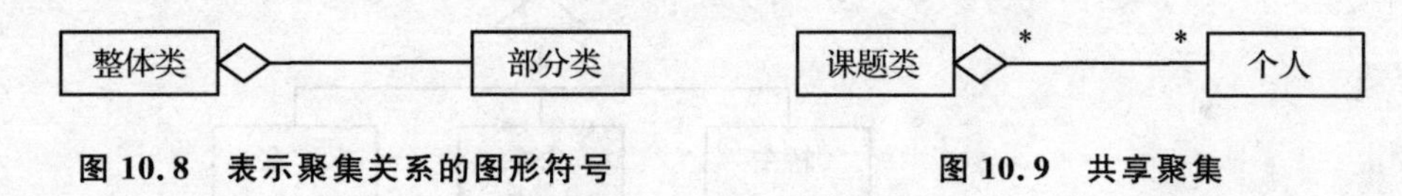

图 10.8　表示聚集关系的图形符号　　**图 10.9　共享聚集**

2）组合聚集。在组合（composition）聚集中，整体拥有各部分，部分与整体共存。如整体不存在了，部分也会随之消失。例如，一个窗口由标题目、外框和显示区所组成。一旦窗口消亡，则各部分同时消失。“整体”的重数必须是 0 或 1，而“部分”的重数可以是任意的。图 10.10 给出了组合聚集。

(3) 泛　化

类与若干个互不相容的子类之间的关系，或称泛化关系、继承关系、归纳关系等。

事物往往既有共同性，也有特殊性。同样，一般类中有时也有特殊类，定义如下：

如果类 B 具有类 A 的全部属性和全部服务，而且具有自己的特性或服务，则 B 叫做 A 的特殊类，A 叫做 B 的一般化类。

泛化关系的图形符号，如图 10.11 所示。图的上部是一个子一般化类，下面是若干个互不相容的子类。它们之间用三角形和直线连接，三角形的顶点指向一般化类，底部引出的直线连接特殊类。

泛化又分为普通泛化和限制泛化。下面分别介绍这两种泛化的具体内容和图示方法。

1）普通泛化

具有泛化关系的两个类之间，特殊类继承了一般类的所有信息，称为子类，被继承类称为父类。子类可以继承父类的属性、操作和所有的关联关系。在 UML 中，泛化常表示为一端带空心三角形的连线,空心三角形紧挨着父类。如图 10.12 所示,父类是交通工具,车和船是它的子类;类的继承关系可以是多层的,例如车是交通工具的子类,同时又是卡车、轿车和客车的父类。

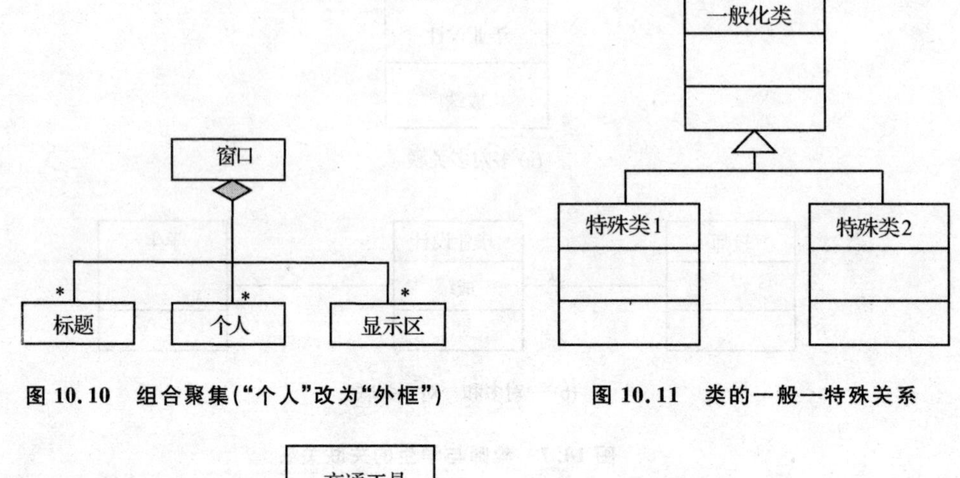

图 10.10　组合聚集("个人"改为"外框")　　图 10.11　类的一般—特殊关系

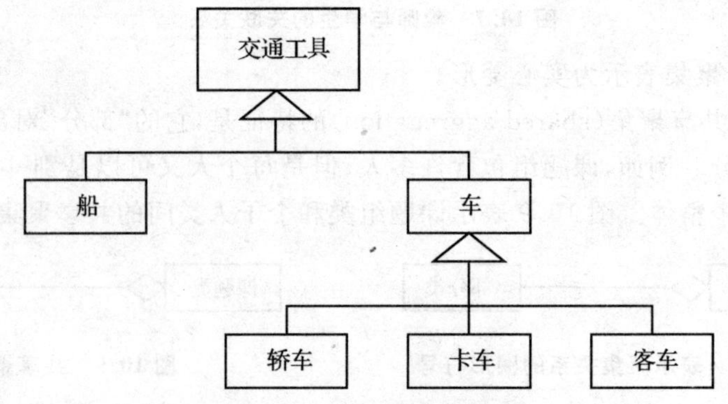

图 10.12　普通泛化

没有具体对象的类称为抽象类,可用于描述他的子类的公共属性和行为(操作)。图 10.12 中的交通工具就是一个抽象类,一般用一个附加标记值{abstract}来表示。

2) 限制泛化

限制泛化是指在泛化关系上附加一个约束条件,以便进一步说明泛化关系到的使用方法或扩充方法。预定义的约束又有 4 种:多重、不相交、完全和不完全。

多重继承指的是子类的子类可以同时继承多个上一级子类。图 10.13 中,"水陆两用"类就是通过多重继承得到的,子类"车"和"船"能被"水陆两用"类如此继承。如不作特别声明,一般的继承都是不相交继承。

完全继承是指父类的所有子类都被穷举完毕,不可能再有其他未列出的子类存在。如图 10.14所示的就是一个完全继承。

非完全继承恰好与完全继承相反,父类的子类可以不断地补充和完善。非完全继承是默认的继承标准。

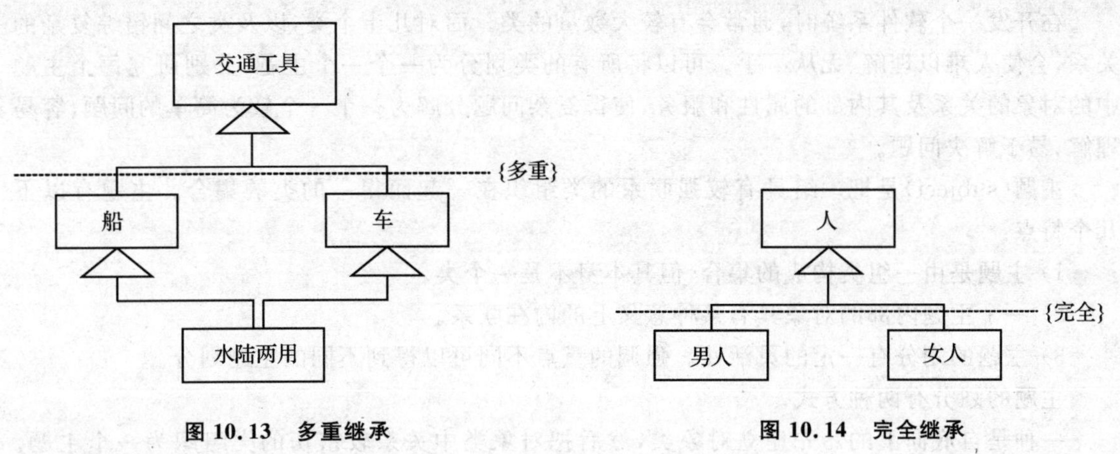

图 10.13　多重继承　　　　图 10.14　完全继承

(4) 依赖和细化

1) 依赖关系(dependency)描述的是两个模型元素(类、用例等)之间的语义上的连接关系。假设有两个元素 X,Y,如果修改元素 X 的定义可能会引起对另一个元素 Y 的定义的修改,则称元素 Y 依赖于元素 X。例如,若某个类中使用另一个对象作为操作中的参数;一个类存取另一个类中的全局对象;或一个类调用另一个类的类操作等,都表示这两个类之间有依赖关系。依赖关系到的图形表示为带箭头的虚线,箭头指向独立的类,箭头旁边还可以带一个标签,具体说明依赖的种类。图 10.15 所示的是一个子友元依赖(friend dependency)关系。它能使其他类中的操作可以存取该类中的私有或保护属性。

2) 细化(refinement)关系是对同一事物不同抽象级别的两种描述之间的一种关系。当对同一个事物在不同抽象层次上描述时,这些描述之间具有细化关系。假设两个模型元素 A 和 B 描述同一事物,它们的区别是抽象层次不同。如果 B 是在 A 的基础上的更详细的描述,则称 B 细化了 A,或称 A 细化成了 B。细化的图示符号为由元素 B 指向元素 A 的、一端为空心三角形的虚线(注意,不是实线),如图 10.16 所示。细化用来协调不同阶段模型之间的关系,表示各个开发阶段不同抽象层次的模型之间的相关性,常常用于跟踪模型的演变。

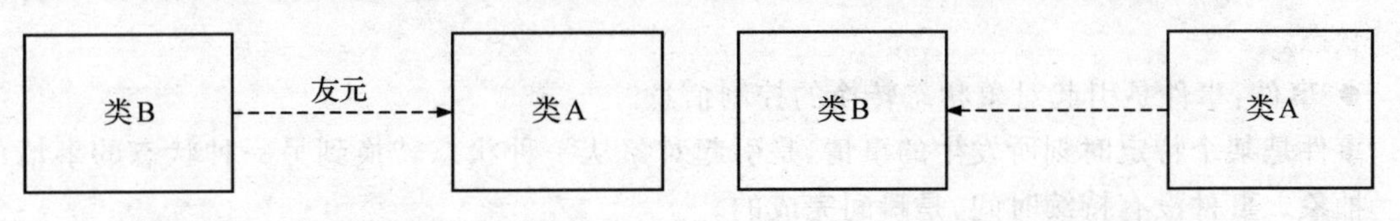

图 10.15　友元依赖关系　　　　图 10.16　类的细化关系

4. 划分主题

在开发大型、复杂系统的过程中,为了降低复杂程度,人们习惯于把系统再进一步划分成几个不同的主题,也就是在概念上把系统包含的内容分解成若干个范畴。

在开发很小的系统时,可能根本无线须引入主题层;对于含有较多对象的系统,则往往先识别出类与对象和关联,然后划分主题,并用它作为指导开发者和用户观察整个模型的一种机制;对于规模极大的系统,则首先由高级分析员粗略地识别对象和关联,然后初步划分主题,经进一步分析,对系统结构有更深入的了解之后,再进一步修改和精炼主动题。

应该按问题领域而不是用功能分解方法来确定主题。此外,应该按照使不同主题内的对象相互间依赖和交互最少的原则来确定主题。

在开发一个软件系统时,通常会有较大数量的类。面对几十个类,以及类之间错综复杂的关系,会使人难以理解、无从下手。可以将所有的类划分为一个一个主题,分别研究每个主题中的对象的关系及其内部的属性和服务,使得复杂问题分解为一个一个较为简单的问题,容易理解,易于解决问题。

主题(subject)是把一组具有较强联系的类组织在一起而得一的类的集合。主题有以下几个特点:

1) 主题是由一组类构成的集合,但其本身不是一个类。

2) 一个主题内部的对象具有某种意义上的内在联系。

3) 主题的划分有一定的灵活性。强调的重点不同可以得到不同的主题划分。

主题的划分有两种方式。

一种是自底向上的。先建立对象类,然后把对象类中关系较密切的类组织为一个主题。如果主题数量仍太多,则再进一步把联系较强的小主题组织为大主题,直到系统中最上层主题数不超过 7 个左右。这种方式适合于小型系统或中型系统。

另一种方式是自顶向下的。先分析系统,确定几个大的主题,每个主题相当于一个子系统。按这些系统分别进行面向对象分析,建立各个子系统中的对象类。最后再将子系统合并为大的系统。

10.3.3 建立动态模型

对于仅存储静态数据的系统(例如数据库)来说,动态模型并没有什么意义。然而在开发交互式系统时,动态模型却起着很重要的作用。如果收集输入信息是目标系统的一项主要工作,则在开发这类应用系统时建立正确的动态模型是至关重要的。

● 动态模型描述对象和关系的状态、状态转换的触发事件、对象的服务(行为)。

状态:对象在其生存周期中的某个特定阶段所具有的行为模式。

状态是对影响对象行为的属性值的一种抽象。状态规定了对象对输入事件的响应方式。对象对输入事件的响应,既可以作一个或一系列的动作,也可以仅仅改变对象本身的状态。

● 事件:事件是引起对象状态转换的控制信息。

事件是某个特定时刻所发生的事情,是引起对象从一种状态转换到另一种状态的事情的抽象。事件没有持续时间,是瞬间完成的。

● 服务:也称为行为,是对象在某种状态下所发生的一系列处理操作。

建立动态模型的第一步,是编写典型交互行为的脚本。虽然脚本中不可能包括每个偶然事件,但是,至少必须保证不遗漏常见的交互行为。第二步,从脚本中提取出事件,确定触发每个事件的动作对象以及接受事件的目标对象。第三步,排列事件发生的次序,确定每个对象可能有的状态及状态间的转换关系,并用状态图描绘它们。最后,比较各个对象的状态图,检查它们之间的一致性,确保事件之间的匹配。

1. 编写脚本

所谓"脚本",原意是剧本。里面记载台词、故事情节等。在建立动态模型的过程中,脚本是指系统在某一执行期间内出现的一系列事件。脚本描述用户(或其他外部设备)与目标系统之间的一个或多个典型的交互过程,以便对目标系统的行为有更具体的认识。编写脚本的目

的，是保证不遗漏重要的交互步骤。它有助于确保整个交互过程的正确性和清晰性。

脚本描写的范围并不是固定的，既可以包括系统中发生的全部事件，也可以只包括由某些特定对象触发的事件。脚本描写的范围主要由编写脚本的具体目的决定。

脚本通常起始于一个系统外部的输入事件，结束于一个系统外部的输出事件。它可以包括这个期间发生的所有的系统内部事件。编写脚本，可以从寻找事件开始，确定各对象的可能事件的顺序。事件包括所有用户交互信息、与外部设备信息等，包括正常事件，不要遗漏条件和异常事件。

编写脚本的目的是确定事件、保证不遗漏系统功能中重要的交互步骤，有助于确保整个交互过程的正确性和清晰性。

2. 设计用户界面

大多数交互行为都可以分为应用逻辑和用户界面两部分。通常，系统分析员首先集中精力考虑系统的信息流和控制流，而不首先考虑用户界面。事实上，采用不同界面（例如，命令行或图形用户界面），可以实现同样的程序逻辑。应用逻辑是内在的本质的内容，用户界面是外在的表现形式。动态模型着重表示应用系统的控制逻辑。

但是，用户界面的美观程度、方便程度、易学程度以及效率等等，是用户使用系统时最先感受到的，用户对系统的“第一印象”往往从界面得来，用户界面的好坏往往对用户是否喜欢、是否接受一个系统起重要的作用。因此，在分析阶段也不能完全忽略用户界面。在这个阶段用户界面的细节并不太重要，重要的是在这种界面下的信息交换方式。目的是确保能够完成全部必要的信息交换，而不会丢失重要的信息。

不经过实际使用很难评价一个用户界面的优劣，因此，软件开发人员往往快速建立起用户界面的原型，供用户试用与评价。

10.3.4　功能模型

通常在建立了对象模型和动态模型之后再建立功能模型。

功能模型用来说明如何处理数据，数据之间有何依赖关系，并表明系统有关功能。数据流图有助于表示以上关系。

功能模型由一组数据流图组成。在面向对象分析方法中为动态模型的每个状态画数据流图，可以清楚地说明与状态有关的处理过程。在建立系统对象模型和动态模型的基础上，分析其处理过程，将数据和处理结合在一起而不是分离开来。

建立功能模型的步骤如下：确定输入、输出值、画数据流图、定义服务。

1. 确定输入的输出值

数据流图中的输入、输出值是系统与外部之间进行交互的事件的参数。建立功能模型时，应当确定输入、输出数据的方式、格式、范围、约束条件、操作规范等。

2. 画数据流图

功能模型可用多张数据流图、程序流程图等来表示。

3. 定义服务

在建立对象模型时，确定了类、属性、关联、结构，还没有完全确定类的操作（服务）。在建立动态模型后，类的服务（操作）才能最后确定。

类的服务（操作）与对象模型中的属性和关联的查询有关，与动态模型中的事件有关，与功能模型的处理有关。通过分析，把这些操作添加到对象模型中去。

软件开发过程就是一个多次反复修改、逐步完善的过程。面向对象方法比使用结构化分析和设计技术更容易实现反复修改以及逐步完善的过程。必须把用户需求与实现策略区分开来，但分析和设计之间不存在绝对的界限。

必须与用户和领域专家密切配合协同、共同提炼和整理用户需求。最终的模型要得到用户和领域专家的确认，很可能需要建立起原型系统，以便与用户更有效地进行交流。

习题10

1. 简述对象、类、类结构、信息、方法的基本概念。
2. 传统开发方法存在的问题是什么？
3. 试述面向对象方法有哪些特性？
4. 说明对象模型的特征。
5. 功能模型的特征有哪些？
6. 继承性和多态性的好处是什么？
7. 简述动态建模的过程。
8. 简述面向对象的要素。
9. 简述功能建模的过程。
10. 简述三种模型的关系。
11. 简述面向对象分析方法的基本内容。
12. 为什么说用结构化方法开发的软件，其稳定性、可修改性和可重用性都比较差？
13. 试论面向对象方法较之结构化方法的先进性。
14. 试论述为什么现代软件开发环境大量引入面向对象思想、方法和技术？
15. 一个软件开发公司有许多部门，分为开发部门和管理部门两种。每个开发部门开发多个软件产品。每个部门由部门名字唯一确定。该公司有许多员工，员工分为经理、工作人员和开发人员。开发部门有经理和开发人员，管理部门有经理和工作人员。每个开发人员可参加多个开发项目，每个开发项目需要多个开发人员，开发人员使用语言开发项目。每位经理可主持多个开发项目。请建立软件公司的对象模型。

第 11 章　面向对象设计与实现

11.1　面向对象设计

在传统的软件工程中，软件生命周期包括可行性研究、需求分析、概要设计和详细设计、系统实现、测试和维护。面向对象设计方法也要求对系统进行可行性研究和需求分析，并在设计之前准备好一组需求规范。在进行软件开发时和传统的软件工程一样包括软件分析和设计阶段。

生命周期方法学把设计进一步划分成总体设计和详细设计两个阶段。类似地，也可以把面向对象设计再细分为系统设计和对象设计。系统设计确定实现系统的策略和目标系统的高层结构。对象设计确定解空间中的类、关联、接口形式及实现服务的算法。

从面向对象分析(OOA)到面向对象设计(OOD)，是一个逐渐扩充模型的过程，分析的设计活动是一个多次反复迭代的过程。具体地就是面向对象分析、系统设计和对象设计三个阶段反复循环地进行。由于面向对象方法学在概念的表示方法上的一致性，保证了在各项开发活动之间的平滑过渡。

11.1.1　面向对象设计准则及启发规则

1. 面向对象设计的准则

(1) 模块化

对象就是模块，把数据结构和操作的方法紧密结合在一起，构成模块。

(2) 抽　象

类是一种抽象数据类型，对外开放的公共接口构成了类的规格说明(即协议)。接口规定了外界可以使用的合法操作符，利用操作符可以对类的实例中所包含的数据进行操作。

(3) 信息隐藏

对于类的用户来说，属性的表示方法和操作的实现算法都应该是隐蔽的。

(4) 低耦合(弱耦合)

对象之间的耦合主要有交互耦合和继承耦合两种。交互耦合，应尽量降低信息连接的复杂程度，减少对象发送(或接受)的信息数。继承耦合，提高继承耦合程度，应使特殊类尽量多继承，并使用其一般化的属性和服务。

(5) 高内聚(强内聚)

面向对象的内聚主要有服务内聚、类内聚和一般-特殊内聚三种。

- 服务内聚：一个服务应该完成一个，且仅完成一个功能。
- 类内聚：类的属性和服务应该是高内聚的。
- 一般-特殊内聚：一般-特殊结构应该是对响应的领域知识的正确抽象。一般-特殊结构的深度应适当。

(6) 重用性

尽量使用已有的类；确实需要创建新类时，应考虑将来可重复使用。

2. 面向对象设计的启发规则

(1) 设计结果应该清晰易理解

用词一致、使用已有的协议、减少信息模式的数目、避免模糊的定义。

(2) 一般特殊-结构的深度应适当

类等级层次数保持7±2。

(3) 设计简单的类

类的设计要避免包含过多的属性，要有明确的定义，尽量简化对象之间的合作关系、不要提供太多服务。

(4) 使用简单的协议

一般地，信息的参数不要超过3个。对于有复杂信息、相互关联的对象修改时，往往导致其他对象的修改。

(5) 使用简单的服务

如果需要在服务中使用CASE语句，应考虑用一般特殊结构代替这个类。

(6) 把设计变动减到最小

设计的质量越高，设计结果保持不变的时间也越长。

11.1.2 软件重用

软件重用是指在软件开发过程中重复使用相同或相似的软件元素的过程。这些软件元素包括应用领域知识、开发经验、设计经验、需求分析文档、设计文档、程序代码和测试用例等。对于新的软件开发项目而言，它们是构成整个软件系统的部件，或者在软件开发过程中可发挥某种作用。通常把这些软件元素称为软件构件。

一般在软件开发中采用重用软件构件，可以比从头开发这个软件更加容易。软件重用的目的是能更快、更好、成本更低地生产软件制品。

各种软件开发过程都能使用重用软件构件，利用面向对象技术，可以比较方便有效地实现软件重用。

1. 可复用的软件制品种类

项目计划：书写格式结构及进度表、风险分析等内容。

成本估算：各种项目相似的功能模块成本大体相当。

体系结构：应用系统的体系结构非常相似，可建立模块进行复用。

需求模型：需求分析中的对象类模型及规约等分析模型。

设计模型：系统设计、对象设计及体系结构、数据、接口等设计。

设计模式：各种经过验证，已经在使用的设计模式。

程序代码：经过实际运行检验过的程序代码。

文档资料：用户文档资料和技术文档资料。

用户界面：特别是图形用户界面，它的复用率达60%。

数据构成：数据存储结构、文件、完整的数据库及内部表等。

测试案例:与被复用的设计和代码相应的测试案例。

2. 软件复用的过程

1) 抽象:对一个可用的软件制品,首选要对其进行抽象概括,即描述该软件制品的功能、使用范围和特点,以此作为关键字,方便使用者在调用时进行检索。

2) 存储:以关键字作为索引,放置在"可复用软件制品库"中备用。

3) 检索:在组建新系统时,利用关键字,根据需要从可复用软件制品库中检索挑选适合新系统功能要求的软件制品。

4) 实例化:对选取的软件制品进行简单的修改测试,变成能适合新系统要求的软件制品。

5) 系统集成:最后进行系统集成,完成新系统的组建。

3. 软件成分的重用

软件成分的重用可以进一步划分成以下 3 个级别。

(1) 代码重用

人们谈论得最多的是代码重用,通常把它理解为调用库中的模块。实际上,代码重用也可以采用下列几种形式中的任何一种。

1) 源代码剪贴:这是最原始的重用形式。这种重用方式的缺点是复制或修改原有代码时可能出错。更糟糕的是,存在严重的配置管理问题,人们几乎无法跟踪原始代码块多次修改重用的过程。

2) 源代码包含:许多程序设计语言都提供包含(include)库中源代码的机制。使用这种重用形式时,配置管理问题有所缓解,因为修改了库中源代码之后,所有包含它的程序自然都必须重新编译。

3) 继承:利用继承机制重用类库中的类时,无须修改已有代码,就可以扩充或具体化在库中找出的类,因此,基本上不存在配置管理问题。

(2) 设计结果重用

设计结果重用指的是,重用某个软件系统的设计模型。这个级别的重用有助于把一个应用系统移植到完全不同的软件平台上。

(3) 分析结果重用

这是一种更高级别的重用,即重用某个系统的分析模型。这种重用特别适用于用户需求未改变,但系统体系结构发生了根本变化的场合。

4. 类构件的重用

利用面向对象技术,可以比较方便有效地实现软件重用。面向对象技术中的类是比较理想的可重用软件构件,不妨称之为类构件。

类构件的重用方式,可以有以下几种。

(1) 实例重用

按照需要创建类的实例,然后向该实例发送适当的信息,启动相应的服务,完成所需要的工作。

(2) 继承重用

利用面向对象方法的继承性机制,子类可以继承父类已经定义的所有数据和操作,子类可以另外定义新的数据和操作。

为了提高继承重作的效果,设计一个合理的、具有一定深度的类构件的层次结构。这样可以降低类构件的接口复杂性，提高类的可理解性，为软件人员提供更多的可重用构件。

(3) 多态重用

多态重用方法根据接收信息的对象类型，在响应一个一般化的信息时，由多态性机制启动正确方法，执行不同的操作。

最简单的软件重用过程，先将以往软件工程项目中建立的软件构件存储在构件库中，通过对软件构件库进行查询，提取可以重用的构件，为了适应新系统对它们做一些修改，并建造新系统需要的其他构件，再将新系统需要的所有构件复合。

11.1.3 对象设计

面向对象分析得到的对象模型，通常并没有详细描述类中的服务。面向对象设计分为系统设计和对象设计两个阶段。面向对象设计阶段是扩充、完善和细化对象模型的过程，设计类中的服务、实现服务的算法是面向对象设计的一个重要任务，还要设计类的关联、接口形式及进行设计的优化。

1. 对象描述

对象是类或子类的一个实例。对象的设计描述可以采用以下形式之一。

(1) 协议描述

通过定义对象可以接收的每条信息和当对象接收到信息后完成的相关操作来建立对象的接口。协议描述是一组信息和对信息的注释。对有很多信息的大型系统，可能要创建信息的类别。

(2) 实现描述

描述由传送给对象的信息所蕴含的每个操作的实现细节，包括对象名字的定义和类的引用、关于描述对象的属性的数据结构的定义及操作过程的细节。

2. 设计类中的服务

(1) 确定类中应有的服务

需要综合考虑对象模型、动态模型和功能模型才能确定类中应有的服务。对象模型是进行对象设计的基本框架。如状态图中对象对事件的响应、数据流图中的处理、输入流对象、输出流对象及存储对象等。

(2) 设计实现服务的方法

在面向对象设计过程中还应该进一步设计实现服务的方法。设计实现服务应先设计实现服务的算法，考虑算法的复杂度、如何使算法容易理解、容易实现并容易修改。其次是选择数据结构，要选择能方便、有效地实现算法的数据结构。最后是定义类的内部操作，可能需要添加一些用来存放中间结果的类。

3. 设计类的关联

在对象模型中，关联是连接不同对象的纽带。它指定了对象相互间的访问路径。在面向对象设计过程中，设计人员必须确定实现关联的具体策略。在应用系统中，使用关联有两种可能的方式，只需单向遍历的单向关联和需要双向遍历的双向关联。单向关联用简单指针来实现，而双向关联要用指针集合来实现。

4. 链属性的实现

链属性的实现要根据具体情况分别处理。如果某个关联具有链属性，则实现它的方法取

决于关联的阶数。如果是一对关联,链属性可作为其中一个对象的属性而存储在该对象中。而一对多关联,链属性可作为“多”端对象的一个属性。至于多对多关联,使用一个独立的类来实现链属性。

5. 设计的优化

系统的各项质量指标并不是同等重要的,设计人员必须确定各项质量指标的相对重要性(即确定优先级),以便在优化设计时制定折衷方案。通常在效率和设计清晰性之间寻求折中。有时可以用增加冗余的关联以提高访问效率,或调整查询次序,或保留派生的属性等方法来优化设计。究竟如何设计才算是优化,要取得用户和系统应用领域专家的认可。

11.1.4 系统设计

面向对象分析阶段要分析系统中所含的所有对象及其相互之间的关系。面向对象设计是把分析阶段得到的需求,转变成符合成本和质量要求的、抽象的系统实现方案的过程。

系统设计确定实现系统的策略和目标系统的高层结构。系统设计是要将系统分解为若干子系统,在定义的设计子系统时应使其具有良好的接口,通过接口和系统的其余部分通信。大多数系统的面向对象设计模型,在逻辑上都由四大部分组成。这四大部分对应于组成目标系统的四个子系统。它们分别是问题域子系统、人-机交互子系统、任务管理子系统和数据管理子系统。当然,在不同的软件系统中,这四个子系统的重要程度和规模可能相差很大。规模过大的在设计过程中应该进一步划分成更小的子系统;规模过小的可合并在其他子系统中。某些领域的应用系统在逻辑上可能仅由少于 3 个的子系统组成。应当尽量降低子系统的复杂性,子系统的数量不宜太多。当两个子系统相互通信时,可建立客户/服务器连接或端对端连接。在客户/服务器连接方式中,每个子系统只承担一个角色,服务只是单向地流向客户端。系统设计步骤如下。

1. 将系统分解为子系统

把子系统组织成完整的系统时,有水平层次组织和垂直块组织两种方案可供选择。

(1) *层次组织*

层次结构分两种模式:

1) 封闭式。每层子系统仅使用其直接下层提供的服务。这种模式降低了各层次之间的相互依赖性,更易理解和修改。

2) 开放式。每层子系统可以使用处于其下面的任何一层子系统所提供的服务。这种模式的优点是减少了需要在每层重新定义的服务数目,使系统更高效更紧凑。缺点是不符合信息隐蔽原则,对子系统的修改都会影响处在更高层次的那些系统。

(2) *块状组织*

这种组织方案把软件系统垂直地分解成若干个相对独立的、弱耦合的子系统。一个子系统相当于一块,每块提供一种类型的服务。

(3) *设计系统的拓扑结构*

利用层次和块的各种可能的组合,可以成功地将多个子系统组成完整的软件系统。由子系统组成完整的系统时,典型的拓扑结构有管道型、树型、星型等。应采用与问题结构相适应的、尽可能简单的拓扑结构,以减少子系统之间的交互数量。

2. 设计问题域子系统

问题域应包括与应用问题直接有关的所有类和对象。通过面向对象分析所得出的问题域精确模型，为设计问题域子系统奠定了良好的基础，建立了完整的框架。只要可能，就应该保持面向对象分析所建立的问题域结构。在面向对象分析阶段得到的模型，描述了要解决的问题。在面向对象设计阶段，对面向对象分析得到的结果进行改进和增补，主要是对面向对象分析模型增添、合并或分解类对象、属性及服务、调整继承关系等。当问题域子系统过分复杂庞大时，应该把它进一步分解成若干个更小的子系统。设计问题域子系统的主要工作有：调整需求、重用设计（重用已有的类）、组合问题域类、添加一般化类等。

（1）调整需求

以下情况会导致面向对象分析需要修改

- 用户需求或外部环境发生了变化。
- 分析员对问题域理解不透彻或缺乏领域专家的帮助，以致面向对象分析模型不能完整、准确地反映用户的真实需求。

（2）重用已有的类

面向对象设计中，很重要的工作是重用设计。代码重用从设计阶段开始，在研究面向对象分析结果时就应该寻找使用已有类的方法。首先选择可能被重用的类，然后标明重用类中，对问题域不需要的属性和操作，增加从重用类到问题域类之间的泛化关系，即从被重用的已有类派生出问题域类。标出问题域类中从已有类继承来的属性和操作，修改与问题域类相关的关联。

（3）把与问题域有关的类组合起来

在面向对象设计过程中，在类库中分析查找一个类，作为层次结构树的根类，把所有与问题域有关的类关联到一起，建立类的层次结构。把同一问题域的一些类集合起来，存放到类库中去。

（4）添加一般化类

在设计过程中发现有时，某些具体类要求一组类似的服务，此时，应添加一个一般化的类，定义所有这些具体类所共用的一组服务，在该类中定义其实现。

3. 设计人机交互子系统

通常，子系统之间有两种交互方式：客户－供应商（client - supplier）关系和平等伙伴（peer - to - peer）关系，尽量使用客户供应商关系。

（1）设计人机交互界面的准则

1）保持一致性：一致的术语、一致的步骤、一致的动作。

2）减少步骤：减少敲击键盘的次数、单击鼠标的次数及下拉菜单的距离，减少获得结果所需时间。提供简捷的操作方法（例如，热键）。

3）及时提供反馈信息：每当用户等待系统完成一项工作时，让用户能够知道系统目前已经完成任务的多大比例。

4）提供“撤销（undo）”命令：以便用户及时撤销错误动作，以消除错误造成的后果。

5）无须记忆：不应该要求用户记住在某个窗口中显示的信息，然后再用到另一个窗口中，这是软件系统的责任而不是用户的任务。

6）易学：人－机交互界面应该易学易用，应该提供联机参考资料，以便用户在遇到困难时

可随时参阅。

7）富有吸引力：人—机交互界面不仅应该方便、高效，还应该使人在使用时感到心情愉快，能够从中获得乐趣，从而吸引人去使用它。

（2）设计人机交互子系统的策略

1）分类用户

- 按技能水平分类：外行、初学者、熟练者、专家。
- 按职务分类：总经理、经理、职员。
- 按所属角色分类：顾客、职员。

2）描述用户

- 用户类型
- 使用系统欲达到的目的。
- 特征（年龄、性别、受教育程度、限制因素等）。
- 关键的成功因素（需求、爱好、习惯等）。
- 技能水平。
- 完成本职工作的脚本。

3）设计命令层次

- 研究现有的人机交互含义和准则。
- 确定初始的命令层次：设计命令层次时，通常先从对服务的过程抽象着手，然后再进一步修改它们，以适合具体应用环境的需要，如一系列选择屏幕或一个选择按钮或一系列图标。
- 精化命令层次：研究命令的次序、命令的归纳关系、命令层次的宽度和深度不宜过大，操作步骤要简单。仔细选择每个服务的名字，并在命令层的每一部分内把服务排好次序。排序时或者把最常用的服务放在最前面，或者按照用户习惯的工作步骤排序。

4）设计人机交互类

人-机交互类与所使用的操作系统及编程语言密切相关。例如，VisualC＋＋语言提供 MFC 类库，设计人机交互类时，仅需从 MFC 类库中选择适用的类，再派生出需要的类。

4. 设计任务管理子系统

当系统中有许多并发行为时，需要依照各个行为的协调和通信关系，划分各种任务，以简化并发行为设计和编码。任务管理主要包括任务的选择和调整，首先要分析任务的并发性和互斥性，然后设计任务管理子系统，定义任务。

（1）分析并发性

面向对象分析建立的动态模型，是分析并发性的主要依据，两个对象彼此不存在交互，或它们同时接受事件，则这两个对象在本质上是并发的。一般认为任务（task）是进程（process）的别称，是执行一系列活动的一段程序。

（2）设计任务管理子系统

设计任务管理子系统，包括确定各类任务，并把任务分配给适当的硬件或软件去执行。设计任务管理子系统通常有以下工作：

- 识别事件驱动任务：如一些负责与硬件设备通信的任务。
- 识别时钟驱动任务：以固定时间间隔激发这种事件，以执行某些处理。例如，某些设备需要周期性地获得数据。

- 识别优先任务和关键任务：优先任务可以满足高优先级或低优先级的处理需求。根据处理的优先级别来安排各个任务。
- 识别协调者：当有三个或更多的任务时，应当增加一个任务，起协调者的作用。它的行为可以用状态转换图来描述。
- 评审各个任务：对各任务进行评审，确保它能满足任务的事件驱动，或时钟驱动；确定优先级或关键任务，确定任务的协调者等。
- 尽量减少任务数：必须仔细分析和选择每个确实需要的任务。应该使系统中包含的任务数尽量少。
- 确定资源需求：使用多处理器或固件，主要是为了满足高性能的需求。有可能使用硬件来实现某些子系统，现有的硬件完全能满足某些需求或专用的硬件比通用的CPU性能更高等。

(3) 定义各个任务

主要确定是什么任务、如何协调工作及如何通信。

- 是什么任务：给任务命名，并简要说明任务内容。
- 如何协调工作：定义各个任务如何协调工作。指出它是事件驱动，还是时钟驱动。
- 如何通信：定义各个任务之间如何通信。任务从哪里取值，结果去向。

5. 设计数据管理子系统

数据管理部分提供了在数据管理系统中存储和检索对象的基本结构，包括对永久性数据的访问和管理。它建立在某种数据存储管理系统之上，并且隔离了数据存储管理模式的影响。

(1) 选择数据存储管理模式

数据存储管理模式有文件管理系统、关系数据库管理系统和面向对象数据管理系统三种。

- 文件管理系统：提供基本的文件处理能力。
- 关系数据库管理系统：关系数据库管理系统使用若干表格来管理数据。
- 面向对象数据库管理系统：面向对象数据库管理系统是一种新技术，主要有两种设计途径：扩展的关系数据库管理系统和扩展的面向对象程序设计语言。

不同的数据存储管理模式有不同的特点，适用范围也不相同，设计者应该根据应用系统的特点选择适用的模式。

(2) 设计数据管理子系统

设计数据管理子系统时需要设计数据格式和设计相应的服务。设计数据格式的方法与所使用的数据存储管理模式密切相关。

如果某个类的对象需要存储起来，则在这个类中增加一个属性和服务，用于完成存储对象自身的工作。使用不同的数据存储管理模式时，属性和服务的设计方法是不同的。

11.2 面向对象的实现

系统实现阶段分为面向对象程序设计（OOP）、测试和验收。在面向对象程序设计之前，与传统软件工程方法一样，也要先选择程序设计语言。在进行面向对象程序设计时，除了应具有一般程序设计的风格外，还要遵守一些面向对象方法的特有准则。

面向对象实现主要包括两项任务：把面向对象设计结果翻译成用某种程序语言书写的面向对象程序；测试并调试面向对象的程序。

面向对象程序的质量基本上由面向对象设计的质量决定，但是所采用的程序语言的特点和程序设计风格也将对程序的可靠性、可重用性及可维护性产生深远影响。

目前，软件测试仍然是保证软件可靠性的主要措施，对于面向对象的软件来说，情况也是如此。面向对象测试的目标，也是用尽可能低的测试成本发现尽可能多的软件错误。但是，面向对象程序中特有的封装、继承和多态等机制，也给面向对象测试带来一些新特点，增加了测试和调试的难度，必须在实践中努力探索适合于面向对象软件的更有效的测试方法。

11.2.1　面向对象程序设计语言

当开始编写程序时，程序员一般都习惯于选择自己熟悉的语言，然而自己熟悉的语言并不一定就是最合适的语言。根据实际需要选择合适的程序设计语言，就会使编码过程中遇到的困难减少，测试工作量减少，且代码维护容易。

1. 面向对象语言的特点

1）一致的表示方法；

2）可重用性；

3）可维护性。

2. 面向对象语言的技术特点

在选择面向程序设计语言时，应该着重考察的一些技术特点：

1）具有支持类与对象的概念的机制；

2）实现整体—部分结构的机制；

3）实现一般-特殊结构的机制；

4）实现属性和服务的机制；

5）类型检查；

6）类库；

7）效率；

8）持久保持对象；

9）参数化类；

10）开发环境。

3. 选择面向对象语言

软件开发人员在选择面向对象语言时，还应该考虑下列一些实际因素：

1）将来能否占主导地位；

2）可重用性；

3）类库和开发环境；

4）其他因素，如培训服务、技术支持和开发环境等。

11.2.2　面向对象程序设计方法

面向对象的思想来自于抽象数据类型。对于面向对象来说，最重要的改进就是作为克服复杂性的手段，把世间万物都描述为对象，即把与事物密切相关的数据与过程定义放在一起，

作为一个相互依存、不可分分割的整体来处理。而一旦作为一个整体定义了之后，就可以使用对象，而无需了解其内部的实现细节，即从程序员的角度看来，面向对象代码侧重于对象之间的交互，各个对象都能完成各自的功能，并能相互协作以完成目标。这样较符合人类的思维习惯，能够自然地表现现实世界的实体和问题。

1. 基本思想

客观世界中存在的问题，都是由一些基本原始事物组成，各个事物之间存在着一定的联系。面向对象的设计方法就是按问题领域的基本事物实现自然划分，按人们通常思维方式建立问题领域的模型，设计出尽可能自然的表示问题求解方法的软件系统，使设计出的软件尽可能地描述现实世界，构造出模块化的、可重用的、可维护的软件，并能控制软件的复杂性和降低开发、维护费用。其中，建立模型就是建立问题领域中事物间的相互关系，表示求解问题的方法就是人们思维方式的描述方法。为此，面向对象技术引入“对象”来表现事物、用“信息”建立事物间的联系，再用“类”和“继承”来描述对象，即按通常的思维方式，建立微观的和宏观的问题域模型，尽可能直接自然地表现问题求解的过程。

2. 基本概念及特性

在第10章10.1.3节中，对象、类和继承等概念已经做了简单介绍，下面对面向对象方法学中的概念进行进一步的论述。

(1) 对　象

对象是一个真实或抽象的事物。在面向对象的程序设计方法中，对象是与所描述的事物密切相关的数据(称之为对象的属性)，及与事物密切相关的处理过程(将其称为对象的方法或操作或服务)组织在一起形成的整体。

对象总是作为一个整体使用。对外而言，其外部特性(即能接受哪些信息，有哪些方法)是可见的，而对象的内部(即方法的实现和属性)是不可见的。外界不能直接使用对象的方法，也不能直接改变其属性。这种信息隐蔽的形式，减少了程序之间的相互依赖，极大地降低了程序的复杂度，提高了软件的可构造性和易维护性。

可以通过信息传递来使用对象的方法，了解或改变对象的属性。信息就是请求对象执行某种方法或回答某些信息的要求。

(2) 类

在面向对象系统中，定义若干对象后，可能会有一些对象的属性和方法均一致，那么就可以将这些对象的集合定义为一个类。类是一个抽象定义，是具有相同特性的多个对象的一种描述，即类描述了对象的方法和属性结构；而对象则是类的实例。其当前属性值及状态由该对象上执行的方法来定义。用类实现的软件模块独立性较高，为软件的重用提供了基础和保证。

(3) 继　承

继承是使用已存在定义作为基础建立新定义的技术。面向对象技术中的继承是将多个类的共同特征抽象为一个更普遍的类。这个类称为这些特殊类(或子类)的父类(或超类)。

有了继承性和类的层次结构，不同对象的共同性质只需定义一次，用户就可以充分利用已有的类进行设计，符合软件重用的目标。通过类和类的继承，使多个对象共享一个描述，这种方式符合人们的思维习惯，也符合自顶向下和自底向上的设计思想，使得软件能较好的适应大型复杂系统不断发展和变化的要求。

(4) 多态性

对象的多态是指在一般类中定义的属性或服务被具体类继承之后,可以具有不同的数据类型或表现出不同的行为。这使得同一个属性或服务名在一般类及其各个具体类中具有不同的语义。相同的操作行为作用于一般类或各个具体类的对象上可能获得不同的结果;多态形式下的不同对象,收到同样的信息。每个对象以适合自身的方式去响应共同的信息。

多态性的实现,需要编程语言提供相应的支持。如果一种面向对象编程语言能支持对象的多态性,则可为开发者带来不少方便,利用多态性能增强软件的灵活性和重用性。几种目前最常用的面向对象编程语言,如 C++,Java 等均支持对象的多态性。

11.2.3　面向对象程序设计风格

良好的程序设计风格对面向对象实现来说尤其重要,不仅能明显减少维护或扩充的开销,而且有助于在新项目中重用已有的程序代码。

良好的面向对象程序设计风格,既包括传统的程序设计风格准则,也包括为适应面向对象方法所特有的概念而必须遵循的一些新准则。

1. 面向对象程序设计风格准则

(1) 提高软件的可重用性

面向对象方法的一个主要目标,就是提高软件的可重用性。软件重用有多个层次,在编码阶段主要考虑代码重用的问题。一般说来,代码重用有两种:一种是本项目内的代码重用;另一种是新项目重用旧项目的代码。

为了有助于实现重用,程序设计应遵循下述准则:

1) 提高方法(即服务)的内聚。一个方法应只完成单个功能。如果涉及多个功能,应把它分解成几个更小的方法。

2) 减少方法(即服务)的规模。如果某个方法的规模太大,应把它分解成几个更小的方法。

3) 保持方法的一致性:功能相似的方法应有一致的名字、参数特征、返回值类型、使用条件杂乱出错条件等。

4) 把提供决策的方法与完成具体任务的方法分开设计。

5) 全面覆盖所有的条件组合。

6) 尽量不使用全局量。

7) 利用继承机制。

(2) 可扩充性

下面面向对象程序设计准则有利于提高可扩充性:

1) 把类的实现策略封装起来。

2) 一个方法应只包含对象模型中的有限内容,不要包含多种关联的内容。

3) 避免使用多分支语句。

4) 精心确定公有的属性、方法或关联。

(3) 健壮性

为提高健壮性应该遵守以下几条准则:

1) 预防用户的操作错误;

2）检查参数的合法性；

3）不要预先确定数据结构的限制条件；

4）经过测试，再确定需要优化的代码。

2. 设计用户界面

需求分析和软件设计阶段都必须考虑人机交互问题。用户界面设计的策略与步骤如下。

（1）熟悉用户并对用户分类

设计人员应深入用户环境，考虑用户需要完成的任务、完成这些任务需要什么工具支持以及这些工具对用户是否适用。事实上，不同类型的用户要求也不同，一般可按技术熟练程度、工作性质和访问权限对用户进行分类，以便尽量照顾到所有用户的合理要求，并优先满足某些特权用户。

（2）按用户类别分析用户的工作流程与习惯

在用户分类的基础上，从每类中选取一个用户代表，建立包括姓名、用途、特征、要求与喜好、技术熟练程度以及场景描述等内容的调查表，并通过对调查结果的分析来判断用户对操作界面的需求和喜好。

（3）设计命令系统并进行优化

在设计一个新命令系统时，应尽量遵循用户界面的一般原则和规范。根据对用户分析结果确定初步的命令系统，然后再优化。

（4）设计用户界面的各种细节

此步骤包括设计一致的用户界面风格、耗时操作的状态反馈、“undo”机制、帮助用户记忆的操作序列和自封闭的集成环境等。

（5）增加用户界面专用的类与对象

用户界面专用类的设计与所选用的图形用户界面 GUI（Graphic User Interface）工具或者支持环境有关。一般而言，需要为窗口、菜单、对话框等界面元素定义相应的类。这些类往往继承自 CUI 工具或者支持环境提供的类库中的父类。最后，还需要针对每个与用户命令处理相关的界面类，定义控制设计模型中的其他类的方法。

（6）利用快速原型演示，改进界面设计

为人机交互部分构造原型，是界面设计的基本技术之一。为用户演示界面原型，让他们直观感受目标软件系统的使用方法，并评判系统是否功能齐全、方便好用。

11.2.4 面向对象的软件测试

就程序的组织结构方面来讲，传统测试技术不完全适用于面向对象软件的测试。传统软件测试技术与面向过程的程序中数据和操作相分离的特点适应，是从输入/处理/输出的角度检验一个函数或过程能否正确工作。

面向对象程序设计不是把程序看作是工作在数据上的一系列过程或函数的集合，而是把程序看作是相互协作而又彼此独立的对象的集合。在面向对象程序中，对象是属性（数据）和方法（操作）的封装体。每个对象就像一个传统意义上的小程序，有自己的数据、操作、功能和目的。因此，传统的测试技术必须经过改造才能用于面向对象软件的测试，同时，还需要专门针对面向对象软件，适应面向对象软件特定的测试理论和技术。

1. 面向对象软件测试的特点

(1) 对象测试特点

对象是由保存对象属性的数据和可以施加于这些数据的操作封装在一起构成的整体。对象的内部状态只能通过对象的方法进行访问和操纵。

一个对象的所有方法共享对象的属性，并通过共享的对象状态进行通信。由于传统的白盒测试所用的控制流分析和数据流分析技术没有考虑对象对状态的共享，所以不能直接用于面向对象程序，需要有面向对象程序特点的白盒测试技术。当测试一个方法时，必须先向该对象发送一系列信息，把对象状态置于相应的允许的状态。所以，测试一个方法又依赖于其他方法。如果其他方法本身有问题，就不可能准确对该方法进行测试。这就要求合理安排类中方法的测试顺序。另外，由于类的定义部分并不显式地规定以什么次序执行它的方法才是合法的。因此，在测试类的实现时，测试人员面对的已经不再是一段顺序执行的代码，传统的测试方法已经不完全适用。

(2) 类测试特点

面向对象程序是以类为基本构造单元组织的，类的地位相当于传统程序中的过程和函数。有人认为类是面向对象程序的基本可测试单元，面向对象程序的单元测试就是类的测试。应该认识到，类无法直接测试。类的实例(对象)才是面向对象程序运行时的实体，因此，只有通过测试该类的对象，达到测试类的目的。

另一个问题是对无法实例化的类，如类属类(如 C＋＋中的模板)和抽象类如何测试。要想测试类属类，必须用具体的类型替换类属类的类型参数，但是无法预见到所有可能的真实类型。

(3) 继承测试特点

测试面向对象程序时，一般总是按照先父类后子类的原则。在测试子类时，为最大程度地重用父类的测试历史以便节省工作量，需要仔细分析子类哪些部分需要重新测试，例如，假设父类中定义了属性 d1，方法 f1，f2 和 f3；在子类中定义了属性 d2，方法 f1，f4，f5，其中 f1 重置了父类中的 f1。则在测试该子类时应该把它展开成下列内容：

属性 d1，d2；

方法 f1，f2，f3，f4，f5。

由此可见，随着继承层次的加深，虽然可代重用的类越来越多，编程效率也越来越高，但无形中加大了测试的工作量和难度。同时，在递增式软件开发过程中，程序的各个部分会频繁地修改扩充。如果父类的定义发生了变化，则这种修改会自动传播到它的所有子类，使得父类连同子类都必须重新测试。

(4) 多态测试特点

多态性是造成面向对象软件测试复杂化的主要“原因”。它使得测试工作量成倍增加。

多态与继承性紧密相关。绝大多数面向对象语言中对类和类型不作区分。继承不仅提供了代码重用手段，同时也用于构成子类型关系。如果类 A 是类 B 的子类，则 A 也是 B 的子类型。

在面向对象程序设计中，多态促成了子类型替换，即可以随需要把子类对象当作父类对象使用，父类对象出现的地方也允许子类对象出现。一方面，子类型替换使对象的状态难以确定。因为，如果一个对象包含了一个 A 类型的对象变量，则 A 类型的所有子类型的对象也允许赋给该变量。程序运行过程中，该变量可能引用的是不同类型的对象，因而其结构不断变化。

另一方面，子类型替换使得可以向父类对象发送的信息也允许向该类的子类对象发送。

(5) 信息传递测试特点

对象以信息传递方式通信是面向对象范型的另一个重要特征。面向对象程序不仅强调同一个类内定义的方法间的配合，更强调不同类对象间的协作。面向对象程序通常由大量方法组成，而且这些方法“散布”于多个对象之间。这是面向对象程序区别于传统过程式语言编写的程序的一个显著特征。

信息传递使面向对象程序的控制流错综复杂，不易理解和把握，给测试人员理解程序带来了困难。实践中发现，单独测试类中的方法意义不大，同时也反映出面向对象系统的控制流转移分散在不同对象的不同方法中。

2. 面向对象测试模型

面向对象程序的结构不再是传统的功能模块结构，作为一个整体，原有集成测试所要求的逐步将开发的模块搭建在一起进行测试的方法已成为不可能。而且，面向对象软件抛弃了传统的开发模式，对每个开发阶段都有不同以往的要求结果，已经不可能用功能细化的观点来检测面向对象分析和设计的结果。因此，传统的测试模型对面向对象软件已经不再适用。

面向对象的开发模型突破了传统的瀑布模型，将开发分为面向对象分析(OOA)，面向对象设计(OOD)和面向对象编程(OOP)3 个阶段。针对这种开发模型，结合传统的测试步骤的划分，把面向对象的软件测试分为：面向对象分析的测试、面向对象设计的测试、面向对象编程的测试、面向对象单元测试、面向对象集成测试、面向对象系统测试。

3. 面向对象软件测试过程

在面向对象的程序设计中，由于相同的语义结构(如类、属性、操作和信息)出现在分析、设计的代码阶段，因此，可以扩大测试的视角，重视面向对象分析和设计模式的复审将特别有意义。在分析阶段发现类属性定义中存在的问题将遏制其延伸至设计和编码阶段；反之，如在分析阶段及设计阶段仍未被检测到，则问题将传送到编码中，要花费大量的精力和时间去实现一个不必要(有问题)的属性、不必要的操作、驱动对象间通信的信息及其他相关的代码，然后再花费更多的精力去发现它，而且，必须对系统进行相关的修改。修改有可能导致更多的潜在问题。面向对象的分析和面向对象的设计模式提供了关于系统的结构和行为等实质性信息，因此，在产生代码前这些模式必须被严格地复审。

面向对象的测试策略也是从“小型测试”直至“大型测试”，即从静态测试开始，逐步展开，最后对有效性和系统进行测试。

(1) 静态测试

静态测试主要是对面向对象软件的 GUI(图形用户界面)进行测试。由于任何面向对象软件都有 GUI，用户就是通过 GUI 来使用软件的各种功能的。因此 GUI 测试应该是面向对象软件测试中最基础，也是最关键的一步。从另一个方面来说，GUI 又不是孤立存在的，涉及其他的人机接口、各种对象或类的方法、后台数据库等。静态测试暂时并不涉及这些内容，它只是从 GUI 的表面来观察面向对象软件的正确性与可靠性。例如某一案例文档“测评系统”的 GUI 静态检查表如表 11.1 所列。

表11.1　案例文档GUI静态测试检查表

窗　口	菜　单	对话框	按　钮
窗口显示是否正确	菜单功能是否正确	对话框的标题栏内容是否正确	按钮的功能是否正确
窗口控制按钮是否合理	快捷键功能是否合理正确	对话框按钮的功能是否正常	是否有合理的默认或取消按钮
需要滚动条时是否显示正确	菜单项可用与不可用是否有变化	对话框的文本是否清楚易懂	按钮可用与不可用是否有变化
Tab键移动的顺序是否合理	菜单的设计风格是否合理	移动对话框时系统是否正常	按钮的样式、位置、颜色是否合理统一
窗口内的标题内容显示是否正确	菜单项的分组是否合理		
窗口的类型是否正确	活动项是否有正确的检查标记		

(2) 面向对象的单元测试

传统的单元测试的对象是软件设计的最小单位——模块。单元测试的依据是详细设计描述。单元测试应对模块内所有重要的控制路径设计测试用例，以便发现模块内部的错误。单元测试多采用白盒测试技术，系统内多个模块可以并行地进行测试。

当考虑面向对象软件时，单元的概念发生了变化。封装驱动了类和对象的定义。这意味着每个类和类的实例(对象)包装了属性(数据)和操纵这些数据的操作。最小的可测试单位中是封装的类或对象，而不是个体的模块。类包含一组不同的操作，并且某特殊操作可能作为一组不同类的一部分存在，因此，单元测试的意义发生了较大变化。单元测试不再孤立地测试单个操作，而是将操作作为类的一部分。

(3) 面向对象的集成测试

传统的集成测试，有两种方式通过集成完成的功能模块进行测试。自顶向下集成：自顶向下集成是构造程序结构的一种增量式方式，从主控模块开始，按照软件的控制层次结构，以深度优先或广度优先的策略，逐步把各个模块集成在一起。自底向上集成：自底向上测试是从软件结构最低层的模块开始组装测试。

因为面向对象软件没有层次的控制结构，传统的自顶向下和自底向上集成策略就没有意义。此外，一次集成一个操作到类中(传统的增量集成方法)经常是不可能的。这是由于“构成类的成分的直接和间接的交互”。对面向对象软件的集成测试有两种不同策略。第一种称为基于线程的测试，集成对回应系统的一个输入或事件所需的一组类，每一个线程被集成并分别测试，应用回归测试以保证没有产生副作用。第二种称为基于使用的测试，通过测试那些几乎不使用服务器类的类(称为独立类)而开始构造系统，在独立测试完成后，下一层的使用独立类的类，称为依赖类，被测试。这个依赖类层次的测试序列一直持续到构造完整个系统。

(4) 面向对象的确认测试与系统测试

当集成测试完成以后，类之间连接的细节将会消失。与传统确认测试一样，OO软件关注

于用户可见的动作和用户可识别的系统输出。为了辅助确认测试的输出,测试人员应该利用前述分析模型中的一部分用例。这种用例提供了一个场景,它使得在用户交互需求中发现错误具有很高的可能性。

系统测试是整个测试阶段的最后一步。它是在前述的各方面测试都已经完成的基础上,按照软件的需求已经形成了一个较为完整的系统,并即将交付用户使用前进行的。系统测试必须对所有类和主程序构成的整个系统进行整体测试。其测试目的主要是针对系统准确性和完整性,以验证软件系统的正确性和性能指标等满足需求规格说明书和任务书所指定的要求。它与传统的系统测试一样,包括恢复测试、案例测试、压力测试、功能测试、性能测试等,可套用传统的系统测试方法。同时由于现在的软件系统大多建立在网络环境下,具有 C/S 或 B/S 模式,所以系统的网络方面测试也是这一阶段的重要测试内容。系统测试完全采用黑盒测试法进行。

习题 11

1. 面向对象的分析和面向对象的设计在描述面向对象系统时在侧重点上有什么不同?
2. 面向对象设计的准则有哪些?
3. 什么是软件复用?
4. 阐述系统设计的步骤?
5. 面向对象语言的特点有哪些?
6. 试述面向对象程序设计的基本思想?
7. 面向对象软件测试的特点有哪些?

参考文献

[1] 张海藩. 软件工程导论[M]. 第 4 版. 北京:清华大学出版社,2003.
[2] 齐治昌,谭庆平,宁洪. 软件工程[M]. 第 2 版. 北京:高等教育出版社,2004.
[3] 陆惠恩. 实用软件工程[M]. 北京:清华大学出版社,2006.
[4] 李代平. 软件工程[M]. 北京:冶金工业出版社,2002.
[5] 史济民,顾春华,李昌武,苑荣. 软件工程——原理方法与应用[M]. 第 2 版. 北京:高等教育出版社,2003.
[6] 朱三元,钱乐秋,宿为民. 软件工程技术概论[M]. 北京:科学出版社,2002.
[7] 麦中凡. 计算机软件技术基础[M]. 北京:高等教育出版社,1999.
[8] 江开耀. 软件工程[M]. 西安:西安电子科技大学出版社,2003.
[9] 邓良松,刘海岩,陆丽娜. 软件工程[M]. 西安:西安电子科技大学出版社,2004.
[10] 郑人杰,殷人昆,陶永雷. 实用软件工程[M]. 第 2 版. 北京:清华大学出版社,1997.
[11] 钟珞. 软件工程[M]. 北京:清华大学出版社,2005.
[12] 赵池龙. 实用软件工程[M]. 北京:电子工业出版社,2003.
[13] 叶俊民. 软件工程[M]. 北京:清华大学出版社,2006.
[14] 顾春华,胡庆春. 软件工程技术与应用[M]. 北京:清华大学出版社,2007.
[15] 张敬,宋广军. 软件工程教程[M]. 北京:北京航空航天出版社,2003.
[16] 张权范. 软件工程基础[M]. 北京:清华大学出版社,北京交通大学出版社 2009.
[17] Ian Sommerville. 软件工程[M]. 程成,等译. 北京:机械工业出版社,2003.
[18] Roger S. Pressman. 软件工程——实践者的研究方法[M]. 第 4 版. 黄柏素,梅宏,译. 北京:机械工业出版社,1999.
[19] Stephen R. Schach. 面向对象与传统软件工程[M]. 韩松,等译. 北京:机械工业出版社,2003.
[20] Ian K. Bray. 需求工程引导[M]. 舒忠梅,等译. 北京:人民邮电出版社,2003.
[21] Paul C. Jorgensen. 软件测试[M]. 第 2 版. 韩柯,杜旭涛,译. 北京:机械工业出版社,2003.
[22] Sami Zahran. 软件过程改进[M]. 陈新,罗进枫,等译. 北京:机械工业出版社,2002.